网站开发
非常之旅

Dreamweaver CS6
网页设计与制作详解

张明星 ◎ 编著

清华大学出版社
北京

内 容 简 介

Dreamweaver CS6 是目前使用最为频繁的可视化网页设计工具之一，一直在网页设计和网站开发领域占据重要的地位。本书循序渐进地讲解了使用 Dreamweaver CS6 设计网页的基本过程，共 21 章，其中，第 1～3 章是基础知识，简要讲解了网页设计、网站设计和安装 Dreamweaver CS6 的知识；第 4～15 章讲解了使用 Dreamweaver CS6 设计 HTML 网页的基本流程，涵盖了基本标记、文字、段落、图片、超级链接、框架、列表、表单、DIV、表格和多媒体等内容；第 16～18 章重点讲解了在 Dreamweaver CS6 中使用 CSS 技术的知识；第 19～21 章讲解了使用 Dreamweaver CS6 开发行为程序、个人站点模块和企业站点模块的具体方法。全书始终坚持"理论+实践"的教学方法，每章为每个知识点配备了典型实例，通过实例的实现，演示了每个知识点的具体应用流程。另外，全书内容全面且由浅入深，特别适合初学者上手和掌握。

本书不但适合网页设计的初学者，也适合有一定 Dreamweaver 基础的读者，还可作为有一定网页设计经验的读者的参考书。

本书封面贴有清华大学出版社防伪标签，无标签者不得销售。

版权所有，侵权必究。举报：010-62782989，beiqinquan@tup.tsinghua.edu.cn。

图书在版编目（CIP）数据

Dreamweaver CS6 网页设计与制作详解/张明星编著．—北京：清华大学出版社，2014（2024.8重印）
（网站开发非常之旅）

ISBN 978-7-302-34433-9

I. ①D… II. ①张… III. ①网页制作工具 IV. ①TP393.092

中国版本图书馆 CIP 数据核字（2013）第 265919 号

责任编辑：朱英彪
封面设计：刘 超
版式设计：文森时代
责任校对：王 云
责任印制：沈 露
出版发行：清华大学出版社
    网 址：https://www.tup.com.cn，https://www.wqxuetang.com
    地 址：北京清华大学学研大厦 A 座   邮 编：100084
    社 总 机：010-83470000   邮 购：010-62786544
    投稿与读者服务：010-62776969，c-service@tup.tsinghua.edu.cn
    质量反馈：010-62772015，zhiliang@tup.tsinghua.edu.cn
印 装 者：三河市铭诚印务有限公司
经 销：全国新华书店
开 本：203mm×260mm 印 张：24.5 插 页：1 字 数：671 千字
    （附 DVD 光盘 1 张）
版 次：2014 年 3 月第 1 版   印 次：2024 年 8 月第 10 次印刷
定 价：69.80 元

产品编号：053965-02

前　言

Dreamweaver 是美国 Macromedia 公司（后被 Adobe 公司收购）开发的网页制作工具，是集网页制作和管理网站于一身的所见即所得的网页编辑器。Dreamweaver 是第一套针对专业网页设计师特别发展的视觉化网页开发工具，其强大功能，利用它可以轻而易举地制作出跨越平台和浏览器限制的网页。Dreamweaver 支持最新的 DHTML 和 CSS 标准，可以设计出生动的 DHTML 动画、多层次的 Layer 以及 CSS 样式表。经过多年的发展，Dreamweaver 已经被广大网页设计师和 Web 程序员所接受，成为市面中最受欢迎的网页设计工具之一，并且也是 ASP、ASP.NET、PHP、JSP 等动态网站开发人员喜爱的工具之一。Dreamweaver 的较新版本是 Dreamweaver CS6，本书将以 Dreamweaver CS6 版本为蓝本，详细讲解使用 Dreamweaver CS6 设计网页的基本知识。

本书的特色

（1）配有大量多媒体语音教学视频，学习效果好

作者专门录制了大量的配套多媒体语音教学视频，以便让读者更加轻松、直观地学习本书内容，提高学习效率。全程视频讲解和 PPT 素材，以及本书源代码一起收录于配书光盘中，光盘中免费赠送给读者多个典型应用案例和制作网页的素材。

（2）每个实例都是精心挑选的典型代表

本书中的实例都是最典型的，涵盖了最主要、最常见的应用领域。每个实例都很好地阐述了对应知识点的用法，以帮助读者更加深入地理解每一个知识点。

（3）结合图表，通俗易懂

在本书的写作过程中，对相应的实例和表格进行了说明，以使读者领会其含义。在语言的叙述上，普遍采用了短句子、易于理解的语言，避免使用复杂句子和晦涩难懂的语言。

（4）讲解细致，通俗易懂

使用细致讲解法来讲述书中内容，并严格按照科学的学习进度安排内容。遵循循序渐进的流程，向读者一一剖析 Dreamweaver CS6 技术的精髓。使用通俗易懂的语言来讲解高级知识，让读者更加容易理解并掌握，使枯燥的编程变得轻松有趣而又易懂。

（5）讲解深入，内容有深度

告诉读者为什么。无论是一个小实例还是一个综合项目，在实现过程中均向读者说明为什么这样做，解开读者埋藏在心底的困惑。本书的内容适合初级读者和中、高级读者，不但使用细致的写法使初学者能够看懂，而且提供实用的知识和技巧来吸引中、高级读者的眼球。

（6）作者团队专业

本书作者团队具有丰富的开发经验，既有开发一线的设计师和美工，也有从事网页设计教学数十年的教师。他们集思广益，各自吸取宝贵意见，立志打造出实用、耐读的杰出作品。

本书的内容

全书共 21 章,其中第 1~3 章是基础知识,简要讲解了网页设计、网站设计和安装 Dreamweaver CS6 的知识;第 4~15 章是本书的核心内容,讲解了使用 Dreamweaver CS6 设计 HTML 网页的基本流程,涵盖了基本标记、文字、段落、图片、超级链接、框架、列表、表单、DIV、表格和多媒体等内容;第 16~18 章重点讲解了在 Dreamweaver CS6 中使用 CSS 技术的知识;第 19~21 章讲解了使用 Dreamweaver CS6 开发行为程序、个人站点模块和企业站点模块的具体方法。全书始终坚持"理论+实践"的教学方法,每章为每个知识点配备了典型实例,通过实例的实现,演示了每个知识点的具体应用流程。另外,全书内容全面且由浅入深,特别适合初学者上手和掌握。

本书读者对象

- ☑ 初学网页设计的自学者
- ☑ 大中专院校的老师和学生
- ☑ 进行毕业设计的学生
- ☑ Dreamweaver 爱好者
- ☑ 想从事网页设计工作的读者

- ☑ 网页设计爱好者
- ☑ 相关培训机构的老师和学员
- ☑ 初、中级程序开发人员
- ☑ 想了解 Dreamweaver CS6 新功能的学者
- ☑ 各类型网站站点的站长

致谢

本团队在编写的过程中,得到了清华大学出版社工作人员的大力支持。本书主要由张明星编写完成,同时参与编写的人员还有周秀、付松柏、邓才兵、钟世礼、谭贞军、罗红仙、张加春、王东华、王振丽、熊斌、王教明、万春潮、郭慧玲、侯恩静、程娟、王文忠、陈强、何子夜、李天祥、周锐和朱桂英。

因为本书篇幅有限,所以实例中的代码没有在书中一一列出,给广大读者带来了不便,为此笔者代表本团队向大家深表歉意。请读者在阅读本书时,参考本书附带光盘中的源码。另外,由于本团队水平有限,加之时间匆忙,书中难免有疏漏和不妥之处,恳请读者提出意见或建议,以便修订并使之更臻完善。为了更好地为读者服务,我们专门提供了技术支持网站(www.chubanbook.com)和 QQ 邮箱(150649826@qq.com),无论是书中的疑问,还是学习过程中的疑惑,本团队将一一为大家解答。

编　　者

目　录

第 1 章　网页设计基础

随着计算机的普及和网络技术的发展，互联网已经日益成为人们生活中不可缺少的一部分。为此，各种类型的站点纷纷建立起来。本章将简要介绍网页设计的基础知识，并详细阐述 Web 标准布局知识和常用的网页制作工具及网站的设计流程。

1.1　认识网页和网站

知识点讲解：光盘\视频讲解\第 1 章\认识网页和网站.avi

对于网页和网站，相信大家都不陌生，自从笔者学会上网之后，就深深地迷恋上了这两个神奇的事物，几乎每天花费数小时来浏览。大学四年，笔者光顾了各种类型的网站，获得了很多信息。网页和网站是相互关联的两个因素。两者之间相互作用，共同推动了互联网技术的飞速发展。本节将对网页和网站的基本概念进行简要说明。

1.1.1　网页的构成元素

网页和网站是有差别的，例如搜狐、新浪和网易等代表一个网站，而新浪上的一则体育新闻是一个网页。所谓的网页是指目前在互联网上看到的丰富多彩的站点页面。从严格定义上讲，网页是 Web 站点中使用 HTML 等标记语言编写而成的单位文档，是 Web 中的信息载体。网页由多个元素构成，是这些构成元素的集合体。一个典型的网页由如下几个元素构成。

1. 文本

文本就是文字，是网页中最重要的信息，在网页中可以通过字体、大小、颜色、底纹、边框等来设置文本的属性。在网页概念中，文本是指文字，并非图片中的文字。在网页制作中，文本可以方便地设置成各种大小和颜色。

2. 图像

图像是页面最重要的构成部分，就是指网页中的图，不管是何种类型。在网页中，只有加入图像，才能使页面达到完美的显示效果，可见图像在网页中的重要性。在网页设计中用到的图片一般为 JPG 和 GIF 格式。

3. 超级链接

超级链接是指从一个网页指向另一个目的端的链接，是从文本、图片、图形或图像映射到全球广域网的网页或文件的指针。在全球广域网上，超级链接是网页之间和 Web 站点之中主要的导航方法。由此可见，超级链接是一个神奇的东西，用户移动自己的鼠标就可以逛遍全世界。

4．表格

表格在日常生活中经常见到，小到值日轮流表，大到国家统计局的放假统计表。表格在网页设计中也有重要作用，它是传统网页排版的灵魂，即使 CSS 标准推出后也能够继续发挥不可替代的作用。通过表格可以精确地控制各网页元素在网页中的位置。

5．表单

表单是用来收集站点访问者信息的域集，是网页中站点服务器处理的一组数据输入域。当访问者单击按钮或图形来提交表单后，数据就会传送到服务器上。它是非常重要的通过网页与服务器传递信息的途径，表单网页可以用来收集浏览者的意见和建议，以实现浏览者与站点之间的互动。

6．Flash 动画

Flash 一经推出便迅速成为首要的 Web 动画形式之一。Flash 利用其自身所具有的关键帧补间、运动路径、动画蒙版、形状变形和洋葱皮等动画特性，不仅可以建立 Flash 电影，而且可以把动画输出为不同文件格式的播放文件。

7．框架

框架是网页中重要的组织形式之一，它能够将相互关联的多个网页的内容组织在一个浏览器窗口中显示。从实现方法上讲，框架由一系列相互关联的网页构成，并且相互间通过框架网页来实现交互。框架网页是一种特别的 HTML 网页，它可将浏览器窗口分为不同的框架，而每一个框架则可显示一个不同网页。

如图 1-1 所示的 ESPN 中文网主页是由上述元素构成的典型网页。

图 1-1　ESPN 主页

上述各种网页元素组合在一起，为浏览者呈现了天堂般的绚丽。在本书后面的章节中将一起来领略它们的神奇，共同开始我们的网页设计神奇之旅。

1.1.2　静态网页和动态网页

静态网页是指全部由 HTML 代码格式实现的网页，所有的内容包含在网页文件中。网页上也可以出现各种视觉动态效果，如 GIF 动画、Flash 动画、滚动字幕等。静态网页的内容是固定不变的，如果需要更新内容，则必须经过重新设计。静态网页通常是由网页设计师负责设计完成的，和开发人员无关。

动态网页并不是指具有动画功能的网页，而是指网页的内容能够根据不同情况动态变换。在一般情况下，动态网页通过数据库进行架构，除了要设计网页外，还要通过数据库和编写程序来使网页具有更多自动和高级的功能。体现在网页上，动态网页一般是以 asp、jsp、php、aspx 等结尾，而静态网页一般以 html 结尾，动态网页服务器空间配置要求比静态网页要求高，费用也相应地高，不过动态网页利于网站内容的更新，适合企业建站。动态网页通常由开发人员负责完成，当前常用的动态网站开发技术有 ASP.NET、PHP、JSP 和 PHP 等。

1.1.3　几个常用的 Web 概念

在学习 Web 开发技术之前，需要掌握和了解一些常用的 Web 概念。下面将对现实中常用 Web 概念的基本知识进行简要介绍。

（1）万维网（WWW）

通常，人们都是通过一些传统的媒体，如报纸、杂志、期刊、广播、电视、广告等获得想要的信息，而且在获得这些信息的过程中，始终无法打破被动接收和信息发布滞后的局面。随着计算机网络的发展，WWW 服务可以让人们在家里，甚至在世界各地，都能够轻松地远程浏览和处理各种信息。

WWW（World Wide Web，有时也简称为 Web），中文名称为万维网，是由欧洲量子物理实验室 CERN（the European Laboratory for Particle Physics）于 1989 年研制成功的。

WWW 建立在客户机和服务器（C/S）模型之上，以超文本传输协议 HTTP（Hyper Text Transfer Protocol）为基础，通过超文本（HyperText）和超媒体（HyperMedia），将 Internet 上包括文本、声音、图形、图像、影视信号等各种类型的信息聚合在一起，这样用户就能通过 Web 浏览器，轻而易举地访问各种信息资源，却无须关心一些技术性的细节。

WWW 作为 Internet 的重要组成部分，其出现大大加快了人类社会信息化进程，是目前发展最快、应用最广泛的服务。

（2）超文本传输协议（HTTP）

HTTP，即超文本传输协议，是目前网络世界里应用最为广泛的一种网络传输协议，是为分布式超媒体信息系统设计的一个无状态、面向对象的协议。HTTP 一般用于名字服务器和分布式对象管理。由于能够满足 WWW 系统客户与服务器通信的需要，从而成为 WWW 发布信息的主要协议。规定了浏览器如何通过网络请求 WWW 服务器、服务器如何响应回传网页等。

HTTP 协议从 1990 年开始出现，发展到当前的 HTTP 1.1，已经有了相当大的扩展，如增强安全协议 HTTPS 等。

（3）统一资源定位符（URL）

URL，即统一资源定位符，是一种 WWW 上的寻址系统，用来使用统一的格式来访问网络中分散在各地的计算机上的资源。一个完整的 URL 地址由协议名、Web 服务器地址、文件在服务器中的路径和文件名 4 部分组成。

☑ 协议名

协议名是访问资源所采用的协议，其规定了客户端如何访问资源，如 http:// 表示 WWW 服务器，ftp:// 表示 FTP 服务器，gopher:// 表示 Gopher 服务器。常用的协议有如下几种。

➢ http：超文本传输协议。
➢ ftp：文件传输协议。
➢ mailto：电子邮件地址。
➢ telnet：远程登录协议。
➢ file：使用本地文件。
➢ news usernet：新闻组。
➢ gopher：分布式的文件搜索网络协议。

☑ Web 服务器地址

Web 服务器地址包括服务器地址和端口号两部分。一般只需要指出 Web 服务器的地址即可，但在某些特殊情况下，还需要指出服务器的端口号。

➢ 服务器地址：WWW 服务所在的服务器域名。
➢ 端口号：服务器上提供 WWW 服务的端口号。

☑ 文件在服务器中的路径

路径指明服务器上的资源在文件系统中所处的目录层次，其格式与 DOS 系统中的一样，主要由"目录/子目录/文件名"这样的结构组成。

☑ 文件名

文件名指资源文件的名称。

URL 地址格式排列如下：

scheme://host:port/path/filename

例如，http://www.cnd.org/pub/news 就是一个典型的 URL 地址。客户程序首先判断标志 http，以 http 请求的方式处理，接下来的 www.cnd.org 是站点地址，最后是目录 pub/news。

而对于 ftp://ftp.ccnd.com/download/movie/film.rmvb，WWW 客户程序以 ftp 方式进行文件传送，站点是 ftp.ccnd.com，然后到目录 download/movie 下找文件 film.rmvb。

如果上面的 URL 是 ftp://ftp.ccnd.com8001/download/movie/film.rmvb，则 ftp 客户程序将从站点 frp.ccnd.com 的 8001 端口连入。

必须注意，WWW 上的服务器都是区分大小写的，所以，千万要注意正确的 URL 大小写表达形式。

（4）网络域名

网络域名大致分为国际域名和国内域名两种。

☑ 国际域名

国际域名按不同的类型可分为.com（商业机构）、.net（从事互联网服务的机构）、.org（非营利性组织）、.gov（政府部门）和.mil（军事部门）等。

☑ 国内域名

在国际域名后面添加两个字母的国家代码，就构成了国内域名，如中国为.cn，日本为.jp，英国为.uk。

国内域名同样可按顶级类型进行细分：.com.cn（国内商业机构）、.net.cn（国内互联网机构）和.org.cn（国内非营利性组织）等。

一个完整的网址，如 http://www.gov.cn，对应于这个网站的域名则是 gov.cn。其中，.cn 表示中国，gov 是提供服务的主机名，www 则是服务。

1.2　网页和网站制作基础

📀 **知识点讲解：光盘\视频讲解\第 1 章\网页和网站制作基础.avi**

构建网站的过程包含网页设计工作，本节将详细讲解网页和网站制作的基础知识，为读者步入后面知识的学习打下基础。

1.2.1　网站的构成

搜狐、新浪、CSDN、网易等都是网站，每天我们可能会登录到多个站点。网站是由网页构成的，是一系列页面构成的整体。一个网站可能由一个页面构成，也可能由多个页面构成，并且这些构成的页面相互间存在着某种联系。一个典型网站的具体结构如图 1-2 所示。

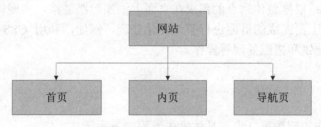

图 1-2　网站基本结构图

上述结构中的各网站元素，在服务器上将被保存在不同的文件夹内，如图 1-3 所示。

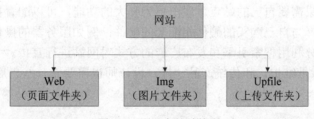

图 1-3　网站存储结构图

1.2.2　网站的通用制作流程

制作网站的过程由设计师和企业决策者共同参与，所以要以决策者决定做网站的那一刻作为制作网站的开始。网站制作的基本流程如下所示。

（1）初始商讨：决策者确定站点的整体定位和主题，明确建立此网站的真正目的，并确定网站的发布时机。

（2）需求分析：充分考虑用户和站点拥有者的需求，确定当前的业务流程。重点分析浏览用户的思维方式，并对竞争对手的信息进行分析。

（3）综合内容：确定各个页面所要展示的信息，进行页面划分。

（4）页面布局和设计：根据页面内容进行对应的页面设计，在规划的页面上使内容合理地展现出来。

（5）测试：对每个设计好的分页进行浏览测试，最后对整个网站的页面进行整体测试。

1.2.3　网页设计流程

网页和网站技术是互联网技术的基础，通过合理的操作流程可以快速地制作出美观大方的站点。虽然每个时代都有天才，也都有不拘一格的怪才，但是秉承少数服从多数的原则，为大家列出制作网页的最佳流程。

（1）整体选题：选题要明确，例如，要在网页中显示某款产品的神奇功效，那么就不能以公司简介为主题。

（2）准备素材资料：根据页面选择的主题准备好素材，例如某款产品的图片。

（3）规划页面布局：根据前两步确定的选题和准备的资料进行页面规划，确定页面的总体布局。上述工作可以通过画草图的方法实现，也可以在编辑器工具里直接规划，例如在 Dreamweaver 中规划。

（4）插入素材资料：将处理过的素材和资料插入到布局后页面的指定位置。

（5）添加页面链接：根据整体站点的需求在页面上添加超级链接，实现站点页面的跨度访问。

（6）美化页面：将上面完成的页面进行整体美化处理。例如，利用 CSS 将表格线细化、设置文字和颜色、对图片进行滤镜和搭配处理等操作。

1.2.4　发布站点

发布站点是整个工作的倒数第二步，具体操作流程如下所示。

（1）申请域名：选择合理、有效的域名。

（2）选择主机：根据站点的状况确定主机的方式和配置。

（3）选择硬件：如果需要自己的站点体现出更为强大的功能，可以配置自己特定的设备产品。

（4）软件选择：选择与自己购买的硬件相配套的软件，例如服务器的操作系统和安全软件等。

（5）网站推广：充分利用搜索引擎和发布广告的方式对网站进行宣传。

制作网站的最后一步是维护，和传统产品一样，设计师也需要做一些售后服务，也就是对网站的调整和改进。

1.3　Web 标准布局基础

> 知识点讲解：光盘\视频讲解\第 1 章\Web 标准布局基础.avi

无论做什么都需要遵循一定的标准和规则，否则将会造成混乱。在网页领域也同样如此，也需要一个标准来约束迅猛增长的网页。随着网络技术的飞速发展，各种应用类型的站点纷纷建立。因为网络的无限性和共享性，以及各种设计软件的推出，多样化的站点展示方式便应运而生。为保证各种用户和各类软件设计出的站点信息完整地展现在用户面前，Web 标准技术应运而生。

1.3.1　Web 开发标准

Web 标准是所有站点在建设时必须遵循的一系列硬性规范。从页面构成来看，网页主要由结构（Structure）、表现（Presentation）和行为（Behavior）3 部分组成，所以对应的 Web 标准由如下 3 方面构成。

1．结构化标准语言

目前使用的结构化标准语言是 HTML 和 XHTML，下面将对上述两种语言进行简要介绍。

HTML 是 Hyper Text Markup Language（超文本标记语言）的缩写，是构成 Web 页面的主要工具，用来表示网上信息的符号标记语言。通过 HTML，将所需要表达的信息按某种规则写成 HTML 文件，再通过专用的浏览器来识别，并将这些 HTML 翻译成可以识别的信息，就是所见到的网页。HTML 语言是网页制作的基础，是初学者必须掌握的内容。当前的最新版本是 HTML 5.0。

XHTML 是 Extensible Hyper Text Markup Language（可扩展超文本标记语言）的缩写，是根据 XML 标准建立起来的标识语言，是 HTML 向 XML 的过渡。

2．表现性标准语言

目前的表现性标准语言是 CSS，它是 Cascading Style Sheets（层叠样式表）的缩写，当前最新的 CSS 规范是 W3C 于 2001 年 5 月 23 日推出的 CSS 3。通过 CSS 可以对网页进行布局，控制网页的表现形式。CSS 可以与 XHTML 语言相结合，实现页面表现和结构的完整分离，提高站点的使用性和维护效率。

3．行为脚本语言

目前的行为标准是 DOM 和 ECMAScript。DOM 是 Document Object Model（文档对象模型）的缩写，根据 W3C DOM 规范，DOM 是一种与浏览器、平台和语言无关的接口，使得用户可以访问页面其他的标准组件。简单理解，DOM 解决了 Netscaped 的 JavaScript 和 Microsoft 的 JavaScript 之间的冲突，给予 Web 设计师和开发者一个标准的方法，让他们来访问他们站点中的数据、脚本和表现层对象。从本质上讲，DOM 是一种文档对象模型，是建立在网页和 Script 及程序语言之间的桥梁。

ECMAScript 是 ECMA（European Computer Manufacturers Association）制定的标准脚本语言（JavaScript）。

上述标准大部分由 W3C 组织起草和发布，也有一些是其他标准组织制订的，如 ECMA 的 ECMAScript 标准。

1.3.2　使用 Web 标准的原因

Web 标准就是网页业界的"ISO 标准"，网页必须有一个标准，不然五花八门的技术用在多如牛毛的不同网站上，会显示不出来所要的视觉效果。推出 Web 标准的主要目的是不管是哪一家的技术，都要遵循这个规范来设计、制作并发展，这样大家的站点才能以完整、标准的格式展现出来。具体来说，使用 Web 标准的主要目的如下所示。

- ☑ 提供最大利益给最多的网站用户，包括世界各地的用户。
- ☑ 确保任何网站文档都能够长期有效，而不必在软件升级后进行修改。
- ☑ 大大简化了代码，并对应地降低站点建设成本。

☑ 让网站更容易使用，能适应更多不同用户和更多网络设备。因为硬件制造商也按照此标准推出自己的产品。

☑ 当浏览器版本更新，或者出现新的网络交互设备时，也能确保所有应用能够继续正确执行。

使用 Web 标准后，不仅给浏览用户带来了多元化的浏览展示，而且给站点拥有者和维护人员带来极大的方便。使用 Web 标准后，对浏览用户的具体意义如下所示。

☑ 页面内容能被更多的用户所访问。

☑ 页面内容能被更广泛的设备所访问。

☑ 用户能够通过样式选择定制自己的表现界面。

☑ 使文件的下载与页面显示速度更快。

使用 Web 标准后，对网站所有者的具体意义如下所示。

☑ 带宽要求降低，降低了站点成本。

☑ 使用更少的代码和组件，使站点更容易维护。

☑ 更容易地被搜寻引擎搜索到。

☑ 使改版工作更加方便，不再需要变动页面内容。

☑ 能够直接提供打印版本，而不需要另行复制打印内容。

☑ 大大提高了站点的易用性。

1.3.3　CSS 布局标准

作为一个站点页面设计人员，必须严格遵循前面介绍的标准，使页面完美地展现在用户面前。在推出 Web 标准以前，站点网页是以 table 做布局的。从本质上来看，传统的 table 布局和现在的 CSS 布局所遵循的是截然不同的思维模式。下面将介绍传统布局和 CSS 布局的区别，并着重说明标准布局所产生的重要意义。

1．传统页面布局

传统的页面布局方法是使用表格（table）元素，其具体实现方法如下所示。

（1）使用 table 元素的单元格，根据需要将页面划分为不同区域，并且在划分后的单元格内可以继续嵌套其他的表格内容，随意添加。

（2）利用 table 元素的属性来控制内容的具体位置，如 algin 和 valgin。

2．标准布局

在 Web 标准布局的页面中，表现部分和结构部分是各自独立的。结构部分是用 HTML 或 XHTML 编写实现的，而表现部分是用可以调用的 CSS 文件实现的。这样，实现了页面结构和表现内容的分离，从而方便了页面维护。

1.4　常用网页制作工具介绍

📀 **知识点讲解：光盘\视频讲解\第 1 章\常用网页制作工具介绍.avi**

在设计网页和构建网站的过程中，最常用的可视化开发工具有 FrontPage 和 Dreamweaver 两种。本节将简单讲解这两种制作工具的基本知识。

1.4.1　FrontPage 介绍

FrontPage 提供了强大和灵活的功能，可提供给用户构建网站所需的专业的设计、创作、数据和发布工具。FrontPage 对 Web 技术的发展起到了积极的推动作用，主要体现在如下 3 个方面。

（1）设计

使用增强的设计工具可创建更漂亮的网站，使用新的布局工具和图形工具可以设计出完全符合需求的站点。

（2）编写代码

使用设计工具可生成更好的代码，也可使代码技术得到扩展。使用内置的脚本撰写工具可获得交互式结果。使用专业的代码编写工具，可以更快、更高效、更准确地编写代码。

（3）扩展

使用第一个商业化推出的、完全支持所见即所得的可扩展样式表语言转换（XSLT）编辑器构建可扩展标记语言（XML）数据驱动网站，以新的方式实现与人的联系和对信息的访问。增强的发布功能和选项可帮助用户更快地将网页发布到网上。

另外，FrontPage 是微软的系列产品，能够充分和其他微软产品交互结合使用，并且 FrontPage 包括一些工具以及一些布局功能和图形功能，可以帮助用户以更快的速度设计专业网站，这主要体现在如下几个方面。

- ☑　处理来自其他应用程序的图形，同时可更好地控制图像的显示和保存。
- ☑　使用动态的 Web 模板来全面修改网站上的一些区域。在更新主模板后，所有与该模板相链接的页面都会自动更改。
- ☑　使用浏览器和分辨率调节功能来针对特定的浏览器或分辨率进行调节，还可以查看站点在各种浏览器和分辨率组合中的外观。
- ☑　创建并操纵供布局使用的图表，针对布局提供精确到像素的控制能力。
- ☑　使用操纵工具可以更轻松地处理位于同一空间内的多个图像和多个内容片断，并可创建直观效果（如弹出式菜单）。

FrontPage 的基本工作界面如图 1-4 所示。

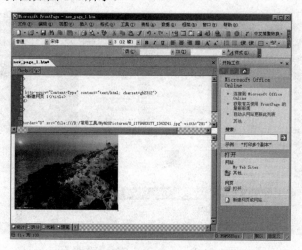

图 1-4　FrontPage 工作界面

1.4.2　Dreamweaver 介绍

Dreamweaver 是美国 Macromedia 公司（后被 Adobe 公司收购）开发的网页制作工具，是集网页制作和管理网站于一身的所见即所得的网页编辑器。它是第一套针对专业网页设计师特别发展的视觉化网页开发工具，利用它可以轻而易举地制作出跨越平台限制和跨越浏览器限制的网页。

Dreamweaver 支持最新的 DHTML 和 CSS 标准，可以设计出生动的 DHTML 动画、多层次的 Layer 以及 CSS 样式表。另外，Dreamweaver 还具有如下 3 个主要特点。

（1）最佳的制作效率

Dreamweaver 可以用最快速的方式将 Fireworks、FreeHand 或 Photoshop 等文件移至网页上。使用检色吸管工具选择屏幕上的颜色，这样可以设定最接近的网页安全色。对于选单、快捷键和格式控制，都只要一个简单步骤便可完成。Dreamweaver 能与设计者喜爱的设计工具，如 Playback Flash、Shockwave 和外挂模组等搭配，不需离开 Dreamweaver 便可完成，整体运用流程自然顺畅。除此之外，只要单击便可使 Dreamweaver 自动开启 Fireworks 或 Photoshop 来进行编辑与设定图档的最佳化。

（2）强大的网站管理功能

使用网站地图可以快速制作网站雏形，设计、更新和重组网页。改变网页位置或文件名称后，Dreamweaver 将自动更新所有链接。使用支援文字、HTML 码、HTML 属性标签和一般语法的搜寻及置换功能，可使复杂的网站更新变得迅速又简单。

（3）无可比拟的控制能力

Dreamweaver 是唯一提供 Roundtrip HTML、视觉化编辑与原始码编辑同步设计的工具。它包含 HomeSite 和 BBEdit 等主流文字编辑器。帧（frames）和表格的制作速度快得令人叹服，甚至可以排序或格式化表格群组。Dreamweaver 支持精准定位，可以轻易转换成表格的图层以拖拉置放的方式进行版面配置。所见即所得的功能能够成功整合动态式视觉编辑及电子商务功能，提供超强的支援能力给 Third-party 厂商，包括 ASP、Apache、BroadVision、Cold Fusion、iCAT 等。

Dreamweaver 包含多个版本，每个版本的基本功能类似。读者可以根据个人的需要来安装合适的版本。本书后面知识的介绍采用了 Dreamweaver CS6 作为开发工具。Dreamweaver CS6 的工作界面如图 1-5 所示。

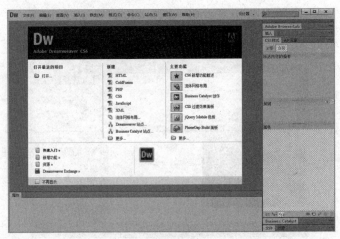

图 1-5　Dreamweaver CS6 工作界面

1.4.3　Dreamweaver 和 FrontPage 之间的选择

对于很多初学者来说，一直纠结于是选择 Dreamweaver 还是 FrontPage 的问题。其实 Dreamweaver 和 FrontPage 都是比较知名的网页设计软件，可称得上是网页设计中的佼佼者。但到底谁更好些呢？

FrontPage 占领的是中级市场，其地位犹如文字处理软件中的 Word，比较重视网页的研发效率、易学易用的引导过程；而 Dreamweaver 主攻的是网页高级设计市场，其地位犹如出版领域的 PageMaker，所强调的是更强大的网页控制、设计能力及创意的完全发挥。

Dreamweaver 在功能的完善、使用的便捷上比 FrontPage 要强。它囊括了 FrontPage 的所有基本操作，并研发了许多独具特色的设计新概念，如行为（Behaviors）、时间线（Timeline）、资源库（Library）等，还支持层叠式样表（CSS）和动态网页效果（DHTML），而动态 HTML 是 Dreamweaver 最令人欣赏的功能。

和 FrontPage 相比，Dreamweaver 有如下所示的 4 点优势。

（1）产生的垃圾代码少，网页可读性好，能够提高网页的浏览速度。

（2）通过图层功能，能够快速制作出复杂的页面，图片定位更容易。

（3）可基本解决 IE 和 Netscape 的兼容性问题。

（4）设计思路广，内涵丰富，创作随意性强，可充分展现用户的创意。

1.5　怎样设计出好的网页

知识点讲解：光盘\视频讲解\第 1 章\怎样设计出好的网页.avi

设计出好的网页并不容易，这需要一定的技术积累和经验沉淀。本节将详细讲解设计出好网页需要了解的知识，为读者步入后面知识的学习打下基础。

1.5.1　网页设计的 3 个理念

（1）内容决定形式

先充实内容，再分区块、定色调、处理细节。

（2）先整体，后局部，最后回归到整体

首先要全局考虑，把能填的都填上，占位置；然后定基调，分模块设计；最后调整不满意的几个局部细节。

（3）功能决定设计方向

根据网站的用途，决定设计思路。如商业性的就要突出盈利目的；政府性的就要突出形象和权威性的文章；教育性的就要突出师资和课程。

1.5.2　网页设计的 3 个误区

（1）不重视域名和空间

不少企业在进行网页设计时，不注重域名和空间的稳定性，随便找个域名和空间来注册。一个空间可以存放很多网站，一旦其中一个网站被降权或被封杀，那将影响到其他的网站，选择好的、有保障的供应商非常重要。

（2）注重外观，不注重实用

目前，很多企业在进行网页设计时，只注重网站外观是否漂亮，有时为追求网页美观，用了大量的 Flash，实际上 Flash 不利于百度蜘蛛的抓取，不利于企业开展网络营销，建议企业在进行网页设计时，不仅要重视它的外观是否漂亮，还要注意网页是否能迎合搜索引擎的喜好。

（3）网站维护的缺乏

很多企业把网页建好以后就不管不问了，有的网页成年累月没有更新内容，这样百度就无法收录，对于企业来说，必须找一些专业人士进行网页内容更新。

1.5.3　什么才是好的网页设计

虽然每个人心中的"好的网站"都不尽相同，但是经过用户的认证，得出了遵循如下原则的网页才是好的网页。

（1）内容和功能决定表现形式和界面设计

设计师常常拿到的任务是一张小纸条，上面只写有两句话，要求去做一个网站设计。很多人看看纸条就去设计页面了，难道凭两句话就可以为客户做一个页面设计吗？答案是不可以，即使你已经有七八年的设计经验。做网页设计需要了解客户的很多资料，例如：

- ☑ 建站目的。
- ☑ 栏目规划及每个栏目的表现形式及功能要求。
- ☑ 主色、客户性别喜好、联系方式、旧版网址、偏好网址。
- ☑ 根据行业和客户要求，哪些要着重表现。
- ☑ 是否分期建设、考虑后期的兼容性。
- ☑ 客户是否有强烈的建站欲望。
- ☑ 你是否能在精神意识上控制住客户。
- ☑ 面对你未接触的技术知识，你有底吗？
- ☑ 网站类型。

当把这些内容都了解清楚时，在大脑中就对这个网站有了全面而形象的定位，这时才是有的放矢去做界面设计的时候。

（2）界面弱化

一个好的界面设计，其界面是弱化的，突出的是功能，着重体现的是网站所能提供给使用者什么。这就涉及浏览顺序、功能分区等。要让访客在 0.5 秒内就能把握网站的行业性质，1 秒内就知道该从哪个地方开始使用这个网站，并能以最简捷的方式浏览。当然，上面说的是大多数功能性网站，对于宣传展示性网站，如加特效的网站或 Flash 网站，可能就不得不花哨一些，但不能太过分。网站不是动画片，在效率越来越高、社会心理越来越浮躁的当今，人们的耐心越来越小，心理承受能力越来越低。效果可以体现意境，点到为止。

（3）模块化和可修改性强

模块化不仅可以提高重用性，也能统一网站风格，还可以降低程序开发的强度。这里就涉及一些尺寸、模数、宽容度、命名规范等知识，在此不再赘述。

无论是架构还是模块或图片，都要考虑可修改性。例如，logo、按钮等，很多人喜欢制作图片，N 个按钮就是 N 张图片。如果只做 3～5 类按钮的背景图片，然后在网页代码中输入文字，那么修改起来就简单了，让程序员改字即可。然而网页显示的字体是带有锯齿的，一般既能显示清晰，又保证美观的字体字号如下所示。

宋体 12px | 宋体 12px 粗体 | 宋体 14px | 宋体 14px 粗体 | 黑体 20px | verdana 9px | Arial Black 12px+ |

（4）强大的分析能力

设计界非常注重创意，但若还没有搞清目的、意义和内容，还没在技术制作上臻于完善，用创意和特效来迷惑客户和访客是不可取的。一个网页设计者的分析能力远比创意来的重要。

1.5.4　配色原则

合理的颜色是一个网页吸引浏览用户的关键点，当前最通用的配色原则如下所示。

（1）网页最常用的流行色

☑　蓝色——蓝天白云，沉静整洁的颜色。

☑　绿色——绿白相间，雅致而有生气。

☑　橙色——活泼热烈，标准商业色调。

☑　暗红——宁重、严肃、高贵，需要配黑和灰来压制刺激的红色。

（2）颜色的忌讳

☑　忌脏——背景与文字内容对比不强烈，灰暗的背景令人沮丧。

☑　忌纯——艳丽的纯色对人的刺激太强烈，缺乏内涵。

☑　忌跳——再好看的颜色，也不能脱离整体。

☑　忌花——要有一种主色贯穿其中，主色并不是面积最大的颜色，而是最重要、最能揭示和反映主题的颜色，就像领导者一样，虽然在人数上居少数，但起决定作用。

☑　忌粉——颜色浅固然显得干净，但如果对比过弱，就显得苍白无力了。

☑　蓝色忌纯，绿色忌黄，红色忌艳。

（3）常见的几种固定搭配

☑　蓝、白、橙——蓝为主调。白底，蓝标题栏，橙色按钮或 ICON 作点缀。

☑　绿、白、蓝——绿为主调。白底，绿标题栏，蓝色、橙色按钮或 ICON 作点缀。

☑　橙、白、红——橙为主调。白底，橙标题栏，暗红、桔红色按钮或 ICON 作点缀。

☑　暗红、黑——暗红为主调。黑或灰底，暗红标题栏，文字内容背景为浅灰色。

1.5.5　常用的网页布局

网页可以说是网站构成的基本元素。当我们轻点鼠标，在网络中遨游时，一个个精彩的网页会呈现在我们面前，那么，决定网页精彩与否的因素是什么呢？色彩的搭配、文字的变化、图片的处理等，这些当然是不可忽略的因素，除了这些，还有一个非常重要的因素——网页的布局。在现实应用中，常用的网页布局方式有如下几种。

（1）"国"字型

"国"字型，也可以称为"同"字型，是一些大型网站所喜欢的类型，即最上面是网站的标题以及横幅广告条，接下来就是网站的主要内容，左右分列一些小条内容，中间是主要部分，与左右一起罗列到底，最下面是网站的一些基本信息、联系方式、版权声明等。这种结构是网络中最常见的一种结构类型。

（2）拐角型

拐角型结构与"国"字型结构其实只是形式上的区别，实质上很相近，其上面是标题及广告横幅，接下来的左侧是一窄列链接等，右列是很宽的正文，下面也是一些网站的辅助信息。在这种类型中，一种很常见的类型是最上面是标题及广告，左侧是导航链接。

（3）标题正文型

标题正文型布局即最上面是标题或类似的其他东西，下面是正文，如一些文章页面或注册页面等就是这种类型。

（4）封面型

封面型布局基本上出现在一些网站的首页，大部分为一些精美的平面设计结合一些小的动画，放上几个简单的链接或者仅是一个"进入"的链接，甚至直接在首页的图片上做链接而没有任何提示。这种类型大部分出现在企业网站和个人主页，如果处理得好，会给人带来赏心悦目的感觉。

（5）"T"结构布局

所谓"T"结构布局，就是指网页上边和左边相结合，页面顶部为横条网站标志和广告条，左下方为主菜单，右面显示内容，这是网页设计中用得最广泛的一种布局方式。在实际设计中还可以改变"T"结构布局的形式，如左右两栏式布局，一半是正文，另一半是形象的图片、导航；或正文不等两栏式布置，通过背景色区分，分别放置图片和文字等。

这样的布局有其固有的优点，因为人的注意力主要在右下角，所以企业想要发布给用户的信，大都能被用户以最大可能性获取，而且很方便，其次是页面结构清晰，主次分明、易于使用。缺点是规矩呆板，如果细节色彩上不注意，很容易让人"看之无味"。

（6）"口"型布局

这是一个形象的说法，指页面上下各有一个广告条，左边是主菜单，右边是友情链接等，中间是主要内容。

这种布局的优点是页面充实、内容丰富、信息量大，是综合性网站常用的版式，特别之处是顶部中央的一排小图标起到了活跃气氛的作用。缺点是页面拥挤、不够灵活。也有将四边空出，只用中间的窗口型设计，例如网易壁纸站使用多帧形式，只有页面中央部分可以滚动，界面类似游戏界面。使用此类版式的有多维游戏娱乐性网站等。

（7）"三"型布局

"三"型布局多用于国外网站，国内用得不多。其特点是页面上横向两条色块，将页面整体分割为 4 个部分，色块中大多放广告条。

（8）对称对比布局

顾名思义，对称对比布局指采取左右或者上下对称的布局，一半深色，一半浅色，一般用于设计型网站。其优点是视觉冲击力强，缺点是将两部分有机地结合比较困难。

（9）POP 布局

POP 源自广告术语，指页面布局像一张宣传海报，以一张精美图片作为页面的设计中心。常用于时尚类网站，优点显而易见，即漂亮、吸引人，缺点是速度慢。

1.5.6 网站构建原则

网站设计工作极为重要，下面是一些网站构建过程中应注意的原则。

（1）明确建立网站的目标和用户需求

Web 站点的设计是展现企业形象、介绍产品和服务、体现企业发展战略的重要途径，因此必须明确设计站点的目的和用户需求，从而做出切实可行的设计计划。应根据消费者的需求、市场的状况、企业自身的情况等进行综合分析，以"消费者"为中心，而不是以"美术"为中心进行设计规划。

在设计规划时需要考虑以下因素。

- ☑ 建设网站的目的是什么？
- ☑ 为谁提供服务和产品？
- ☑ 企业能提供什么样的产品和服务？
- ☑ 网站的目的消费者和受众的特点是什么？
- ☑ 企业产品和服务适合什么样的表现方式（风格）？

（2）网页设计总体方案主题鲜明

在目标明确的基础上，完成网站的构思创意，即总体设计方案，对网站的整体风格和特色作出定位，规划网站的组织结构。Web 站点应针对所服务对象（机构或人）的不同而具有不同的形式。有些站点只提供简洁的文本信息；有些则采用多媒体表现手法，提供华丽的图像、闪烁的灯光、复杂的页面布置，甚至可以下载声音和录像片段。好的 Web 站点把图形表现手法和有效的组织与通信结合起来。

为了做到主题鲜明突出、要点明确，应按照客户的要求，以简单明确的语言和画面体现站点的主题；调动一切手段充分表现网站的个性和情趣，体现网站的特点。

Web 站点主页应具备的基本成分包括页头，准确无误地标识站点和企业标志；Email 地址，用来接收用户垂询；联系信息，如普通邮件地址或电话；版权信息，声明版权所有者等。

要充分利用已有信息，如客户手册、公共关系文档、技术手册和数据库等。

（3）注重网站的版式设计

网页设计作为一种视觉语言，特别讲究编排和布局，虽然主页的设计不等同于平面设计，但它们有许多相似之处。版式设计通过文字和图形的空间组合表达出和谐与美。

多页面站点的编排设计要求把页面之间的有机联系反映出来，特别要处理好页面之间和页面内的秩序与内容的关系。为了达到最佳的视觉表现效果，应反复推敲整体布局的合理性，使浏览者有一个流畅的视觉体验。

（4）体会色彩在网页设计中的作用

色彩是艺术表现的要素之一。在网页设计中，设计师根据和谐、均衡和重点突出的原则，将不同的色彩进行组合、搭配来构成美丽的页面。根据色彩对人们心理的影响，合理地加以运用。如果企业有 CIS（企业形象识别系统），可按照其中的 VI 进行色彩运用。

（5）实现网页设计形式与内容相统一

为了将丰富的意义和多样的形式组织成统一的页面结构，形式语言必须符合页面的内容，体现内容的丰富含义。

灵活运用对比与调和、对称与平衡、节奏与韵律以及留白等手段，通过空间、文字、图形之间的相互关系建立整体的均衡状态，产生和谐的美感。如对称原则在页面设计中的应用，均衡有时会使页面显得呆板，但如果加入一些富有动感的文字、图案，或采用夸张的手法来表现内容，往往会达到比较好的效果。点、线、面作为视觉语言中的基本元素，巧妙地互相穿插、互相衬托、互相补充，可构成最佳的页面效果，充分表达完美的设计意境。

（6）三维空间的构成和虚拟现实

网络上的三维空间是一个假想空间，这种空间关系需借助动静变化、图像的比例关系等空间因素表现出来。在页面中，图片、文字位置前后叠压，或页面位置变化所产生的视觉效果都各不相同。通过图片、文字前后叠压所构成的空间层次不太适合网页设计，根据现有浏览器的特点，网页设计适合比较规范、简明的页面，尽管这种叠压排列能产生强节奏的空间层次，视觉效果强烈。网页上常见的是页面上、下、左、右、中位置所产生的空间关系，以及疏密的位置关系所产生的空间层次，这两种位置关系使产生的空间层次富有弹性，同时也让人产生轻松或紧迫的心理感受。现在，人们已不满足于 HTML 语言编制的二维 Web 页面，三维世界的诱惑开始吸引更多的人，虚拟现实要在 Web 网上展示其迷人的风采，于是 VRML 语言出现了。VRML 是一种面向对象的语言，类似于 Web 超级链接所使用的 HTML 语言，也是一种基于文本的语言，并可以运行在多种平台上，只不过能够更多地为虚拟现实环境服务。

（7）网页设计中多媒体功能的利用

网络资源的优势之一是多媒体功能。要吸引浏览者的注意力，网页的内容可以用三维动画、Flash等来表现。但由于网络带宽的限制，在使用多媒体形式表现网页的内容时，不得不考虑客户端的传输速度。

（8）结构清晰并且便于使用

如果浏览者看不懂或很难看懂网站，那么，他如何了解企业和服务呢？所以应使用一些醒目的标题或文字来突出产品与服务。

（9）导向要清晰

网页设计中，导航使用超文本链接或图片链接，使浏览者能够在网站上自由前进或后退，而不用使用浏览器上的前进或后退按钮。可以在所有的图片上使用"ALT"标识符注明图片名称或解释，以便那些不愿意自动加载图片的浏览者能够了解图片的含义。

（10）实现更快速的下载

很多浏览者不会进入需要等待 5 分钟下载时间才能进入的网站，在互联网上，30 秒等待时间与日常生活中 10 分钟等待时间的感觉相同。因此，建议在网页设计中尽量避免使用过多的图片及体积过大的图片。我们通常会与客户合作，将主要页面的容量控制在 50KB 以内，平均 30KB 左右，确保普通浏览者页面等待时间不超过 10 秒。

（11）非图形的内容

在必要时适当使用动态 GIF 图片，为减少动画容量，应用巧妙设计的 Java 动画可以用很小的容量使图形或文字产生动态的效果。但由于在互联网浏览的大多是一些寻找信息的人，建议要确定网站将为他们提供的是有价值的内容，而不是过度的装饰。

（12）方便反馈及订购程序

让客户明确网站所能提供的产品或服务并让他们非常方便地订购是获得成功的重要因素。如果客户在网站上产生了购买产品或服务的欲望，是否能够让他们尽快实现？是在线还是离线？都要在建站时考虑。

（13）定期进行网站测试和改进

测试实际上是模拟用户询问网站的过程，用以发现问题并改进网页设计。通常要与用户共同安排网站测试。

1.6　网页设计师行业

■ 知识点讲解：光盘\视频讲解\第 1 章\网页设计师这一行业.avi

作为一名优秀的设计师，不仅需要具备扎实的技术、灵活使用设计软件的能力，而且还需要具有艺术家的眼光。本节将详细讲解作为一名优秀网页设计师所需要了解的基础知识，为读者步入后面知识的学习打下基础。

1.6.1　网页设计师的前景

在互联网越来越深入到生活的年代，网页的表现形式就如同以前书本上的文字，传达着网络语言，每一条线、每一个色块、每一种版式、每一种组合都传递给阅读者一种感觉。实际上，网页的表现形式已是互联网至关重要的元素，这些工作都是由网页设计师来做的，网页设计师是一种创造性、有成就感的工作，更是不可或缺的职业。

做网页设计师，有创造的快乐，也有很多无奈。如果做的是公司内部网站的设计，或是维护自己公司的网站、定期改版、增加图片 Flash 等，自己的创意可以得到更多的尊重。如果是给客户做网站，即使是理解客户的所谓需求，做出来的东西常被客户否定，但客户是上帝，客户永远是对的。没必要在心里品评客户的品味，大千世界，人各有所好，重要的是耐心地与客户沟通。

1.6.2　如何快速成长为网页设计师"达人"

笔者曾经是一个网页设计的"菜鸟"，经过自己不断地摸索和实践，现在已经可以独立制作一个完整的静态站点。

（1）循序渐进学知识

先学习 HTML，找本自己能看懂的教材，以浏览为主，不用记住所有的概念，只要记住使用原理就行，这一阶段，估计 3 天就足够；然后用两天时间学 CSS，方法同上；进而再花些时间了解一下 JavaScript。

用记事本尝试写几个网页，记住这时千万不要用可视化工具，如 FrontPage、Dreamweaver（这些以后再学）。有一个提高自己"写网页"的捷径，就是上各大网站，把网页保存下来，然后打开保存下来的网页，单击鼠标右键查看源文件，然后模仿他们的写法，不断规范自己的代码。

接下来要学习 Fireworks，建议一开始就到网上找些实例教程，这些实例教程一般都介绍得很详细，跟着教程一步一步做下来，每学会一个实例就掌握了几项操作，而且也有了自己的作品，很有成就感，长期积累下来对自己的提高很有帮助。这时还可以结合 Dreamweaver 进行学习，就可以体会到 Dreamweaver 和 Fireworks 的无缝集成了。如果想让自己的网页多一些炫目的效果，建议学习 Flash。在学习完之后，就可以真正领会到"网页三剑客"的威力了。

（2）在实践中不断提高

如果每天能拿出两个小时来学习，完成以上学习估计只要 20 天左右。接下来要进行实习，在实践中锻炼自己，如可以去一些公司做兼职，或是给自己的单位设计主页等。最好是能进入一个正规的开发团队，就会学会如何以团队合作的方式开发网站，特别是怎样和程序组合作，把页面与后台程序数据库配合起来。

1.6.3 灵感是设计师的设计之源

要成为一名优秀的网页设计师，首先要有一定的审美能力。这里所说的审美能力指的是鉴别和领会事物或艺术品美的一种能力。例如你的同事今天穿新衣服来上班，你是否能和大多数人一样，感觉到这件新衣服穿在他身上是美或是不美，搭配是不是合适。如果美，美在什么地方，怎样改一下会更美。如果不美，是由什么造成的，是颜色不协调，还是样式太差，或是搭配得不好。换一件衬衣或是换一双鞋会不会一下子漂亮起来？如果你能和大多数人一样，能鉴别和欣赏这种美，就证明你有正确的审美能力。如果你的看法和大多数人相反，则证明你的审美能力有问题，不适合从事设计工作。因为如果审美有问题，无论你怎样挖空心思去设计，多么用功，多么努力，设计出来的东西还是不会被别人接受。具备正确的审美能力是成为一个网页设计师的先决条件。

成为优秀的网页设计师的另一个重要条件是要有创意。创意是一个设计师的灵魂，我们评价一个设计师水平的高低，不是看他对那些设计软件用得有多熟练，有多少应用技巧，而是看他的创意。所谓创意，是我们平时所积累的各种各样的生活素材在瞬间得到完美结合所形成的一种美的创新。可以说，创意是灵感与意境的结合，是完美与创新的化身。创意并不像审美能力那样与生俱来，难以改变。创意是可以激发和培养的。创意的培养不仅要不断地积累各种各样的生活素材，还需要接受名师或高手的指点。例如在新东方学校计算机部的网页设计师教学课程中，把激发和培养学生创意作为教学重点，而授课老师也都是长期从事大型网站设计的设计师，具备多年的工作经验和独特的创意。老师会教你如何去积累生活素材，如何将其有效地结合，如何找到创意的灵感，产生各种各样的创意并将其表现出来。在这种环境下学生能在创意方面得到迅速提高，能感觉到自己每天都上了一个大台阶。

从事网页设计工作，作品最终是要在网络上出版。所以要求设计师有一定的美术基础和网络知识。但并不是要求你一定要是一个专业的美工或是网络工程师，而是说要有这两方面的知识，这两方面的知识越多，工作就会做得越好。当然，如果你是一个专业的美工或从事过网络工作，那是最好不过了。即使你这两方面的知识都不具备，也不要绝望，只要你下定决心专心去学，很快就会学到一些美术或网络的知识。例如新东方网页设计班的学员，他们来学之前，大都不具备这些知识，甚至是从零开始，但是经过一个月的学习，在结业的时候，很多学员设计出了非常精彩的作品。

另外，还要跟上形式，网络出版物也是一种流行的时尚。今年流行这一种美，明年可能会流行另外一种，作为一个设计师，需要不停地赶时髦，根据流行的趋势做出创新，否则就会慢慢被遗弃。跟上形式的方法是多留心观察，多与人交流，特别是多与高手交流。与高手交流也是提高自己水平的一个重要途径，当我们经过学习达到一定水平时，再想提高是非常不容易的。而通过交流，必定能得到新的提高。

1.6.4 做到从合格到优秀

都说从失败到成功其实并不遥远，只是在一念之间。一个优秀网页设计师的成功之路是充满艰辛的，外人不能体会到其中的汗水。但是仔细想来，一个优秀的网页设计师只需具备以下 4 个条件即可。

（1）有良好的美术素养和欣赏水平，对色彩、布局等有专业的理解。

（2）熟练掌握 Dreamweaver、Photoshop 等工具，能手写 HTML，还要了解 JavaScript。

（3）精通 CSS 和 W3C 标准，熟练掌握和运用 Web 2.0 技术。

（4）有创意设计的能力。因为很多时候需求都只是文字，要靠创意表现成页面。现在这样的人才很缺乏，美术学院的人计算机精通的人少，学计算机的美术感觉差，如果是美术专业出身又酷爱计算机，或者学计算机的毕业生自小就喜欢美术，那就是难得之才了。至于创意这类能力是在设计之外的功夫。由此可见，做一个合格的设计师不难，做一个优秀的设计师却很难。

1.6.5　设计师的"三块大蛋糕"

电子商务经过凤凰涅槃后重新兴起，表面上卓越、京东、淘宝等站点发展得如火如荼，暗地里互联网媒介正在悄然改变。经过笔者的留意，一些门户上的商品广告，单击后不是进入其官网宣传站，而是直接进入淘宝品牌旗舰店，常规的产品定期推广甚至是新品发布，都是如此。这样一来，谁不见了？答案是推广站不见了。本来做开 minisite 的设计公司的生意丢了，这是个大问题。那谁得益了？淘宝店铺设计得益了。

1．店铺

设计师的第一块蛋糕就是淘宝的店铺。在几年前，笔者非常蔑视淘宝店铺的设计，觉得非常业余、低端，感觉就是随时找个能操作 Photoshop 的人都能解决。但今天，随着淘宝店模块功能的日益强大，店铺设计从以前的条条框框变得越来越自由，设计表现空间大大提升，加上淘宝商城的大品牌入驻，很多当年不起眼的店铺设计个人及公司就顺理成章地接下了这些业务，越来越多的亮眼店铺设计出现。

2．平板电脑

设计师的第二块蛋糕是平板电脑。最近两年平板电脑迅猛兴起，一块薄薄的 Pad 大有把 PC 取代的趋势，在未来的个人计算机里面，基本不会再有 PC 的身影了，除了靠计算机吃饭的人，家庭或者一般的商务人士，都只会使用平板电脑。所以在这一块的设计需求，会在未来的几年疯狂增长。从 TX 百度等大企业的无线部门快速扩展可以看出，不怕没业务，只怕你做不来。

3．智能手机

在过去的几年，智能手机市场发生了巨大的变化，安卓手机产品和 iPhone 横空出世，诺基亚一蹶不振。智能手机系统已经发展到和计算机一样的功能，手机已成为了移动计算机。于是无论在大街小巷，还是在上下班的电车中，总有很多人在用手机浏览网页。由此可见，智能手机站点的设计将是设计师的另一块大蛋糕。

第 2 章 初识 Dreamweaver CS6

Dreamweaver CS6 是当前较新的一个版本，此版本提供了更为强大的功能。本章将详细讲解 Dreamweaver CS6 的基本知识，为读者步入后面知识的学习打下基础。

2.1 Dreamweaver CS6 介绍

知识点讲解：光盘\视频讲解\第 2 章\Dreamweaver CS6 介绍.avi

Dreamweaver CS6 是世界顶级软件厂商 Adobe 推出的一套拥有可视化编辑界面，用于制作并编辑网站和移动应用程序的网页设计软件。由于它支持代码、拆分、设计、实时视图等多种方式来创作、编写和修改网页，对于初级人员来说，可以无须编写任何代码就能快速创建 Web 页面。其成熟的代码编辑工具更适用于 Web 开发高级人员的创作。Dreamweaver CS6 使用了自适应网格版面创建页面，在发布前使用多屏幕预览审阅设计，可大大提高工作效率。改善的 FTP 性能，可高效地传输大型文件。"实时视图"和"多屏幕预览"面板可呈现 HTML 5 代码，更能够检查自己的工作。

2.1.1 Dreamweaver CS6 的主要功能

和以前的版本相比，Dreamweaver CS6 的主要功能如下所示。

（1）FTP

利用重新改良的 FTP 传输工具可以快速上传大型文件，节省发布项目时批量传输相关文件的时间。

（2）自适应网格版面

建立复杂的网页设计和版面，无须忙于编写代码。自适应网格版面能够及时响应，以协助用户设计能在台式机和各种设备中显示的项目。

（3）Adobe Business Catalyst 集成

可以使用 Dreamweaver 中的集成的 Business Catalyst 面板建立的网站，使用其托管解决方案快速建立专业性电子商务网站。

（4）jQuery 移动支持

借助 jQuery 代码提示加入高级交互性功能。jQuery 可轻松为网页添加互动内容。借助针对手机的启动模板可快速开始设计。

（5）PhoneGap 支持

借助 Adobe PhoneGap 为 Android™ 和 iOS 构建并封装本机应用程序。在 Dreamweaver CS6 中，借助 PhoneGap 框架，将现有的 HTML 转换为手机应用程序。利用提供的模拟器测试版面。

（6）CSS 3 转换

将 CSS 属性变化制成动画转换效果，使网页设计栩栩如生。在处理网页元素和创建优美效果时保持对网页设计的精准控制。

（7）实时视图

使用支持显示 HTML 5 内容的 WebKit 转换引擎，在发布之前检查网页，确保版面的跨浏览器兼容性和版面显示的一致性。

（8）多屏幕预览面板

借助"多屏幕预览"面板，为智能手机、平板电脑和台式机进行设计。使用媒体查询支持，为各种不同设备设计样式并将呈现内容可视化。

2.1.2　安装 Dreamweaver CS6

本节以安装 Dreamweaver CS6 的过程为例，向读者介绍安装 Dreamweaver 的方法。Dreamweaver CS6 的安装步骤如下：

（1）下载完安装文件后双击打开安装图标 ，弹出解压缩界面，在此选择一个保存解压缩安装文件的路径，如图 2-1 所示。

（2）单击"下一步"按钮后弹出准备文件进度框界面，如图 2-2 所示。

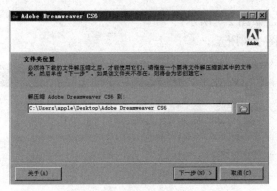
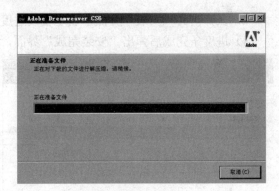

图 2-1　选择一个保存解压缩安装文件的路径　　　图 2-2　准备文件进度框界面

（3）进度完成后弹出"欢迎"界面，在此选择"安装"选项，如图 2-3 所示。

（4）弹出"Adobe 软件许可协议"界面，在此单击"接受"按钮，如图 2-4 所示。

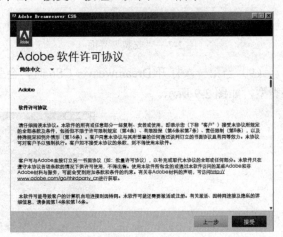

图 2-3　"欢迎"界面　　　图 2-4　"Adobe 软件许可协议"界面

（5）弹出"序列号"界面，在此输入合法的序列号，并单击"下一步"按钮，如图 2-5 所示。

（6）在弹出的"选项"界面中选择安装目录，然后单击"安装"按钮，如图 2-6 所示。

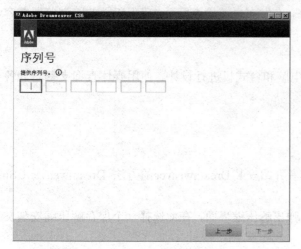
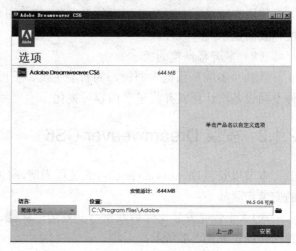

图 2-5　"序列号"界面　　　　　　　　　　　　　图 2-6　"选项"界面

（7）在弹出的"安装"界面中显示安装进度条，如图 2-7 所示。

（8）进度条完成后弹出"安装完成"界面，如图 2-8 所示。

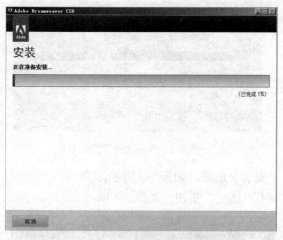
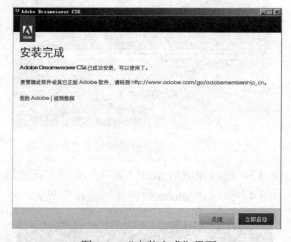

图 2-7　"安装"界面　　　　　　　　　　　　　图 2-8　"安装完成"界面

（9）当第一次打开 Dreamweaver CS6 时，会弹出"默认编辑器"对话框，在此可以选择常用的文件类型，如图 2-9 所示。

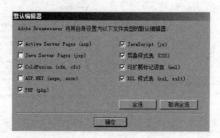

图 2-9　"默认编辑器"对话框

（10）单击图 2-9 中的"确定"按钮后弹出启动界面，如图 2-10 所示。

图 2-10 启动界面

（11）启动 Dreamweaver CS6 后的界面效果如图 2-11 所示，在此可以选择新建页面的类型。

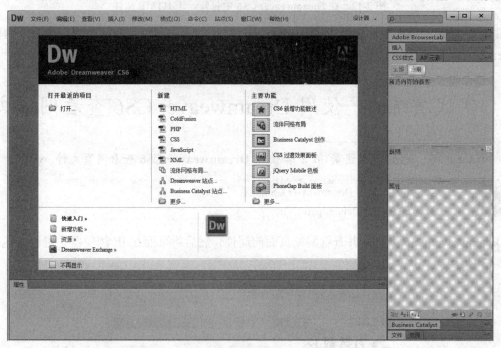

图 2-11 启动 Dreamweaver CS6 后的界面效果

2.2 菜 单 栏

知识点讲解：光盘\视频讲解\第 2 章\菜单栏.avi

在安装 Dreamweaver CS6 后即可使用它设计网页，例如打开一个简单的 HTML 静态网页（源码路径：codes\part02\1.html）的效果如图 2-12 所示。

图 2-12   在 Dreamweaver CS6 中打开一个 HTML 文件

在图 2-12 所示的界面中，标出了 Dreamweaver CS6 的"菜单栏"和"面板"部分，这两部分是 Dreamweaver CS6 实现设计功能的核心。

2.3   实战演练——使用 Dreamweaver CS6 查看网页文件

 知识点讲解：光盘\视频讲解\第 2 章\使用 **Dreamweaver CS6 查看网页文件.avi**

实例 001：使用 Dreamweaver CS6 查看网页文件
源码路径：光盘\codes\part02\2\

在 Dreamweaver CS6 中打开并查看网站页面的属性，然后将页面在 IE 浏览器中进行浏览，最终效果如图 2-13 所示。

图 2-13   最终效果

下面进行具体的制作，其操作步骤如下：

（1）选择"开始/所有程序/Adobe Dreamweaver CS6"命令，启动 Dreamweaver CS6。

（2）这时将打开默认的启动面板，选择"新建"栏下方的 HTML 选项，新建一个基本页面，如图 2-14 所示。

图 2-14　新建页面

（3）选择"文件/打开"命令，打开"打开"对话框，在其中选择"index.html"文件，单击"打开"按钮，打开该网页，如图 2-15 所示。

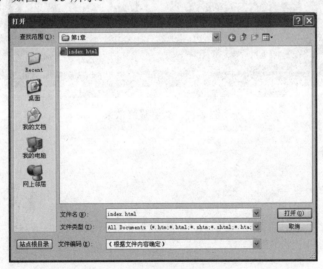

图 2-15　打开的网页

（4）在编辑窗口中即可查看网页文件的属性，通过单击"代码"按钮可将窗口切换到代码窗口查看文件的原始代码，如图 2-16 所示。

（5）完成页面的查看后，按"F12"键，这时将打开 IE 浏览器窗口，在该窗口中可查看页面的实际效果，如图 2-17 所示。

图 2-16　查看源代码

图 2-17　查看最终效果

第3章 创建并管理站点

要想制作一个可以在互联网上浏览的网站，首先需要在本地磁盘上制作出这个网站，然后将这个网站上传到远程服务器中。通常将放在本地磁盘的网站称为本地站点，将放在远程服务器上的网站称为远程站点。通过使用 Dreamweaver CS6，可以实现对远程站点和本地站点的管理功能。本章将详细讲解使用 Dreamweaver CS6 实现站点管理的基本知识，为读者步入后面知识的学习打下基础。

3.1 创建本地站点

知识点讲解：光盘\视频讲解\第 3 章\创建本地站点.avi

站点是存放和管理网站所有文件的地方，每个网站都有自己的站点。在使用 Dreamweaver CS6 创建网站前，必须创建一个本地站点，以便更好地创建网页和管理网页文件。创建本地站点的具体操作步骤如下：

（1）启动 Dreamweaver CS6，单击"站点"菜单，选择"新建站点"或"管理站点"命令，在打开的"管理站点"对话框中单击"新建"按钮，打开"站点设置对象"对话框，如图 3-1 所示。

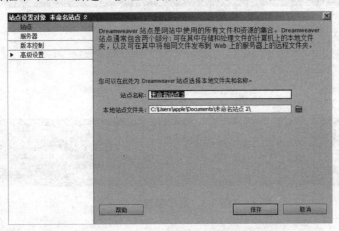

图 3-1 "站点设置对象"对话框

（2）在左边选择"站点"选项。

☑ 站点名称：输入网站的名称。网站名称显示在站点面板中的站点下拉列表中。站点名称不会在浏览器中显示，因此可以使用喜欢的任何名称。本例使用的站点文件夹的名称为 Dw CS6 教程。

☑ 本地站点文件夹：放置网站文件、模板以及库的本地文件夹。在文本框中输入一个路径和文件夹名，或者单击右边的"文件夹"图标选择一个文件夹。如果本地根目录文件夹不存在，那么可以在"选择根文件夹"对话框中创建一个文件夹，然后再选择它。当 Dreamweaver CS6

在站点中决定相对链接时，是以此目录为标准的。

（3）单击"本地站点文件夹"文本框右侧的浏览文件夹按钮，弹出"选择根文件夹"对话框，可以选择一个站点文件，如图 3-2 所示。

图 3-2　选择一个根目录来存放站点

（4）单击"选择"按钮，选择站点文件后，单击"保存"按钮，更新站点缓存。

（5）弹出"管理站点"对话框，其中显示了新建的站点，如图 3-3 所示。

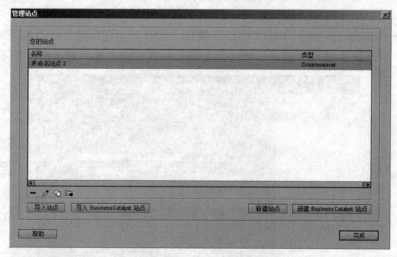

图 3-3　显示新建的站点

3.2　创建远程站点的准备工作

知识点讲解：光盘\视频讲解\第 3 章\创建远程站点的准备工作.avi

在创建远程站点之前，需要先创建一个本地站点，该本地站点将与远程站点相关联。然后可以向系统管理员或客户询问服务器的名称，弄清楚如何传送文件到远程服务器上。确定是使用 FTP 连接服务器，还是将该服务器作为一个可访问的网络磁盘驱动器。如果是使用 FTP 连接，应获得 FTP 服务器名称，确定网站主目录、登录与密码信息。

注意: 申请服务器或虚拟主机时,服务商会将这些信息一一提供给我们。

3.2.1 使用本地站点连接远程服务器

首先创建一个本地站点,然后用现有的站点信息设置一个远程站点,并为远程站点选择正确的根目录。其具体步骤如下:

(1)单击"站点"菜单,选择"管理站点"命令,打开"管理站点"对话框,如图 3-4 所示。

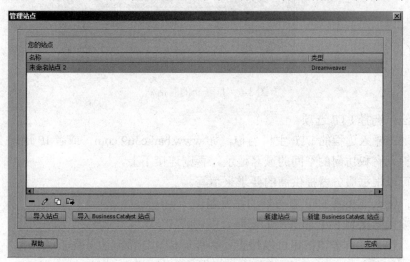

图 3-4 "管理站点"对话框

(2)双击已经创建的站点名称,弹出"站点设置对象"对话框,如图 3-5 所示。

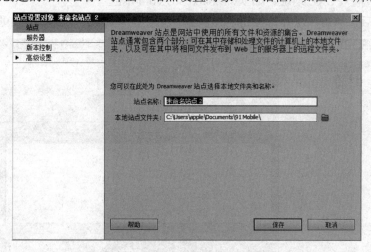

图 3-5 "站点设置对象"对话框

(3)在左侧列表中选择"服务器"选项,然后在下面单击"添加新服务器(+)"按钮,打开新的对话框,如图 3-6 所示。

☑ 服务器名称:可以使用喜欢的任何名称。

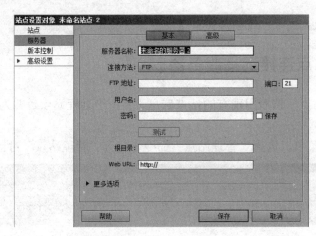

图 3-6　打开新的对话框

☑　连接方法：选择 FTP 选项。

☑　FTP 地址：输入远程的 FTP 主机名称，如 www.baike369.com，或者 IP 地址 203.171.236.155。
一定要输入有权访问的空间的域名地址，否则连接不上。

☑　端口：可以根据服务器提供商的要求来填写。

☑　用户名：输入连接到 FTP 服务器的注册名。

☑　密码：输入连接到 FTP 服务器的密码。

☑　"测试"按钮：单击该按钮可以检查是否能够成功连接到服务器上。如果不能，则修改前面
的选项。

☑　根目录：输入远程服务器上存放网站的目录。

☑　Web URL：输入 URL 地址，如 www.baike369.com/list/。

（4）设置完成后，单击"保存"按钮，返回到"站点设置对象"对话框，如图 3-7 所示。

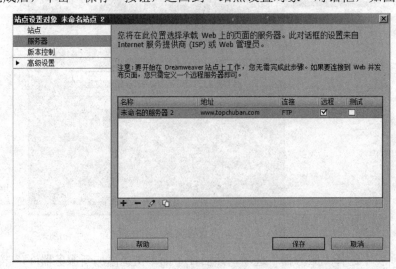

图 3-7　"站点设置对象"对话框

此时在右侧界面部分显示了已经建立好的远程连接。单击下方的 ✚ ━ ✐ ⎘ 按钮可以继续添加
新服务器、删除服务器、编辑现有服务器和复制现有服务器。

（5）单击"保存"按钮，即可完成设置。

在图 3-6 中，"连接方法"下拉列表框中有多个选项，如图 3-8 所示。

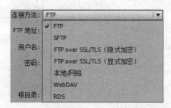

图 3-8　"连接方法"下拉列表框

☑　FTP：即文件传输协议（File Transfer Protocol），使得主机间可以共享文件，是现在最常用的连接到远程服务器的方法。

☑　SFTP：即安全文件传送协议（Secure File Transfer Protocol）。可以为传输文件提供一种安全的加密方法。

☑　FTP over SSL/TLS（隐式加密）：如果未收到安全性请求，则服务器终止连接。

☑　FTP over SSL/TLS（显式加密）：如果客户端未请求安全性，则服务器可选择进行不安全事务，或拒绝/限制连接。

☑　本地或网络连接：在连接到网络文件夹或在本地计算机上存储文件或运行测试服务器时使用此设置。

☑　WebDAV 连接：如果使用基于 Web 的分布式创作和版本控制（（WebDAV）协议连接到 Web 服务器，请使用此设置。对于这种连接方法，必须有支持此协议的服务器，如 Microsoft Internet Information Server（IIS）5.0，或安装正确配置的 Apache Web 服务器。

☑　RDS：如果使用远程开发服务（RDS）连接到 Web 服务器，请使用此设置。对于这种连接方法，远程服务器必须位于运行 Adobe® ColdFusion®的计算机上。

注意：如果选择WebDAV作为连接方法，并且在多用户环境中使用Dreamweaver，则还应确保所有用户都选择WebDAV作为连接方法。如果一些用户选择WebDAV，而另一些用户选择其他连接方法（例如FTP），则由于WebDAV使用自己的锁定系统，因此Dreamweaver的存回/取出功能将不会按期望的方式工作。

另外，需要特别说明的是，使用本地站点连接好远程服务器以后，即可在站点面板中对文件进行上传、下载操作。在一般情况下，选择FTP连接方式，如果设置正确，就可以把网页上传到服务器上。

3.2.2　使用"本地/网络"选项

如果系统中安装了网络驱动器或者只在本地机器上运行 Web 服务器，可以在图 3-6 所示的对话框中将"连接方法"选择为"本地/网络"选项，如图 3-9 所示。

☑　服务器名称：可以输入喜欢的任何名称。

☑　连接方法：选择"本地/网络"选项。

☑　服务器文件夹：在本地硬盘上选择一个文件夹作为服务器文件夹。

☑　Web URL：输入文件夹的 URL 地址。

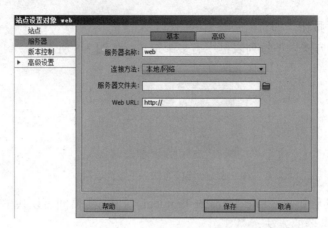

图 3-9　"本地/网络"选项

　　设置完成后单击"保存"按钮，返回到图 3-7 所示的"站点设置对象"对话框中进行相关的设置。其他步骤与 3.2.1 节中的步骤一样。

注意：在"连接方法"下拉列表框中还有其他选项，可以根据自己的需要进行选择和设置，在此不再赘述。

3.2.3　使用服务器的"高级"选项

　　在连接远程服务器时有一个"高级"选项卡，选择"高级"选项卡后的界面效果如图 3-10 所示。

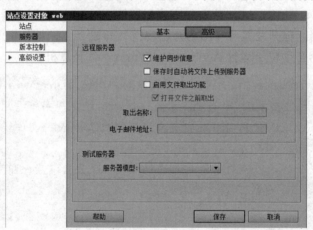

图 3-10　服务器的"高级"选项界面

☑　维护同步信息：如果希望自动同步本地和远程文件，则需要选中该复选框。在默认情况下选中该复选框。

☑　保存时自动将文件上传到服务器：如果希望在保存文件时 Dreamweaver 将文件上传到远程站点，则选中该复选框。

☑　启用文件取出功能：如果希望激活"存回/取出"系统，则选中该复选框。

☑　服务器模型：如果使用的是测试服务器，则从"服务器模型"下拉列表框中选择一种服务器模型。在"服务器模型"下拉列表框中提供了 8 种选项，如图 3-11 所示。

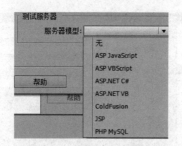

图 3-11　8 种服务器模型

3.3　"高级设置"选项

知识点讲解：光盘\视频讲解\第 3 章\"高级设置"选项.avi

如果在"站点设置对象"对话框的左侧单击"高级设置"左侧的▼按钮，即可展开"高级设置"选项，如图 3-12 所示。

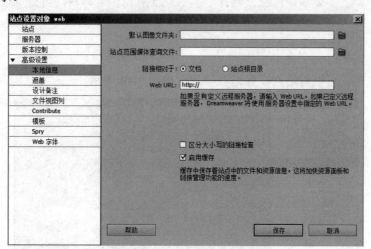

图 3-12　"高级设置"选项

本节将详细讲解"高级设置"各选项的基本知识。

3.3.1　本地信息

选择"本地信息"选项，可以设置站点的本地信息，如图 3-13 所示。

- ☑ 默认图像文件夹：设置站点图片存放的文件夹的默认位置。
- ☑ 链接相对于：默认选中"文档"单选按钮。
- ☑ Web URL：输入网站完整的 URL。
- ☑ 区别大小写的链接检查：选中此复选框，在检查链接时，则会有字母大小写的区分。
- ☑ 启用缓存：指定是否创建本地缓存以提高链接和站点管理任务的速度。如果不选中此复选框，Dreamweaver 在创建站点前将再次询问是否希望创建缓存。最好选中，因为只有在创建缓存后"资源"面板（在"文件"面板组中）才有效。

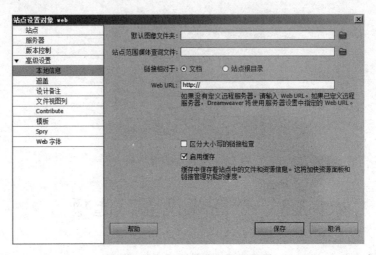

图 3-13 "本地信息"选项

注意：其他选项可以根据需要设置，也可以单击"站点"菜单，选择"管理站点"命令，在"管理站点"对话框中单击"编辑"按钮，打开"站点设置对象"对话框进行设置。

3.3.2 遮盖

选择"遮盖"选项，可以对站点设置遮盖信息，如图 3-14 所示。

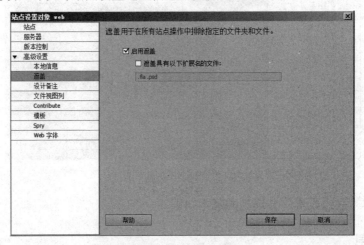

图 3-14 "遮盖"选项

利用站点遮盖功能，可以从"获取"或"上传"等操作中排除某些文件和文件夹，还可以从站点操作中遮盖特定类型的所有文件（JPEG、FLV、XML 等）。Dreamweaver 会记住每个站点的设置，因此不必每次在该站点上工作时都进行选择。

例如在一个大型站点上工作，并且不想每天都上载多媒体文件，则可以使用站点遮盖功能来遮盖多媒体文件夹。然后，Dreamweaver 从执行的站点操作中排除该文件夹中的文件。

可以遮盖远程或本地站点上的文件和文件夹。遮盖功能会从以下操作中排除遮盖的文件和文件夹。

☑ 执行上传、获取、存回和取出操作。

☑ 生成报告。

☑　查找较新的本地文件和远端文件。

☑　执行站点范围的操作，如检查和更改链接。

☑　同步。

☑　使用"资源"面板内容。

☑　更新模板和库。

另外，还可以对特定的遮盖文件夹或文件执行操作，方法是在"文件"面板中选择该项，然后对其执行操作。直接对文件或文件夹执行的操作会取代遮盖设置。

注意：Dreamweaver仅从"获取"和"上传"操作中排除遮盖的模板和库项目，并不从批处理操作中排除这些项目，因为这可能会使这些项目与其实例不同步。

3.3.3　设计备注

设计备注是与文件相关联的备注，存储于独立的文件中。可以使用设计备注来记录与文档关联的其他文件信息，如图像源文件名称和文件状态说明。可以在"站点设置对象"对话框的"设计备注"类别中对站点启用和禁用设计备注。启用设计备注时，如果需要，还可以选择与他人共享"设计备注"。

在"站点设置对象"对话框中，展开"高级设置"并选择"设计备注"选项，如图3-15所示。

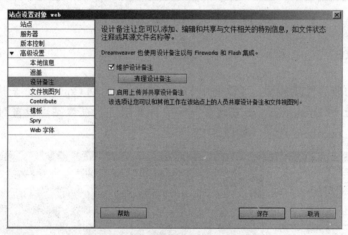

图 3-15　"设计备注"选项

☑　维护设计备注：选中该复选框后可以启用设计备注。若要删除站点的所有本地设计备注文件，单击"清理设计备注"按钮，然后单击"是"。如果要删除远程设计备注文件，则需要手动删除。

☑　启用上传并共享设计备注：选中该复选框，则可以和小组的其余成员共享设计备注。在上传或获取某个文件时，Dreamweaver 将自动上传或获取关联的设计备注文件。如果未选中此复选框，则 Dreamweaver 在本地维护设计备注，但不将这些备注与文件一起上传。如果独自在站点上工作，取消选中此复选框可改善性能。当存回或上传文件时，设计备注并不会传输到远程站点，因此仍可以在本地为站点添加和修改设计备注。

注意：单击"清除设计备注"按钮只能删除MNO（设计备注）文件，不会删除_notes文件夹或_notes文件夹中的dwsync.xml文件。Dreamweaver使用dwsync.xml文件保存有关站点同步的信息。

3.3.4　文件视图列

通过"文件视图列"选项可以设置站点管理器中文件浏览窗口所显示的内容。在"站点设置对象"对话框中，展开"高级设置"并选择"文件视图列"选项，如图 3-16 所示。

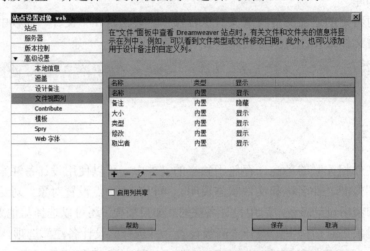

图 3-16　"文件视图列"选项

3.3.5　Contribute

启用 Contribute 的兼容性功能后，可以使用 Dreamweaver 启动 Contribute 来执行站点管理任务，前提是必须将 Contribute 与 Dreamweaver 安装在同一台计算机上。在"站点设置对象"对话框中，展开"高级设置"并选择 Contribute 选项，如图 3-17 所示。

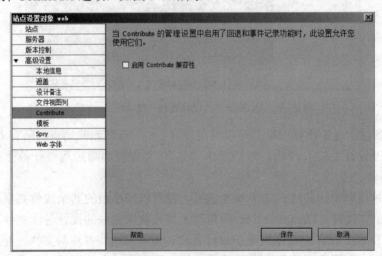

图 3-17　Contribute 选项

作为 Contribute 站点的管理员，可以执行以下操作。

☑ 更改该站点的管理设置：Contribute 管理设置是适用于 Web 站点的所有用户的设置集合。这些设置使用户可以精确调整 Contribute，以提供更好的用户体验。

☑　更改 Contribute 中授予用户角色的权限。

☑　设置 Contribute 用户：Contribute 用户需要站点的特定相关信息才可以连接到站点。可将这些信息打包到一个称为连接密钥的文件中，并将此文件发送给 Contribute 用户。

3.3.6　模板

在"站点设置对象"对话框中，展开"高级设置"并选择"模板"选项，如图 3-18 所示。

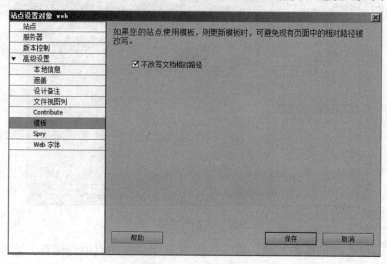

图 3-18　"模板"选项

如果选中"不改写文档相对路径"复选框，则在更新站点中的模板时不会改写文档的相对路径。

3.3.7　Spry

在"站点设置对象"对话框中，展开"高级设置"并选择 Spry 选项，如图 3-19 所示。

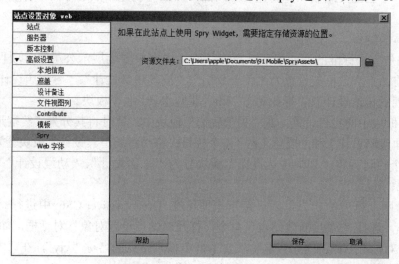

图 3-19　Spry 选项

在"资源文件夹"后面的文本框中可以输入想要用于 Spry 资源的文件夹的路径,还可以单击文件夹图标浏览到某个位置,单击"保存"按钮完成设置。

3.3.8 Web 字体

在"站点设置对象"对话框中,展开"高级设置"并选择"Web 字体"选项,如图 3-20 所示。

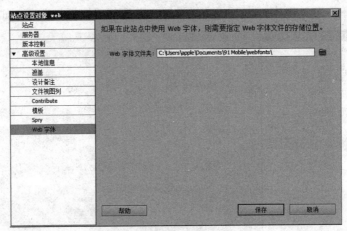

图 3-20 "Web 字体"选项

这是 Dreamweaver CS6 的新增功能,用于设置 Web 字体在站点中的保存位置。

3.4 实战演练——创建一个站点

知识点讲解:光盘\视频讲解\第 3 章\创建一个站点.avi

本实例将为一个企业网站设计并新建一个站点,然后对创建站点进行简单管理,如新建相应的文件夹和文件。

下面进行具体的制作,其操作步骤如下:

(1)该网站是一个标准的商业展示站点,故网站内容主要为展示公司服务项目和取得成绩的服务,基于此,故将站点大致框架设置为"关于我们"、"商场道具设计"、"专卖店设计"、"鱼缸定做"、"水族工程"、"视觉传达设计"、"行业动态"和"花园水景" 8 个板块。

(2)确定各板块中的栏目设置。在"关于我们"板块中,暂时将其分为"终端形象设计"、"商业空间设计"、"平面策略设计"和"展览工程" 4 个栏目;将"商场道具设计"板块分为"展柜设计"和"中岛展架"两个栏目;将"视觉传达设计"板块分为"平面设计"、"动漫设计"和"橱窗设计" 3 个栏目,如图 3-21 所示。

(3)完成对网上框架的构思以后,接下来即可在 Dreamweaver CS6 中进行站点的设置。启动 Dreamweaver CS6,选择"站点/新建站点"命令,打开"站点设置对象"对话框,如图 3-22 所示。

(4)在打开对话框右侧的"站点名称"文本框中输入站点的名称"yjy",在"本地站点文件夹"文本框中输入站点所在位置"F:\Dreamweaver CS6\yjy",如图 3-23 所示。

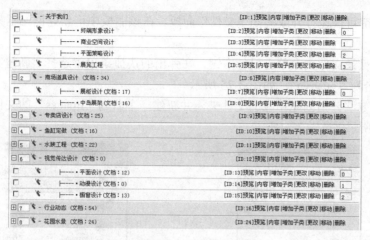

图 3-21 导航设置

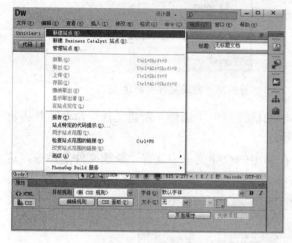

图 3-22 新建站点

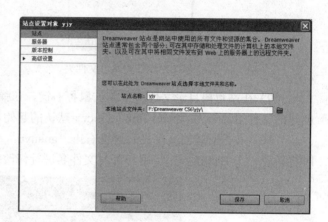

图 3-23 设置站点位置

（5）单击"保存"按钮，完成对站点的设置，这时在操作界面的右下方将自动弹出站点文件管理面板，如图 3-24 所示。

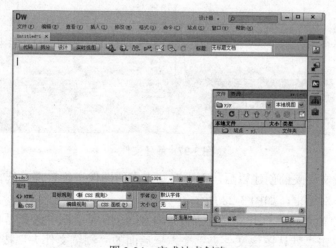

图 3-24 完成站点创建

（6）按"F8"键可快速打开或关闭"文件"面板，在该面板中可新建网站框架文件夹，以对网站中的内容进行控制。

（7）在站点根目录文件夹上单击鼠标右键，在弹出的快捷菜单中选择"新建文件夹"命令，并将新建的文件夹重命名为"guanyu"，如图 3-25 所示。

（8）用相同的方法分别创建相应的文件夹，并新建一个名为"images"的文件夹，以管理站点中的图片，如图 3-26 所示。

图 3-25　新建站点文件夹　　　　　　图 3-26　完成文件夹创建

（9）在站点根目录文件夹上单击鼠标右键，在弹出的快捷菜单中选择"新建文件"命令，并将新创建的文件重命名为"index.htm"（index 默认的起始页）。

（10）右击新建的文件夹，这里右击"guanyu"，在弹出的快捷菜单中选择"新建文件"命令，这时将新建一个 HTML 文件，用户可对文件名进行修改，双击即可进入文件的编辑状态，如图 3-27 所示。

图 3-27　新建文件

（11）完成文件或文件夹的创建以后，下面对站点中的图像进行管理，选择"站点/管理站点"命令，打开"管理站点"对话框，如图 3-28 所示。

（12）双击"yjy"站点，在打开的"站点设置对象 yjy"对话框中选择"高级设置/本地信息"选项，在打开的界面中单击"默认图像文件夹"文本框后面的"浏览文件夹"按钮，在打开的"选择图像文件夹"对话框中选择保存站点图像的文件夹"images"，结果如图 3-29 所示。

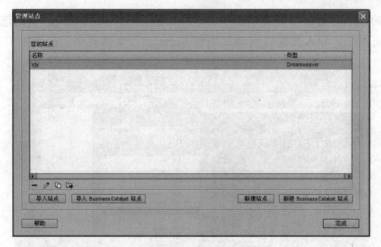

图 3-28　查看站点

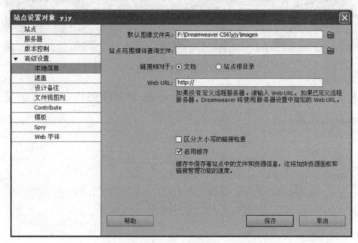

图 3-29　设置站点默认图像文件夹

（13）依次单击"保存"和"确定"按钮返回到编辑界面，这时在编辑窗口中选择"插入/图像"命令，在弹出的"选择图像源文件"对话框中选择需要插入的图像，如图 3-30 所示。

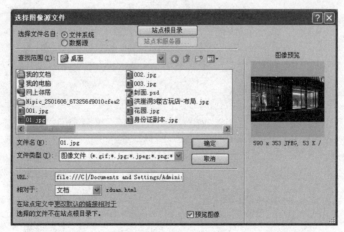

图 3-30　插入图像

（14）在弹出的提示对话框中直接单击"确定"按钮完成图像的导入，使用选择的图像，这时在"文件"面板中即可发现，导入图像将自动复制到"images"文件夹中，如图 3-31 所示。

图 3-31　插入图像

（15）对站点中的文件或文件夹继续进行完善，在每个文件夹内部也可定义一个专门用于存放图像的文件夹，完成对站点的设置。

第4章 HTML 标记语言的基础知识

HTML 即超文本标记语言（Hyper Text Mark up Language），按一定格式来标记普通文本文件、图像、表格和表单等元素，是文本及各种对象能够在用户的浏览器中显示出不同风格的标记性语言，从而实现各种页面元素的组合。通过使用 Dreamweaver CS6，可以更加快捷地生成 HTML 代码，提高设计网页的效率。本章将简要讲解 HTML 标记语言的基本知识。

4.1 HTML 基础

📹 **知识点讲解：光盘\视频讲解\第4章\HTML 基础.avi**

用 HTML 编写的网页，可以在任何操作系统的任何浏览器上以相同的方式显示。在浏览器中显示前也不需要进行编译，而只解释显示其内容。本节将简要介绍 HTML 的基础知识。

4.1.1 HTML 概述

在客户机上看到的以.htm（或.html）结尾的 Web 页面，全部是由 HTML 写成的，并且可以在浏览器的效果界面中，右击并选择"查看/源文件"命令获取页面对应的源文件代码。

HTML 不但可以在任何文本编辑器中编辑，还可以在可视化网页制作软件中制作网页时自动生成，不用在文本编辑器中编写；在文档中可以直接嵌入视频剪辑、音效片断和其他应用程序等。

HTML 文档包含两种信息：一是页面本身的文本；二是表示页面元素、结构、格式和其他超文本链接的 HTML 标记。HTML 由各种标记元素组成，用于组织文档和指定内容的输出格式。每个标记元素都有各自可选择的属性。所有 HTML 标记及属性都放在特殊符号"<…>"中。其中语句不分大小写，甚至可以混写，还可以嵌套使用。

HTML 的主要特点如下所示。

（1）HTML 表示的是超文本标记语言（Hyper Text Markup Language）。

（2）HTML 文件是一个包含标记的文本文件。

（3）HTML 标记确保在浏览器中怎样显示这个页面。

（4）HTML 文件必须具有 htm 或者 html 格式扩展名。

（5）HTML 文件可以使用一个简单的文本编辑器创建。

4.1.2 HTML 基本结构

HTML 元素相当多，主要由标记、元素名称和属性组成。标记用来界定各种单元，大多数 HTML 单元有起始标记、单元内容、结束标记。起始标记由"<"和">"界定，结束标记由"</"和">"界定，单元名称和属性由起始标记给出，有些单元没有结束标记，有些单元结束标记可以省略。元素名称放在起始标记 "<" 后，不允许有空格。属性用来提供进一步信息，它一般由属性名称、等号和属性值 3 部分组成。

HTML 主要有如下 3 种表示方法。

☑ <元素名>元素体</元素名>，例如<title>网页</title>。

☑ <元素名 属性名 1=属性值 1 属性名 2=属性值 2…>元素体</元素名>。

☑ <元素名 属性名 1=属性值 1 属性名 2=属性值 2…>。

实例 003： 讲解一个 HTML 源码中的标记元素

源码路径： 光盘\codes\part04\1.html

实例文件 1.html 的主要代码如下所示。

```html
<html>
<head>
<title>无标题文档</title>
<link href="xiala.css" type="text/css" rel="stylesheet" />
<script language="JavaScript1.2" type="text/javascript" src="nn.js"></script>
</head>
<body>
<div class="main">
  <div class="mm">
        <ul class="STYLE1" id="nn">
            <li style="left:auto"><a href="#">导航栏目 1</a>
                <ul >
                    <li><a href="#">下拉栏目 1</a></li>
                    <li><a href="#">下拉栏目 2</a></li>
                    <li><a href="#">下拉栏目 3</a></li>
                    </ul>
            </li>
            <li><a href="#">导航栏目 2</a>
                <ul>
                    <li><a href="#">下拉栏目栏目 1</a></li>
                    <li><a href="#">下拉栏目栏目 2</a></li>
                    <li><a href="#">下拉栏目栏目 3</a></li>
                    </ul>
            </li>
            <li><a href="#">导航栏目 3</a>
                <ul>
                    <li><a href="#">下拉栏目栏目 1</a></li>
                    <li><a href="#">下拉栏目栏目 2</a></li>
                    <li><a href="#">下拉栏目栏目 3</a></li>
                    </ul>
            </li></ul>
  </div>
</div>
</body>
</html>
```

上述代码的功能是在网页中实现一个列表效果，在上述代码中列出了很多 HTML 标记，例如 <body>、<li>和<a href="#">等，正是这些标记帮助 HTML 实现了显示网页元素的功能。

4.2　HTML 标记详解

■■■ 知识点讲解：光盘\视频讲解\第 4 章\HTML 标记详解.avi

HTML 的核心功能是通过众多的标记实现的，本节将详细讲解 HTML 语言中的主要标记，为读者步入后面知识的学习打下基础。

4.2.1　标题文字标记<h>

网页设计中的标题是指页面中文本的标题，而不是 HTML 中的<title>标题。标题在浏览器的正文中显示，而不是在浏览器的标题栏中显示。在 Web 页面中，标题是一段文字内容的概括和核心，所以通常使用加强效果表示。实际网页中的信息不但可以进行主、次分类，而且可以通过设置不同大小的标题，为文章增加条理。在页面中标题文字的语法格式如下所示。

```
<hn align=对齐方式 > 标题文字 </hn>
```

其中，"hn"中的 n 可以是 1～6 的整数值。取 1 时文字的字体最大，取 6 时最小；"align"是标题文字中的常用属性，其功能是设置标题在页面中的对齐方式。align 属性值及其描述如表 4-1 所示。

表 4-1　align 属性值列表

属　性　值	描　　述
left	设置文字居左对齐
center	设置文字居中对齐
right	设置文字居右对齐

在此需要注意，<h>…</h>标记的默认显示字体是宋体，在同一个标题行中不能使用不同大小的字体。

实例 004：讲解标题文字的具体设置方法
源码路径：光盘\codes\part04\2.html

实例文件 2.html 的主要代码如下所示。

```html
<html>
<head>
<title>无标题文档</title>
</head>
<body>
  <h1>1 级标题</h1>                    <!--一级标题-->
  <h2>2 级标题</h2>                    <!--二级标题-->
  <h3>3 级标题</h3>                    <!--三级标题-->
</body>
</html>
```

上述实例文件的执行效果如图 4-1 所示。

图 4-1　实例执行效果图

4.2.2　文本文字标记<font>

HTML 不但可以给文本标题设置大小，而且可以给页面内的其他文本设置显示样式，如字体大小、颜色和所使用的字体等。在网页中为了增强页面的层次，其中的文字可以用<font>标记以不同的大小、字体、字型和颜色显示。<font>标记的语法格式如下所示。

<font size=数字　face=字体名　color=颜色> 被设置的文字 </font >

其中，属性 size 的功能是设置文本字体的大小，取值为数字；属性 face 的功能是设置文本所使用的字体，例如宋体、幼圆等；属性 color 的功能是设置文本字体的颜色。

 实例 005：讲解<font>标记的具体使用方法
源码路径：光盘\codes\part04\3.html

实例文件 3.html 的主要代码如下所示。

```html
<html>
<head>
<title>无标题文档</title>
</head>
<body>
<p>
  <font size="+5" color="#666666" face="黑体">字体的样式</font>          <!--设置首行文本文字-->
</p>
<p>
  <font size="+2" color="#990033" face="宋体">字体的样式</font>          <!--设置末行文本文字-->
</p>
</body>
</html>
```

上述实例文件的执行效果如图 4-2 所示。

图 4-2　实例执行效果图

4.2.3　字型设置标记

网页中的字型是指页面文字的风格，如文字加粗、斜体、带下划线、上标和下标等。实际中常用字型标记及其描述如表 4-2 所示。

表 4-2　常用字型标记列表

字 型 标 记	描　　述
<B></B>	设置文本加粗显示
<I></I>	设置文本倾斜显示
<U></U>	设置文本加下划线显示
<TT></TT>	设置文本以标准打印字体显示
	设置文本下标
	设置文本上标
<BIG><BIG>	设置文本以大字体显示
<SMALL></SMALL>	设置文本以小字体显示

实例 006：讲解页面字型的具体设置方法
源码路径：光盘\codes\part04\4.html

实例文件 4.html 的实现代码如下所示。

```html
<html>
<head>
<title>无标题文档</title>
</head>
<body>
  <p><strong>字体的样式 1 </strong></p>              <!--设置首行文本加粗显示-->
  <p><em>字体的样式 2</em></p>                      <!--设置末行文本倾斜显示-->
</body>
</html>
```

除了表 4-1 中的标记外，在 HTML 中还有如下所示的常用标记。

☑ `<b>粗体</b>`：粗体。

☑ `<i>斜体</i>`：斜体。

☑ `<u>底线</u>`：底线。

☑ `<sup>上标</sup>`：上标。

☑ `<sub>下标</sub>`：下标。

☑ `<tt>打字机</tt>`：打字机。

☑ `<blink>闪烁</blink>`：（ie 没效果）闪烁。

☑ `<em>强调</em>`：强调。

☑ `<strong>加强</strong>`：加强。

☑ `<samp>范例</samp>`：范例。

☑ `<code>原始码</code>`：原始码。

☑ `<var>变数</var>`：变数

☑ `<dfn>定义</dfn>`：定义。

☑ `<cite>引用</cite>`：引用。

☑ `<address>所在地址</address>`：所在地址。

4.2.4 段落标记`<p>`

在 HTML 中，段落标记`<p>`的功能是定义一个新段落的开始。它不但能使后面的文字换到下一行，还可以使两段之间多一空行。由于一段的结束意味着新一段的开始，所以使用`<P>`标记也可省略结束标记。段落标记`<P>`的语法格式如下所示。

```
<P align = 对齐方式>
```

其中，属性 align 的功能是设置段落文本的对齐方式；align 有如下 3 个取值。

☑ left：设置文本居左对齐。

☑ right：设置文本居右对齐。

☑ center：设置文本居中对齐。

实例 007：讲解段落标记`<P>`的具体使用方法

源码路径：光盘\codes\part04\5.html

实例文件 5.html 的实现代码如下所示。

```html
<html>
<head>
<title>无标题文档</title>
</head>
<body>
    <p align="left">字体的样式 1</p>                <!--设置首行文本居左显示-->
    <p align="center">字体的样式 2 </p>             <!--设置首行文本居中显示-->
</body>
</html>
```

4.2.5　换行标记

在 HTML 中，强制换行标记
的功能是，使页面的文字、图片、表格等信息在下一行显示，而又不会在行与行之间留下空行，即强制文本换行。换行标记
通常放于一行文本的最后。由于浏览器会自动忽略原代码中空白和换行的部分，这使
标记成为最常用的页面标记之一。换行标记
的语法格式如下所示。

```
文本<BR>
```

 实例 008：讲解换行标记
的具体使用方法

源码路径：光盘\codes\part04\6.html

实例文件 6.html 的主要代码如下所示。

```
<html xmlns="http://www.w3.org/1999/xhtml">
<head>
<meta http-equiv="Content-Type" content="text/html; charset=utf-8" />
<title>无标题文档</title>
</head>
<body>
  字体的样式 1<br>字体的样式 2                    <!--设置 br 换行-->
  <p>字体的样式 3</p>                            <!--设置 p 换行-->
</body>
</html>
```

其执行效果如图 4-3 所示。

图 4-3　显示效果图

4.2.6　超级链接标记<a>

在网页中，链接是唯一从一个 Web 页到另一个相关 Web 页的理性途径，它由两部分组成：锚链和 URL 引用。当单击一个链接时，浏览器将装载由 URL 引用给出的文件或文档。一个链接的锚链可以是一个单词或一个图片。一个锚链在浏览器中的表现模式取决于它是什么类型的锚链。

在 HTML 中，网页中的超级链接功能是由<a>标记实现的，它可以在网页上建立超文本链接，通过单击一个词、句或图片从此处转到目标资源，并且这个目标资源有唯一的 URL 地址。<a>标记的语法格式如下所示。

```
<a  href=地址  name=字符串  target=打开窗口方式> 热点 </A>
```

<a>标记中常用属性的具体说明如下。

☑ href：为超文本引用，取值为一个 URL，是目标资源的有效地址。在书写 URL 时，需要注意的是，如果资源放在自己的服务器上，可以写相对路径。否则应写绝对路径，并且 href 不能与 name 同时使用。

☑ name：是指定当前文档内一个字符串作为链接时可以使用的有效目标资源地址。

☑ target：是设定目标资源所要显示的窗口，其主要取值的具体说明如表 4-3 所示。

表 4-3　target 属性值列表

取　值	描　述
target="_blank"或 target="new"	将链接的画面内容显示在新的浏览器窗口中
target="_parent"	将链接的画面内容显示在父框架窗口中
target="_self"	默认值，将链接的画面内容显示在当前窗口中
target="_top"	将框架中链接的画面内容显示在没有框架的窗口中
target="框架名称"	只运用于框架中，若被设定则链接结果将显示在该"框架名称"指定的框架窗口中，框架名称是事先由框架标记所命名的

根据目标文件的不同，链接可以分为多种，而内部链接是指链接到当前文档内的一个锚链上。

实例 009：讲解使用内部链接的方法

源码路径：光盘\codes\part04\7.html

实例文件 7.html 的实现代码如下所示。

```html
<html>
<head>
  <meta http-equiv="Content-Type" content="text/html; charset=gb2312">
  <title>无标题文档</title>
</head>
<body>
  <a href="mm.html">看我的链接</a>                    <!--设置的内部链接-->
</body>
</html>
```

执行后的效果如图 4-4 所示，单击"看我的链接"超级链接后，显示如图 4-5 所示的新页面。

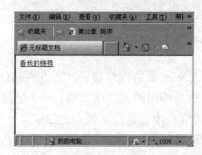

图 4-4　执行效果

图 4-5　新页面

4.2.7　设置背景图片标记<body background>

本节讲的背景图片就如同衣服布料的花纹一样，是指在网页设计过程中为满足特定需求而将一幅图片作为背景的情况。无论是背景图片还是背景颜色，都可以通过<body>标记的相应属性来设置。

在 HTML 中，使用<body>标记的 background 属性可以为网页设置背景图片。其语法格式如下所示。

```
<body background=图片文件名>
```

其中，图片文件名是指图片文件的存放路径，可以是相对路径，也可以是绝对路径。图片文件可以是 GIF 或 JPEG 格式。

实例 010：将指定图片"1.jpg"作为网页的背景

源码路径：光盘\codes\part04\8.html

实例文件 8.html 的主要代码如下所示。

```
<html>
<head>
<title>无标题文档</title>
</head>
<body background="1.jpg">    <!--设置的背景图片-->
</body>
</html>
```

执行后的效果如图 4-6 所示。

图 4-6　执行效果

4.2.8　插入图片标记<img>

在 HTML 中，可以使用图片标记<img>把一幅图片加入到网页中。使用图片标记后，可以设置图片的替代文本、尺寸、布局等属性。<img>标记的语法格式如下所示。

```
<img src=文件名  alt=说明  width=x height=y border=n hspace=h vspace=v align=对齐方式>
```

上述<img>标记中常用属性的具体说明如下。

☑ src：指定要加入图片的文件名，即"图片文件的路径\图片文件名"格式。

☑ alt：在浏览器尚未完全读入图片时，在图片位置显示的文字。

☑ width：图片的宽度，单位是像素数或百分比。通常为避免图片失真只设置其真实大小，若需要改变大小最好事先使用图片编辑工具进行处理。

☑ height：图片的高度，单位是像素数或百分比。

☑ border：图片四周边框的粗细，单位是像素。

☑ hspace：图片边沿空白和左右的空间水平方向空白像素数，以免文字或其他图片过于贴近。

☑ vspace：图片上下的空间，空白高度采用像素作单位。

☑ align：图片在页面中的对齐方式，或图片与文字的对齐方式。

 实例 011：在页面中插入指定大小的图片
源码路径：光盘\codes\part04\9.html

实例文件 9.html 的主要代码如下所示。

```html
<html>
<head>
<title>无标题文档</title>
</head>
<body>
<img src="2.jpg" alt="看我的效果" width="400" height="300" border="2">          <!--指定图片大小-->
</body>
</html>
```

在上述代码中，被插入图片"2.jpg"的实际大小是"高×宽=238×279"。但是在代码中使用了<img>标记中的属性为其指定了大小。执行后的效果如图 4-7 所示。

图 4-7　执行效果

4.2.9　列表标记

列表是网页中的重要组成元素之一，页面通过对列表的修饰可以提供用户需求的显示效果。在当前的网页中，可以将列表细分为无序列表、有序列表和菜单列表。

（1）无序列表

当在网页中使用列表时，也不是随意而为的，需要根据具体情况来排列。在网页中通常将列表分为无序列表和有序列表两种，其中带序号标志（如数字、字母等）的表项就组成有序列表，否则为无序列表。下面将对无序列表的创建方法进行简要介绍。

无序列表中每一个表项的最前面是项目符号，例如●、■等。在页面中通常使用<ul>和<li>标记来创建无序列表，其语法格式如下所示。

```
<ul type=符号类型>
 <li type=符号类型 1> 第一个列表项
 <li type=符号类型 2> 第二个列表项
  …
 </ul>
```

其中，属性 type 的功能是指定每个表项左端的符号类型。在<ul>后指定符号的样式，可以设定到</ul>；在<li>后指定符号的样式，可以设定到</li>。<li>标记是单标记，即一个表项的开始，就是前一个表项的结束。

常用的 type 属性值及其描述如表 4-4 所示。

表 4-4　type 属性值列表

取　　值	描　　述
disc	设置样式为实心圆显示
circle	设置样式为空心圆显示
square	设置样式为实心方块显示
decimal	设置样式为阿拉伯数字显示
lower-roman	设置样式为小写罗马数字显示

其中，前三项值被应用于无序列表。

实例 012：实现页面无序列表

源码路径：光盘\codes\part04\10.html

实例文件 10.html 的主要代码如下所示。

```
<html>
<head>
<title>无标题文档</title>
</head>
<body>
<ul type="square">
  <li type="square">第一行列表</li>              <!--设置的列表-->
  <li>第二行列表</li>                            <!--设置的列表-->
  <li>第三行列表</li>                            <!--设置的列表-->
</ul>
</body>
</html>
```

执行后的效果如图 4-8 所示。

图 4-8　执行效果

（2）有序列表

在 HTML 中，有序列表是指列表前的项目编号是按照有序顺序样式显示的，如 1、2、3…或 I、II…通过带序号的列表可以更清楚地表达信息的顺序。使用<ol>标记可以建立有序列表，表项的标记仍为<li>。其语法格式如下所示。

```
<ol type=符号类型>
  <li type=符号类型 1> 表项 1
  <li type=符号类型 2> 表项 2
    …
</ol>
```

在<ol>后指定符号的样式，可以设定到</ol>；表项指定新的符号。

常用的 type 属性值及其描述如表 4-5 所示。

表 4-5　type 属性值列表

取　值	描　述
1	设置为数字显示，例如 1、2、3
A	设置为大写英文字母显示，例如 A、B、C
a	设置为小写英文字母显示，例如 a、b、c
I	设置为大写罗马字母显示，例如 I、II
i	设置为小写罗马字母显示，例如 i、ii

实例 013：在页面内实现有序列表

源码路径：光盘\codes\part04\11.html

实例文件 11.html 的主要代码如下所示。

```
<html>
<head>
<title>无标题文档</title>
</head>
<body>
<ol>
  <li>第一行列表</li>    <!--设置的有序列表-->
  <li>第二行列表</li>    <!--设置的有序列表-->
```

```
<li>第三行列表</li>        <!--设置的有序列表-->
</ol>
</body>
</html>
```

执行后的效果如图 4-9 所示。

图 4-9　执行效果

（3）菜单列表

在 HTML 应用中，菜单列表比无序列表更加紧凑，在实际应用中经常可以列出几个相关网页的索引，以便通过超级链接来快速选取感兴趣的内容。菜单列表使用<MENU>标记替代<UL>标记，并引入<LH>标记来定义菜单列表的标题。使用菜单列表的语法格式如下所示。

```
<MENU>
    <LH> 菜单列表的标题
        <LI> 第一个列表项
        <LI> 第二个列表项
        …
    <LH> 菜单列表的标题
        <LI> 第一个列表项
        <LI> 第二个列表项
        …
</MENU>
```

 实例 014：在页面中实现菜单列表
源码路径：光盘\codes\part04\12.html

实例文件 12.html 的主要代码如下所示。

```
<body>
<P align=center>
<FONT color=#FF0000 size=5><B>中国文学</B></FONT>
</P>
<MENU>                    <!--菜单列表开始-->
<LH><font color="#0000FF" size="4">中国古典文学</font>            <!--列表标题-->
<LI type=circle>红楼梦      <!--列表项-->
<LI type=square>三国演义<!--列表项-->
<LI type=disc>水浒传       <!--列表项-->
<LI>西游记               <!--列表项-->
<br>
<LH><font color="#0000FF" size="4">中国近代文学</font>            <!--列表标题-->
```

```
<LI>阿 Q 正传          <!--列表项-->
<LI>围城              <!--列表项-->
<LI>四世同堂<LI>家.春.秋     <!--列表项-->
<LI type=square>好人陈强的故事    <!--列表项-->
</MENU>
</body>
</html>
```

执行后的效果如图 4-10 所示。

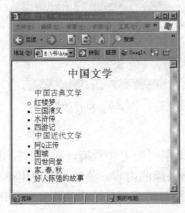

图 4-10　执行效果

4.2.10　表格标记<table>、<tr>、<th>和<td>

网页中表格有很大的作用，其中最重要的就是网页布局。在页面中创建表格的标记是<table>，创建行的标记为<tr>，创建表项的标记为<td>。表格中的内容写在<td>…</td>标记之间。<tr>…</tr>标记用来创建表格中的每一行，它只能放在<table></table>标记对之间使用，并且在里面加入的文本是无效的。上述标记的语法格式如下所示。

```
<table align=left|center|right border=n width=值  height=值%>
 <tr> <th>表头 1<th>表头 2…<th>表头 n
 <tr> <td>表项 1<td>表项 2…<td>表项 n
  …
 <tr> <td>表项 1<td>表项 2…<td>表项 n
</table >
```

表格的整体外观显示效果由<table>标记的属性决定，常用的 type 属性值及其描述如表 4-6 所示。

表 4-6　type 属性值列表

取　　值	描　　述
bgcolor	设置表格的背景色
border	设置边框的宽度，若不设置此属性，则边框宽度默认为 0
bordercolor	设置边框的颜色
bordercolorlight	设置边框明亮部分的颜色（当 border 的值大于等于 1 时才有用）
bordercolordark	设置边框昏暗部分的颜色（当 border 的值大于等于 1 时才有用）
cellspacing	设置表格格子之间空间的大小

续表

取　　值	描　　述
cellpadding	设置表格格子边框与其内部内容之间空间的大小
width	设置表格的宽度，单位用绝对像素值或总宽度的百分比

 实例 015：网页中创建表格

源码路径：光盘\codes\part04\13.html

实例文件 13.html 的主要代码如下所示。

```html
<body>
<table width="400" border="1">                          <!--创建表格开始-->
  <tr>                                                  <!--第一行单元格-->
    <td bgcolor="#9999FF"> </td>
    <td bgcolor="#9999FF"> </td>
  </tr>
  <tr>                                                  <!--第二行单元格-->
    <td> </td>
    <td> </td>
  </tr>
</table>
</body>
```

执行后的效果如图 4-11 所示。

图 4-11　执行效果

4.3　实战演练——制作一个简单网页

知识点讲解：光盘\视频讲解\第 4 章\制作一个简单网页.avi

 实例 016：制作一个简单网页

源码路径：光盘\codes\part04\ex\

本实例的最终效果如图 4-12 所示。

下面进行具体的制作，其操作步骤如下：

（1）在文件夹的空白处单击鼠标右键，在弹出的快捷菜单中选择"新建/文本文档"命令，新建一个文本文档。

图 4-12　最终效果

（2）打开文档，选择"文件/另存为"命令，打开"另存为"对话框。

（3）在"保存在"下拉列表框中选择要保存网页的位置，在"文件名"文本框中输入网页文档的名称"yijiaren.html"，在"保存类型"下拉列表框中选择"所有文件"选项，如图 4-13 所示。

（4）单击"保存"按钮保存文档。

（5）在编辑窗口中输入如图 4-14 所示的代码。

图 4-13　修改文本文档

图 4-14　输入代码

（6）按"Ctrl+S"快捷键保存文档，然后关闭记事本程序。

（7）选择"开始/所有程序/Adobe Dreamweaver CS6"命令，启动 Dreamweaver CS6。

（8）选择"文件/打开"命令，打开"打开"对话框，在其中选择"yijiaren.html"文件，单击"打开"按钮，打开该网页，如图 4-15 所示。

（9）按"F12"键进行预览，如图 4-16 所示。

（10）按"Shift+Ctrl+S"组合键打开"另存为"对话框，在"保存在"下拉列表框中选择保存网页文档的位置，在"文件名"文本框中输入网页文档的名称"一家人.html"，如图 4-17 所示。

图 14-15　打开的网页

图 4-16　预览网页

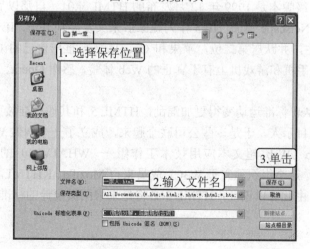

图 4-17　另存页面

（11）单击"保存"按钮完成网页文档的另存操作。

（12）选择"文件/退出"命令退出 Dreamweaver CS6，完成本例的操作。

第5章 HTML 5 基础

HTML 5 是近十年来 Web 标准最巨大的飞跃。和以前的版本不同，HTML 5 并非仅用来表示 Web 内容，它的使命是将 Web 带入一个成熟的应用平台，在这个平台上，视频、音频、图像和动画，以及同电脑的交互都被标准化。尽管 HTML 5 的实现还有很长的路要走，但是 HTML 5 正在改变着 Web。本章将详细讲解 HTML 5 的基本知识，特别是新特性方面的知识，为读者步入后面知识的学习打下基础。

5.1 HTML 5 概述

知识点讲解：光盘\视频讲解\第 5 章\HTML 5 概述.avi

虽然在第 4 章中已经介绍了 HTML 的基本知识，但都是基于 HTML 4 的。其实 HTML 一直在蓬勃发展，并且诞生了最新的版本——HTML 5。HTML 5 号称史上最强的 HTML，能够支持多媒体和数据存储。虽然现在的主流 Web 都是基于 HTML 4 的，但是随着各大浏览器厂商最新版本的推出，HTML 5 必将成为业界主流。作为程序员和网页设计师来说，必须占领先机，迅速学会 HTML 5 这门最时尚也是最强大的网页标记技术。只有这样才能占领网页设计的制高点，才能最迅速地为用户开发出更加强大的应用。

5.1.1 发展历程

HTML 最近的一次升级版本是 1999 年 12 月发布的 HTML 4.01。自那以后，发生了很多事。最初的浏览器战争已经结束，Netscape 消失，IE 5 作为赢家后来又发展到 IE 6、IE 7、IE 8。Mozilla Firefox 从 Netscape 的死灰中诞生，并跃居第二位。苹果和 Google 各自推出自己的浏览器，而 Opera 以推动 Web 标准为己命。甚至在手机和游戏机上有了真正的 Web 体验，感谢 Opera、iPhone 以及 Google 推出的 Android。

然而这一切，仅让 Web 标准运动变得更加混乱，HTML 5 和其他标准被束之高阁，结果 HTML 5 一直以来都是以草案的面目示人。于是一些公司联合起来，成立了一个叫做 Web Hypertext Application Technology Working Group（Web 超文本应用技术工作组——WHATWG）的组织，他们将重新拣起 HTML 5 这个神圣的课题。这个组织独立于 W3C，成员来自 Mozilla、KHTML/WebKit 项目组、Google、Apple、Opera 以及微软。由此可以论证，HTML 5 必将是未来网页设计的标准，也是最绚丽的新技术。

5.1.2 全新的体验

HTML 5 作为全新的版本，为开发人员带来了全新的功能，通过这些新功能可以为浏览用户提供无与伦比的用户体验。

1．激动人心的部分

（1）全新的、更加合理的 Tag

多媒体对象将不再全部绑定在 Object 或 Embed Tag 中，而是视频有视频的 Tag，音频有音频的 Tag。

（2）本地数据库

将内嵌一个本地的 SQL 数据库，以加速交互式搜索、缓存以及索引功能。同时，那些离线 Web 程序也将因此获益匪浅。

（3）Canvas 对象将给浏览器带来直接在上面绘制矢量图的能力

这意味着我们可以脱离 Flash 和 Silverlight，直接在浏览器中显示图形或动画。一些最新的浏览器，除了 IE 外，已经开始支持 Canvas。浏览器中的真正程序，将提供 API 实现浏览器内的编辑、拖放，以及各种图形用户界面的能力。内容修饰 Tag 将被剔除，而使用 CSS。

2．新规矩

为 HTML 5 建立了如下新规则。

（1）新特性应该基于 HTML、CSS、DOM 以及 JavaScript。

（2）减少对外部插件的需求，如 Flash。

（3）更优秀的错误处理。

（4）更多取代脚本的标记。

（5）HTML 5 应该独立于设备。

（6）开发进程应对公众透明。

3．新特性

在 HTML 5 中增加了如下主要的新特性。

（1）用于绘画的 canvas 元素。

（2）用于媒介回放的 video 和 audio 元素。

（3）对本地离线存储的更好支持。

（4）新的特殊内容元素，如 article、footer、header、nav、section。

（5）新的表单控件，如 calendar、date、time、email、url、search。

5.2　处 理 视 频

📹 **知识点讲解：光盘\视频讲解\第 5 章\处理视频.avi**

使用全新的 HTML 5，可以在网页中实现视频处理功能，并且仅需要短短的几行代码就可以实现。

5.2.1　视频处理标记<video>

非常不幸，直到现在为止，仍然没有一项在网页上显示视频的标准。在这之前是通过插件来显示 Web 页面上的视频，例如 Flash。现在 HTML 5 的出现，为我们解决了这个问题，在 HTML 5 中新增了

<video>标记，通过这个标记可以在网页中播放视频，并控制这个视频。

目前，<video>标记支持如下 3 种视频格式。

☑ Ogg：带有 Theora 视频编码和 Vorbis 音频编码的 Ogg 文件。

☑ MPEG 4：带有 H.264 视频编码和 AAC 音频编码的 MPEG 4 文件。

☑ WebM：带有 VP8 视频编码和 Vorbis 音频编码的 WebM 文件。

上述 3 种格式在主流浏览器版本的支持信息如表 5-1 所示

表 5-1　主流浏览器版本支持<video>标记的情况

格　式	IE	Firefox	Opera	Chrome	Safari
Ogg	No	3.5+	10.5+	5.0+	No
MPEG 4	9.0+	No	No	5.0+	3.0+
WebM	No	4.0+	10.6+	6.0+	No

<video>标记的使用格式如下所示。

```
<video src="movie.ogg" controls="controls">
</video>
```

<video>标记中的属性说明如下。

☑ controls：供添加播放、暂停和音量控件。

☑ <video>与</video>之间插入的内容：供不支持 video 元素的浏览器显示。

例如下面的代码。

```
<video src="movie.ogg" width="320" height="240" controls="controls">
你的浏览器不支持这种格式
</video>
```

在上述代码中使用了 Ogg 格式的视频文件，此格式视频适用于 Firefox、Opera 以及 Chrome 浏览器。如果要确保在 Safari 浏览器中也能使用，视频文件必须是 MPEG 4 类型。

另外，<video>标记允许多个 source 元素，source 元素可以链接不同的视频文件。浏览器将使用第一个可识别的格式。例如下面的代码。

```
<video width="320" height="240" controls="controls">
   <source src="movie.ogg" type="video/ogg">
   <source src="movie.mp4" type="video/mp4">
你的浏览器不支持这种格式
</video>
```

注意：IE 8不支持<video>标记。在IE 9中，将提供对使用MPEG 4的video元素的支持。

5.2.2　<video>标记的属性

<video>标记中各个属性的具体说明如表 5-2 所示。

表 5-2　<video>标记的属性信息

属　　性	值	描　　述
autoplay	autoplay	如果出现该属性，视频在就绪后马上播放
controls	controls	如果出现该属性，则向用户显示控件，如播放按钮
height	pixels	设置视频播放器的高度
loop	loop	如果出现该属性，当媒介文件完成播放后再次开始播放
preload	preload	如果出现该属性，视频在页面加载时进行加载，并预备播放；如果使用 autoplay，则忽略该属性
src	url	要播放视频的 URL
width	pixels	设置视频播放器的宽度

1. autoplay

通过此属性设置自动播放 video 中设置的视频，例如下面的代码。

```
<video controls="controls" autoplay="autoplay">
  <source src="movie.ogg" type="video/ogg" />
  <source src="movie.mp4" type="video/mp4" />
你的浏览器不支持！
</video>
```

实例 017： 在网页中自动播放一个视频

源码路径： 光盘\codes\part05\1.html

实现文件 1.html 的主要代码如下所示。

```
<video controls="controls" autoplay="autoplay">
  <source src="movie.ogg" type="video/ogg" />
  <source src="movie.mp4" type="video/mp4" />
Your browser does not support the video tag.
</video>
```

上述代码的功能是在网页中自动播放名为"movie.ogg"的视频文件，在代码中设置的此视频文件和实例文件 autoplay.html 同属于一个目录下。执行后的效果如图 5-1 所示。

图 5-1　执行效果

2. controls

属性 controls 的功能是设置在浏览器中显示播放器的控制按钮，设置浏览器控件应该包括下面的控制功能。

- ☑ 播放。
- ☑ 暂停。
- ☑ 定位。
- ☑ 音量。
- ☑ 全屏切换。
- ☑ 字幕。
- ☑ 音轨。

例如下面的代码。

```
<video controls="controls" controls="controls">
  <source src="movie.ogg" type="video/ogg" />
  <source src="movie.mp4" type="video/mp4" />
你的浏览器不支持！
</video>
```

实例 018：在网页中控制播放的视频

源码路径：光盘\codes\part05\2.html

实现文件 2.html 的主要代码如下所示。

```
<video controls="controls" controls="controls">
  <source src="movie.ogg" type="video/ogg" />
  <source src="movie.mp4" type="video/mp4" />
你的浏览器不支持！
</video>
```

通过上述代码，设置在网页中播放名为"movie.ogg"的视频文件，并且在播放时可以控制这个视频，如播放进度。执行后的效果如图 5-2 所示。

图 5-2　执行效果

3. height

通过使用属性 height 可以设置播放视频播放器的高度，使用格式如下所示。

```
<video height="value" />
```

value 表示属性值，单位是 pixels，以像素计的高度值，如 100px 或 100。
例如下面的代码。

```
<video controls="controls" controls="controls">
  <source src="movie.ogg" type="video/ogg" />
  <source src="movie.mp4" type="video/mp4" />
你的浏览器不支持！
</video>
```

 实例 019：在网页中设置播放视频的高度
　　　　　源码路径：光盘\codes\part05\3.html

实例文件 3.html 的主要代码如下所示。

```
<video width="500" height="600" controls="controls">
  <source src="movie.ogg" type="video/ogg" />
  <source src="movie.mp4" type="video/mp4" />
你的浏览器不支持！
</video>
```

通过上述代码，设置在网页中播放名为"movie.ogg"的视频文件，并且设置视频播放器的高度为
600。执行后的效果如图 5-3 所示。

图 5-3　执行效果

注意：尽量不要通过属性 height 和 width 来缩放视频。通过属性 height 和 width 来缩小视频，只会迫使用户
　　　下载原始的视频（即使在页面上它看起来较小）。正确的方法是在网页上使用该视频前，对视频
　　　进行压缩。另外，属性 width 与属性 height 的用法完全一样，其功能是设置播放视频的宽度。

4. loop

属性 loop 的功能是设置当视频结束后将重新开始播放，设置此属性后该视频将循环播放。例如下
面的代码。

```
<video controls="controls" loop="loop">
  <source src="movie.ogg" type="video/ogg" />
  <source src="movie.mp4" type="video/mp4" />
你的浏览器不支持!
</video>
```

5. preload

属性 preload 的功能是设置是否在页面加载后载入视频，设置属性 autoplay 时会忽略这个属性。例如下面的代码。

```
<video controls="controls" preload="auto">
  <source src="movie.ogg" type="video/ogg" />
  <source src="movie.mp4" type="video/mp4" />
你的浏览器不支持!
</video>
```

6. src

属性 src 的功能是设置要播放视频的 URL，另外也可以使用<source>标记来设置要播放的视频。在 HTML 5 中有如下两种视频文件的 URL。

☑ 绝对 URL 地址：指向另一个站点，例如 href=http://www.xxxxxx.com/123.ogg。
☑ 相对 URL 地址：指向网站内的文件，例如 href="123.ogg"。

5.3 处 理 音 频

知识点讲解：光盘\视频讲解\第 5 章\处理音频.avi

既然 HTML 5 能够处理视频，所以处理音频也不在话下。使用全新的 HTML 5 可以在网页中处理音频。下面将介绍用 HTML 5 处理音频的基本方法。

5.3.1 <audio>标记

和视频功能一样，到目前为止，各大组织还没有统一在网页上播放音频的标准。当前大多数音频都是通过第三方插件来实现的，如 Flash。HTML 5 的推出却非常轻松地解决了这个问题，使用新增的<audio>标记可以在网页中播放一个音频。

通过<audio>标记元素可以非常轻松地播放声音文件或者音频流。现在的<audio>标记支持 3 种音频格式，这 3 种格式在主流浏览器版本的支持信息如表 5-3 所示。

表 5-3 主流浏览器版本支持<audio>标记的信息

说　　明	IE 9	Firefox 3.5	Opera 10.5	Chrome 3.0	Safari 3.0
Ogg Vorbis		√	√	√	
MP3	√			√	√
Wav		√	√		√

要想在 HTML 5 中播放音频，只需通过如下代码即可实现。

```
<audio src="song.ogg" controls="controls">
</audio>
```

该标记中各属性的含义如下所示。

☑ controls：供添加播放、暂停和音量控件。

☑ `<audio>`与`</audio>`之间插入的内容：供不支持 audio 元素的浏览器显示。

例如在下面的演示代码中，使用一个名为"Ogg"格式的音频文件，适用于 Firefox、Opera 以及 Chrome 浏览器。要想适用于 Safari 浏览器，音频文件必须是 MP3 或 Wav 类型。

```
<audio src="song.ogg" controls="controls">
你的浏览器不支持！
</audio>
```

在`<audio>`标记中允许有多个 source 元素，通过 source 元素可以链接不同的音频文件。浏览器将使用第一个可识别的格式。例如下面的代码。

```
<audio controls="controls">
    <source src="song.ogg" type="audio/ogg">
    <source src="song.mp3" type="audio/mpeg">
你的浏览器不支持！
</audio>
```

5.3.2 `<audio>`标记的属性

`<audio>`标记中各个属性的具体说明如表 5-4 所示。

表 5-4 `<audio>`标记的属性信息

属　　性	值	描　　述
autoplay	autoplay	如果出现该属性，音频在就绪后马上播放
controls	controls	如果出现该属性，则向用户显示控件，如播放按钮
loop	loop	如果出现该属性，当音频结束后重新开始播放
preload	preload	如果出现该属性，音频在页面加载时进行加载，并预备播放；如果使用 autoplay，则忽略该属性
src	url	要播放的音频的 URL

1. autoplay

属性 autoplay 的功能是在网页中自动播放指定视频，例如下面的代码。

```
<audio controls="controls" autoplay="autoplay">
    <source src="song.ogg" type="audio/ogg" />
    <source src="song.mp3" type="audio/mpeg" />
你的浏览器不支持！
</audio>
```

属性 autoplay 严格的规定：一旦音频就绪马上开始播放，并且是自动播放。

实例 020：在网页中自动播放一个音频
源码路径： 光盘\codes\part05\4.html

实例文件 4.html 的主要代码如下所示。

```
<audio controls="controls" autoplay="autoplay">
  <source src="song.ogg" type="audio/ogg" />
  <source src="song.mp3" type="audio/mpeg" />
Your browser does not support the audio element.
</audio>
```

上述代码的功能是在网页中自动播放名为"song.mp3"的音频文件，在代码中设置的此视频文件和实例文件 yinautoplay.html 同属于一个目录下。执行后的效果如图 5-4 所示。

图 5-4　执行效果

2. controls

属性 controls 的功能是设置在网页中显示播放器的控制控件。如果设置了该属性，可以在播放器中显示下面的控制功能。

- ☑　播放。
- ☑　暂停。
- ☑　定位。
- ☑　音量。
- ☑　全屏切换。
- ☑　字幕。
- ☑　音轨。

实例 021：在网页中控制播放的音频
源码路径： 光盘\codes\part05\5.html

实例文件 5.html 的主要代码如下所示。

```
<audio controls="controls">
  <source src="song.ogg" type="audio/ogg" />
  <source src="song.mp3" type="audio/mpeg" />
你的浏览器不支持！
</audio>
```

在上述代码中，设置在网页中播放指定的音频文件，并且在播放时可以控制这个音频，例如播放进度和暂停等。执行后的效果如图 5-5 所示。

图 5-5　执行效果

3. loop

属性 loop 的功能是设置当音频结束后将重新开始播放，设置该属性后将循环播放这个音频。例如下面的代码。

```
<audio controls="controls" loop="loop">
  <source src="song.ogg" type="audio/ogg" />
  <source src="song.mp3" type="audio/mpeg" />
你的浏览器不支持！
</audio>
```

实例 022：在网页中循环播放音频

源码路径：光盘\codes\part05\6.html

实例文件 6.html 的主要代码如下所示。

```
<audio controls="controls" loop="loop">
  <source src="song.ogg" type="audio/ogg" />
  <source src="song.mp3" type="audio/mpeg" />
你的浏览器不支持！
</audio>
```

在上述代码中，设置在网页中循环播放指定的音频文件，执行后的效果如图 5-6 所示。

图 5-6　执行效果

4. preload

属性 preload 的功能是设置是否在页面加载后载入音频，如果设置了属性 autoplay，则会忽略属性 preload 的功能。使用属性 preload 的格式如下所示。

```
<audio preload="load" />
```

属性 load 用于规定是否预加载音频，可能有如下 3 个取值。

- ☑　auto：当页面加载后载入整个音频。
- ☑　meta：当页面加载后只载入元数据。
- ☑　none：当页面加载后不载入音频。

例如下面的代码。

```
<audio controls="controls" preload="auto">
  <source src="song.ogg" type="audio/ogg" />
  <source src="song.mp3" type="audio/mpeg" />
你的浏览器不支持！
</audio>
```

5. src

属性 src 的功能是设置要播放视频的 URL，另外，也可以用<source>标记来设置要播放的视频。在

HTML 5 中有如下两种视频文件 URL。

☑ 绝对 URL 地址：指向另一个站点，例如 href=http://www.xxxxxx.com/song.ogg。

☑ 相对 URL 地址：指向网站内的文件，例如 href="song.ogg"。

例如下面的代码。

```
<audio src="song.ogg" controls="controls">
你的浏览器不支持！
</audio>
```

5.4 绘 制 图 像

知识点讲解：光盘\视频讲解\第5章\绘制图像.avi

全新的 HTML 5 强大的令人惊讶，在网页中播放音频和视频仅是新增的众多功能中的两种而已。使用全新的 HTML 5，还可以在网页中绘制绚丽的图像。下面将介绍用 HTML 5 绘制图像的基本知识。

5.4.1 使用<canvas>标记

<canvas>标记是在 HTML 5 中新增的一个 HTML 元素，此元素可以被 JavaScript 语言用来绘制图形图像，例如可以画图、合成图像或实现动画效果。<canvas>标记含有画布之意，我们都知道画布是一个矩形区域，在上面可以控制每一像素。HTML 5 中的 canvas 拥有多种绘制图形的方法，例如矩形、圆形、字符以及添加图像。

在向 HTML 5 页面中添加 canvas 元素时，需要设置元素的 id、宽度和高度，例如下面的代码。

```
<canvas id="myCanvas" width="100" height="100"></canvas>
```

<canvas>标记本身并没有绘图能力，还需要在 JavaScript 的帮助下完成绘制工作，例如下面的代码。

```
<script type="text/javascript">
var c=document.getElementById("myCanvas");
var cxt=c.getContext("2d");
cxt.fillStyle="#FF0000";
cxt.fillRect(0,0,150,75);
</script>
```

使用 JavaScript 实现绘图的基本流程如下所示。

（1）JavaScript 使用 id 来寻找 canvas 元素，例如下面的代码。

```
var c=document.getElementById("myCanvas");
```

（2）创建 context 对象，例如下面的代码。

```
var cxt=c.getContext("2d");
```

对象 getContext("2d")是内建的 HTML 5 对象，它拥有多种绘制路径、矩形、圆形、字符以及添加图像的方法。例如通过下面的代码可以绘制一个红色的矩形。

```
cxt.fillStyle="#FF0000";
cxt.fillRect(0,0,150,75);
```

在上述代码中，fillStyle()方法的功能是将矩形染成红色，fillRect()方法的功能是设置图形的形状、位置和尺寸。例如上述代码设置了其坐标参数为(0,0,150,75)，意思是在画布上绘制一个 150×75 的矩形，并且是从左上角(0,0)开始绘制的。

5.4.2　HTML DOM Canvas 对象

Canvas 对象表示一个 HTML 画布元素 canvas，此对象没有自己的行为，但是定义了一个 API 支持脚本化客户端绘图操作。程序员可以直接在 Canvas 对象上指定宽度和高度，但是其大多数功能都可以通过 CanvasRenderingContext2D 对象来获得。这是通过 Canvas 对象的 getContext()方法并且把直接量字符串"2d"作为唯一的参数传递给它而获得的。

1. Canvas 对象的属性

Canvas 对象有如下两个重要的属性。

（1）height

height 属性表示画布的高度。和一幅图像一样，此属性可以指定为一个整数像素值或者是窗口高度的百分比。当这个值改变时，在该画布上已经完成的任何绘图都会擦除掉。默认值是 300。

（2）width

width 属性表示画布的宽度。和一幅图像一样，此属性可以指定为一个整数像素值或者是窗口宽度的百分比。当这个值改变时，在该画布上已经完成的任何绘图都会擦除掉。默认值是 300。

2. Canvas 对象的方法

Canvas 对象只有一个方法——getContext()，此方法返回一个用于在画布上绘图的环境。getContext()方法的语法格式如下所示。

```
Canvas.getContext(contextID)
```

参数 contextID 指定了想要在画布上绘制的类型。当前唯一的合法值是"2d"，它指定了二维绘图，并且导致这个方法返回一个环境对象，该对象导出一个二维绘图 API。很可能在不久的将来，如<canvas>标记会扩展到支持 3D 绘图，此时用 getContext()方法就可以允许传递一个"3d"字符串参数。

getContext()方法的返回值是一个 CanvasRenderingContext2D 对象，使用它可以绘制到 Canvas 元素中。由此可见，getContext()方法的功能是返回一个表示用来绘制的环境类型的环境，其本意是要为不同的绘制类型（二维、三维）提供不同的环境。当前，唯一支持的是"2d"，它返回一个 CanvasRendering Context2D 对象，该对象实现了一个画布所使用的大多数方法。

经过前面对<canvas>标记的学习，相信大家对自己充满自信。下面将通过一个具体实例演示<canvas>标记的使用方法。

（1）演练坐标定位

实例 023：定位显示鼠标的坐标

源码路径：光盘\codes\part05\7.html

本实例的功能是在网页内绘制一个矩形，当我们将鼠标光标放在矩形内的某一个位置时，会提示显示其坐标。实例文件 7.html 的主要代码如下所示。

```
<style type="text/css">
body
{
font-size:70%;
font-family:verdana,helvetica,arial,sans-serif;
}
</style>

<script type="text/javascript">
function cnvs_getCoordinates(e)
{
x=e.clientX;
y=e.clientY;
document.getElementById("xycoordinates").innerHTML="Coordinates: (" + x + "," + y + ")";
}

function cnvs_clearCoordinates()
{
document.getElementById("xycoordinates").innerHTML="";
}
</script>
</head>

<body style="margin:0px;">

<p>把鼠标悬停在下面的矩形上可以看到坐标：</p>

<div id="coordiv" style="float:left;width:199px;height:99px;border:1px solid #c3c3c3" onmousemove="cnvs_
getCoordinates(event)" onmouseout="cnvs_clearCoordinates()"></div>
<br />
<br />
<br />
<div id="xycoordinates"></div>
```

执行后的效果如图 5-7 所示。

图 5-7　执行效果

（2）画线

实例 024：在指定的坐标位置绘制指定角度的相交线
源码路径：光盘\codes\part05\8.html

本实例的功能是在指定的坐标位置绘制指定角度的相交线，实例文件 8.html 的主要代码如下所示。

```
<canvas id="myCanvas" width="200" height="100" style="border:1px solid #c3c3c3;">
Your browser does not support the canvas element.
</canvas>
<script type="text/javascript">
var c=document.getElementById("myCanvas");
var cxt=c.getContext("2d");
cxt.moveTo(10,10);
cxt.lineTo(150,50);
cxt.lineTo(10,50);
cxt.stroke();

</script>
```

执行后的效果如图 5-8 所示。

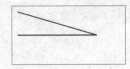

图 5-8　执行效果

（3）画圆

实例 025：在网页中绘制一个圆
源码路径：光盘\codes\part05\9.html

本实例的功能是在网页中绘制一个填充红色的实心圆。实例文件 9.html 的主要代码如下所示。

```
<canvas id="myCanvas" width="200" height="100" style="border:1px solid #c3c3c3;">
Your browser does not support the canvas element.
</canvas>

<script type="text/javascript">

var c=document.getElementById("myCanvas");
var cxt=c.getContext("2d");
cxt.fillStyle="#FF0000";
cxt.beginPath();
cxt.arc(70,18,15,0,Math.PI*2,true);
cxt.closePath();
cxt.fill();
</script>
```

执行后的效果如图 5-9 所示。

图 5-9　执行效果

（4）用渐变色填充一个矩形

实例 026：用渐变色填充一个矩形
源码路径：光盘\codes\part05\10.html

本实例的功能是在网页中绘制一个矩形，并且用渐变颜色来填充这个矩形。实例文件 10.html 的主要代码如下所示。

```
<canvas id="myCanvas" width="200" height="100" style="border:1px solid #c3c3c3;">
Your browser does not support the canvas element.
</canvas>
<script type="text/javascript">
var c=document.getElementById("myCanvas");
var cxt=c.getContext("2d");
var grd=cxt.createLinearGradient(0,0,175,50);
grd.addColorStop(0,"#FF0000");
grd.addColorStop(1,"#00FF00");
cxt.fillStyle=grd;
cxt.fillRect(0,0,175,50);
</script>
```

执行后的效果如图 5-10 所示。

图 5-10　执行效果

（5）显示图片

实例 027：在 Canvas 画布中显示一幅指定的图片
源码路径：光盘\codes\part05\11.html

本实例的功能是在 Canvas 画布中显示一幅指定的图片。实例文件 11.html 的主要代码如下所示。

```
<canvas id="myCanvas" width="600" height="800" style="border:1px solid #c3c3c3;">
Your browser does not support the canvas element.
</canvas>
<script type="text/javascript">
var c=document.getElementById("myCanvas");
var cxt=c.getContext("2d");
var img=new Image()
img.src="http_imgload.jpg"
cxt.drawImage(img,0,0);
</script>
```

执行后的效果如图 5-11 所示。

图 5-11   执行效果

注意：本实例用Google Chrome 浏览器不能正确显示，而用Firefox则可以正确显示。

5.5   Web 存储

知识点讲解：光盘\视频讲解\第 5 章\Web 存储.avi

无论是处理多媒体文件还是绘制图形图像，这些都不是 HTML 5 震撼性的功能，真正令人震撼的是数据存储功能。使用全新的 HTML 5 可以将数据存放在客户端。

5.5.1   Web 存储的定义

使用 HTML 5 技术可以在客户端存储数据，其提供了如下两种在客户端存储数据的新方法。

☑   localStorage：没有时间限制的数据存储。

☑   sessionStorage：针对一个 Session 的数据存储。

在这以前，客户端的存储功能都是通过 Cookie 来完成的。因为它们由每个对服务器的请求来传递，所以 Cookie 不适合大量数据的存储，这使得 Cookie 速度很慢而且效率也不高。

在 HTML 5 中，数据不是由每个服务器请求传递的，而是只有在请求时使用数据，这样使在不影响网站性能的情况下存储大量数据成为可能。对于不同的网站来说，数据存储于不同的区域，并且一个网站只能访问其自身的数据。

在 HTML 5 中可以使用 JavaScript 来存储和访问数据。

5.5.2   Web 存储的意义

Cookie 的出现可谓大大推动了 Web 的发展，虽然它既有优点也有一定的缺陷，但是功大于过。Cookie 的优点在于，它可以允许用户在登录网站时，记住输入的用户名和密码，这样在下一次登录时就不需要再次输入了，达到自动登录的效果。

但是另一方面，Cookie 的安全问题也日趋受到关注，如 Cookie 由于存储在客户端浏览器中，很容易受到黑客的窃取，安全机制并不是十分好。还有另外一个问题，Cookie 存储数据的能力有限。目前在很多浏览器中规定每个 Cookie 只能存储不超过 4KB 的限制，所以一旦 Cookie 的内容超过 4KB，唯一的方法是重新创建。此外，Cookie 的一个缺陷是每次的 HTTP 请求中都必须附带 Cookie，这将有可能增加网络的负载。

使用 HTML 5 中新增加的 Web 存储机制，可以弥补 Cookie 的缺点。Web 存储机制在以下两方面作了加强。

（1）对于 Web 开发者来说，它提供了很容易使用的 API 接口，通过设置键值对即可使用。

（2）在存储的容量方面，可以根据用户分配的磁盘配额进行存储，这就可以在每个用户域下存储不少于 5～10MB 的内容。这就意味者，用户不仅可以存储 Session，还可以在客户端存储用户的设置偏好、本地化的数据和离线的数据，这对提高效率是很有帮助的。

Web 存储还提供了使用 JavaScript 编程的接口，这将使得开发者可以使用 JavaScript 在客户端做很多以前要在服务端才能完成的工作。现在各个主流浏览器已经开始支持 Web 存储了。

5.5.3　HTML 5 中的两种存储方法

1．localStorage 方法

在 HTML 5 中，当使用 localStorage 方法存储数据时没有任何时间限制，例如可以在第二天、第二周甚至是下一年之后仍然使用存储的数据。例如在下面的代码中演示了创建和访问 localStorage 的过程。

```
<script type="text/javascript">
localStorage.lastname="东方不败";
document.write("Last name: " + localStorage.lastname);
</script>
```

上述代码执行后的效果如图 5-12 所示。

Last name: 东方不败

图 5-12　执行效果

实例 028：显示访问页面的统计次数
源码路径：光盘\codes\part05\12.html

本实例的功能是统计访问页面的次数，每当刷新一次页面，访问次数就会增加 1 次。实例文件 12.html 的主要代码如下所示。

```
<body>
<script type="text/javascript">
if (localStorage.pagecount)
    {
    localStorage.pagecount=Number(localStorage.pagecount) +1;
    }
else
    {
    localStorage.pagecount=1;
    }
document.write("Visits: " + localStorage.pagecount + " time(s).");
</script>
```

```
<p>刷新页面会看到计数器在增长。</p>
<p>请关闭浏览器窗口，然后再试一次，计数器会继续计数。</p>
```

执行效果如图 5-13 所示。

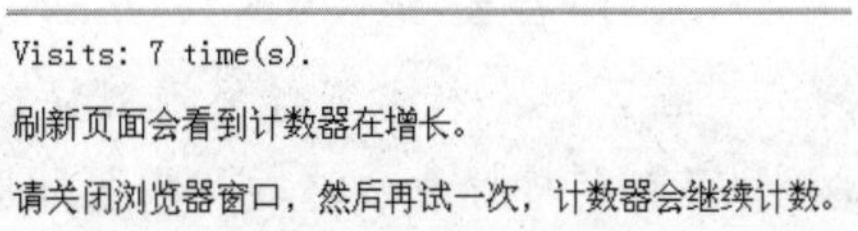

Visits: 7 time(s).

刷新页面会看到计数器在增长。

请关闭浏览器窗口，然后再试一次，计数器会继续计数。

图 5-13　执行效果

2. sessionStorage 方法

sessionStorage 方法比较体贴，因为可以针对具体某一个 Session 进行数据存储，当用户关闭浏览器窗口后数据会删除。例如在下面的代码中演示了如何创建并访问一个 sessionStorage 的过程。

```
<!DOCTYPE HTML>
<html>
<body>
<script type="text/javascript">
sessionStorage.lastname="Smith";
document.write(sessionStorage.lastname);
</script>
</body>
</html>
```

实例 029：显示访问当前页面的统计次数

源码路径：光盘\codes\part05\13.html

本实例的功能是统计访问当前页面的次数，每当刷新一次页面，访问次数就会增加 1 次。实例文件 13.html 的主要代码如下所示。

```
<script type="text/javascript">
if (sessionStorage.pagecount)
    {
    sessionStorage.pagecount=Number(sessionStorage.pagecount) +1;
    }
else
    {
    sessionStorage.pagecount=1;
    }
document.write("Visits " + sessionStorage.pagecount + " time(s) this session.");

</script>
<p>刷新页面会看到计数器在增长。</p>
<p>请关闭浏览器窗口，然后再试一次，计数器已经重置了。</p>
```

执行效果如图 5-14 所示。

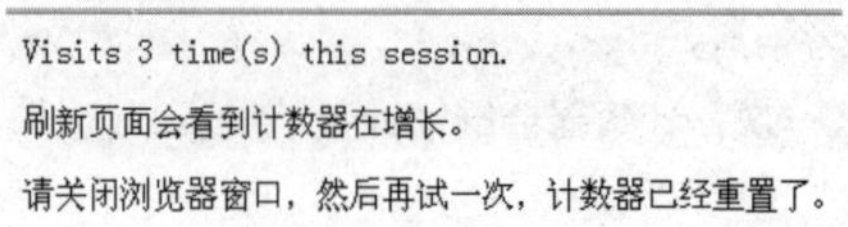

Visits 3 time(s) this session.

刷新页面会看到计数器在增长。

请关闭浏览器窗口，然后再试一次，计数器已经重置了。

图 5-14   执行效果

注意：本实例的统计和上一个实例有一点区别，本实例当关闭浏览器并再次打开后，此时的统计数字将从1开始重新统计。而上一个实例重新打开后继续从被关闭时的次数继续累加统计。

5.6 表单的全新功能

📹 知识点讲解：光盘\视频讲解\第 5 章\表单的全新功能.avi

表单一直是 HTML 中的重中之重，之所以这么重要是因为表单是动态网页技术的根基。无论是 ASP、ASP.NET、PHP 还是 Java Web，实现动态网页时都需要表单的支持。在全新的 HTML 5 中，在表单中增加了很多令人振奋的功能。下面将详细讲解 HTML 5 表单中新增功能的用法。

5.6.1 全新的 Input 类型

在 HTML 5 中拥有多个新的表单输入类型，这些新特性提供了更好的输入控制和验证。HTML 5 中新增了如下表单输入类型。

- ☑ email。
- ☑ url。
- ☑ number。
- ☑ range。
- ☑ Date pickers (date, month, week, time, datetime, datetime-local)。
- ☑ search。
- ☑ color。

各个浏览器版本对上述新增表单输入类型支持的具体说明如表 5-5 所示。

表 5-5   各浏览器版本对新增表单输入类型支持的说明

Input type	IE	Firefox	Opera	Chrome	Safari
email	No	4.0	9.0	10.0	No
url	No	4.0	9.0	10.0	No
number	No	No	9.0	4.0	No
range	No	No	9.0	4.0	4.0
Date pickers	No	No	9.0	10.0	No
search	No	4.0	11.0	10.0	No
color	No	No	11.0	No	No

1. email

email 类型能够在页面中提供一个输入 e-mail 地址的文本框。在提交表单时，会自动验证 email 文

78

本框中的值。例如 iPhone 中的 Safari 浏览器就支持 email 输入类型，并通过改变触摸屏键盘来配合它（添加@和.com 选项）。

例如在下面的代码中演示了使用 e-mail 类型的过程。

```
<form action="demo_form.asp" method="get">
E-mail: <input type="email" name="user_email" /><br />
<input type="submit" />
</form>
```

上述代码执行后的效果如图 5-15 所示。

2. url

使用 url 类型可以在网页中显示一个输入 URL 地址的文本框。在提交表单时，会自动验证 url 文本框中的值。例如在下面的代码中详细演示了使用 url 类型的过程。

```
<form action="demo_form.asp" method="get">
Homepage: <input type="url" name="user_url" /><br />
<input type="submit" />
</form>
```

上述代码执行后的效果如图 5-16 所示。

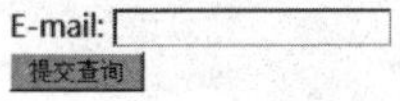

图 5-15　执行效果 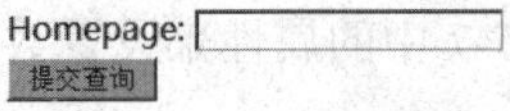　　　　　　　　　　　　图 5-16　执行效果

3. number

使用 number 类型可以在网页中创建一个可包含数值的输入文本框，并且还能够设置对所接受数字的限定。例如在下面的代码中详细演示了使用 number 类型的过程。

```
<form action="demo_form.asp" method="get">
Points: <input type="number" name="points" min="1" max="10" />
<input type="submit" />
</form>
```

上述代码执行后的效果如图 5-17 所示。

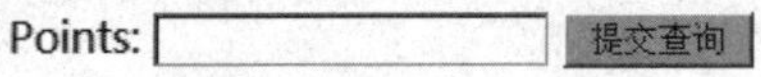

Points: ▭　提交查询

图 5-17　执行效果

还可以使用表 5-6 中的属性来设置数字类型。

表 5-6　设置数字类型的属性

属　　性	值	描　　述
max	number	规定允许的最大值
min	number	规定允许的最小值
step	number	规定合法的数字间隔（如果 step="3"，则合法的数是-3、0、3、6 等）
value	number	规定默认值

例如在下面的代码中详细演示了使用表 5-6 中属性的方法。

```
<form action="demo_form.asp" method="get">
Points: <input type="number" name="points" min="1" max="10" />
<input type="submit" />
</form>
```

4. range

通过使用 range 类型，不但可以在网页中创建一个包含一定范围内数字值的输入文本框，并且还能够设置对所接受数字的限定。例如下面的代码中详细演示了使用 range 类型的过程。

```
<form action="demo_form.asp" method="get">
Points: <input type="range" name="points" min="1" max="10" />
<input type="submit" />
</form>
```

上述代码执行后的效果如图 5-18 所示。

Points: [   ] 提交查询

图 5-18　执行效果

还可以使用表 5-7 中的属性来设置数字类型。

表 5-7　设置数字类型的属性

属　　性	值	描　　述
max	number	规定允许的最大值
min	number	规定允许的最小值
step	number	规定合法的数字间隔（如果 step="3"，则合法的数是-3、0、3、6等）
value	number	规定默认值

5. Date pickers（数据检出器）

在 HTML 5 中拥有多个可供选取日期和时间的新输入类型，这些类型的具体说明如下所示。

☑　date：选取日、月、年。

☑　month：选取月、年。

☑　week：选取周和年。

☑　time：选取时间（小时和分钟）。

☑　datetime：选取时间、日、月、年（UTC 时间）。

☑　datetime-local：选取时间、日、月、年（本地时间）。

例如通过下面的一段代码可以实现从日历中选取一个日期的功能。

```
<form action="demo_form.asp" method="get">
Date: <input type="date" name="user_date" />
<input type="submit" />
</form>
```

上述代码执行后的效果如图 5-19 所示。

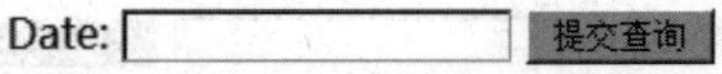

Date: _____ 　提交查询

图 5-19　执行效果

6. search

使用 search 类型可以实现一个搜索域，如站点搜索或 Google 搜索。HTML 5 中的 search 域显示为常规的文本域。

7. color

color 类型的表单可让用户通过颜色选择器选择一个颜色值，并将此值反馈到 value 中。具体格式如下所示：

```
<iput type=color>
```

5.6.2　全新的表单元素

在 HTML 5 中拥有如下 3 个新的表单元素和属性。
- ☑　datalist。
- ☑　keygen。
- ☑　output。

各个浏览器版本对上述新增表单元素支持的具体说明如表 5-8 所示。

表 5-8　各浏览器版本对新增表单元素支持的说明

Input type	IE	Firefox	Opera	Chrome	Safari
datalist	No	No	9.5	No	No
keygen	No	No	10.5	3.0	No
output	No	No	9.5	No	No

1. datalist

使用 datalist 元素可以规定网页中输入域中的选项列表。列表是通过 datalist 内的 option 元素创建的，如需把 datalist 绑定到输入域，需要用输入域的 list 属性来引用 datalist 的 id。例如在下面的代码中详细演示了使用 datalist 元素的方法。

```
<form action="demo_form.asp" method="get">
Webpage: <input type="url" list="url_list" name="link" />
<datalist id="url_list">
    <option label="AAA" value="http://www.AAAA.com.cn" />
    <option label="BBB" value="http://www.BBBB.com" />
    <option label="CCC" value="http://www.CCCC.com" />
</datalist>
<input type="submit" />
</form>
```

上述代码执行后的效果如图 5-20 所示。

Webpage: [_____] [提交查询]

图 5-20　执行效果

注意：option元素永远都要设置value属性。

2. keygen

keygen 元素十分有用，它为程序员提供了一种验证用户身份的方法，并且这种方法绝对可靠。keygen 元素是密钥对生成器（key-pair generator），当提交表单时会生成两个键，一个是私钥，一个是公钥。其中私钥（private key）存储于客户端，公钥（public key）则被发送到服务器。公钥可用于之后验证用户的客户端证书（client certificate）。

但是目前浏览器对此元素的支持度不足以使其成为一种有用的安全标准。

例如在下面的一段代码中详细演示了使用 keygen 元素的方法。

```
<form action="demo_form.asp" method="get">
Username: <input type="text" name="usr_name" />
Encryption: <keygen name="security" />
<input type="submit" />
</form>
```

上述代码执行后的效果如图 5-21 所示。

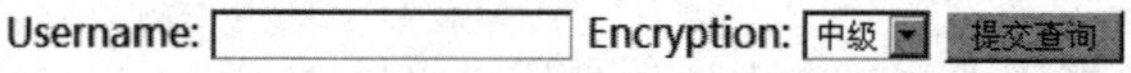

Username: [_____] **Encryption:** [中级▼] [提交查询]

图 5-21　执行效果

3. output

使用 output 元素可以输出不同类型，例如输出计算结果或输入、输出脚本。通过下面的代码演示了使用 output 元素的基本流程。

```
<script type="text/javascript">
function resCalc()
{
numA=document.getElementById("num_a").value;
numB=document.getElementById("num_b").value;
document.getElementById("result").value=Number(numA)+Number(numB);
}
</script>
</head>
<body>
<p>使用 output 元素的简易计算器：</p>
<form onsubmit="return false">
 <input id="num_a" /> +
 <input id="num_b" /> =
 <output id="result" onforminput="resCalc()"></output>
</form>
```

上述代码执行后的效果如图 5-22 所示。

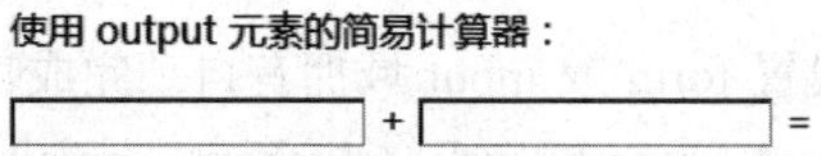

使用 output 元素的简易计算器：

　　　　　　　　+ 　　　　　　　　 =

图 5-22　执行效果

5.6.3　全新的表单属性

在 HTML 5 的 form 和 input 元素中新增加一些有用的属性，下面将详细进行介绍。

（1）新增了如下 form 属性：

☑　autocomplete。

☑　novalidate。

（2）新增了如下 input 属性：

☑　autocomplete。

☑　autofocus。

☑　form。

☑　form overrides (formaction, formenctype, formmethod, formnovalidate, formtarget)。

☑　height 和 width。

☑　list。

☑　min、max 和 step。

☑　multiple。

☑　pattern (regexp)。

☑　placeholder。

☑　required。

各个浏览器版本对上述新增属性支持的具体说明如表 5-9 所示。

表 5-9　各浏览器版本对新增属性支持的说明

Input type	IE	Firefox	Opera	Chrome	Safari
autocomplete	8.0	3.5	9.5	3.0	4.0
autofocus	No	No	10.0	3.0	4.0
form	No	No	9.5	No	No
form overrides	No	No	10.5	No	No
height 和 width	8.0	3.5	9.5	3.0	4.0
list	No	No	9.5	No	No
min、max 和 step	No	No	9.5	3.0	No
multiple	No	3.5	No	3.0	4.0
novalidate	No	No	No	No	No
pattern	No	No	9.5	3.0	No
placeholder	No	No	No	3.0	3.0
required	No	No	9.5	3.0	No

1．autocomplete

属性 autocomplete 的功能是设置 form 或 input 域拥有自动完成功能，此属性适用于<form>标记以及以下类型的<input>标记，例如 text、search、url、telephone、email、password、datepickers、range 和 color。当用户在自动完成域中开始输入时，浏览器应该在该域中显示填写的选项。

下面的一段代码详细演示了使用 autocomplete 属性的方法。

```
<form action="demo_form.asp" method="get" autocomplete="on">
First name:<input type="text" name="fname" /><br />
Last name: <input type="text" name="lname" /><br />
E-mail: <input type="email" name="email" autocomplete="off" /><br />
<input type="submit" />
</form>
<p>请填写并提交此表单，然后重载页面，来查看自动完成功能是如何工作的。</p>
<p>请注意，表单的自动完成功能是打开的，而 e-mail 域是关闭的。</p>
```

上述代码执行后的效果如图 5-23 所示。

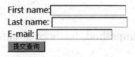

图 5-23 执行效果

2．autofocus

属性 autofocus 的功能是设置在页面加载时域自动获得焦点，此属性适用于所有<input>标记的类型。例如下面的代码讲解了使用 autofocus 属性的方法。

```
<form action="demo_form.asp" method="get">
User name: <input type="text" name="user_name" autofocus="autofocus" />
<input type="submit" />
</form>
```

上述代码执行后的效果如图 5-24 所示。

User name: ⬚⬚⬚⬚⬚⬚⬚⬚⬚⬚⬚⬚ 提交查询

图 5-24 执行效果

3．form

属性 form 的功能是设置输入域所属的一个或多个表单，此属性适用于所有<input>标记的类型，并且此属性必须引用所属表单的 id。如需引用一个以上的表单，请使用空格分隔的列表。例如下面的代码演示了 form 属性的基本用法。

```
<form action="demo_form.asp" method="get" id="user_form">
First name:<input type="text" name="fname" />
<input type="submit" />
```

```
</form>
<p>下面的输入域在 form 元素之外，但仍然是表单的一部分。</p>
Last name: <input type="text" name="lname" form="user_form" />
```

上述代码执行后的效果如图 5-25 所示。

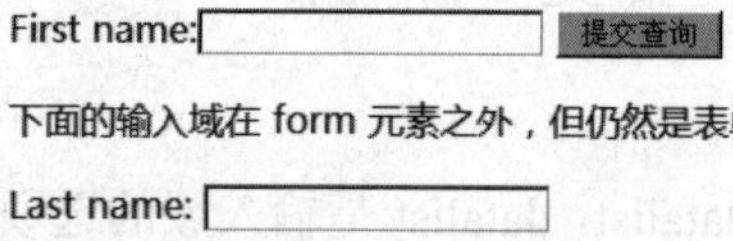

First name:▭　　提交查询

下面的输入域在 form 元素之外，但仍然是表单的一部分。

Last name:▭

图 5-25　执行效果

4．form overrides

form overrides（表单重写）属性允许重写 form 元素的某些属性设定。在 HTML 5 中有如下表单重写属性。

- ☑ formaction：重写表单的 action 属性。
- ☑ formenctype：重写表单的 enctype 属性。
- ☑ formmethod：重写表单的 method 属性。
- ☑ formnovalidate：重写表单的 novalidate 属性。
- ☑ formtarget：重写表单的 target 属性。

表单重写属性适用<input>标记中的 submit 和 image 类型。例如在下面的代码中详细演示了使用表单重写属性的方法。

```
<form action="demo_form.asp" method="get" id="user_form">
E-mail: <input type="email" name="userid" /><br />
<input type="submit" value="Submit" /><br />
<input type="submit" formaction="demo_admin.asp" value="Submit as admin" /><br />
<input type="submit" formnovalidate="true" value="Submit without validation" /><br />
</form>
```

上述代码执行后的效果如图 5-26 所示。

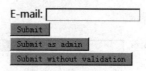

图 5-26　执行效果

5．height 和 width

属性 height 和 width 的功能是设置 image 类型的<input>标记的图像高度和宽度，这两个属性只适用 image 类型的<input>标记。例如在下面的代码中演示了使用 height 和 width 的基本方法。

```
<form action="demo_form.asp" method="get">
User name: <input type="text" name="user_name" /><br />
<input type="image" src="eg_submit.jpg" width="99" height="99" />
</form>
```

上述代码执行后的效果如图 5-27 所示。

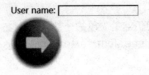

图 5-27　执行效果

6. list

使用属性 list 可以设置输入域中的 datalist，datalist 是输入域的选项列表。属性 list 适用于以下类型的<input>标记。

- ☑　text
- ☑　search
- ☑　url
- ☑　telephone
- ☑　email
- ☑　date pickers
- ☑　number
- ☑　range
- ☑　color

例如通过下面的代码演示了使用 list 属性的方法。

```
<form action="demo_form.asp" method="get">
Webpage: <input type="url" list="url_list" name="link" />
<datalist id="url_list">
    <option label="A" value="http://www.A.com.cn" />
    <option label="AA" value="http://www.google.com" />
    <option label="AAA" value="http://www.microsoft.com" />
</datalist>
<input type="submit" />
</form>
```

上述代码执行后的效果如图 5-28 所示。

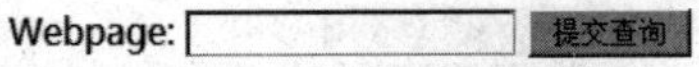

Webpage: [　　　　　] 提交查询

图 5-28　执行效果

7. min、max 和 step

属性 min、max 和 step 用于为包含数字或日期的 input 类型规定限定（约束），具体说明如下所示。

- ☑　max 属性：规定输入域所允许的最大值。
- ☑　min 属性：规定输入域所允许的最小值。
- ☑　step 属性：为输入域规定合法的数字间隔（如果 step="3"，则合法的数是-3、0、3、6 等）。

属性 min、max 和 step 适用于以下类型的<input>标记：

- ☑　date pickers
- ☑　number

☑ range

例如通过下面的代码可以显示一个数字域，这个数字域接 0～10 之间的值，并且步进为 3，也就是合法的值数据分别是 0、3、6 和 9。

```
<form action="/example/html5/demo_form.asp" method="get">
Points: <input type="number" name="points" min="0" max="10" step="3"/>
<input type="submit" />
</form>
```

上述代码执行后的效果如图 5-29 所示。

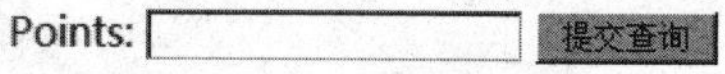

Points: [   ] 提交查询

图 5-29 执行效果

8. multiple

属性 multiple 用于设置输入域中可选择多个值，此属性适用于<input>标记中的 email 和 file 类型。例如下面的代码。

```
Select images: <input type="file" name="img" multiple="multiple" />
```

9. novalidate

属性 novalidate 用于设置在提交表单时不应该验证 form 或 input 域，此属性适用于<form>以及以下类型的<input>标记：text、search、url、telephone、email、password、date pickers、range 和 color。例如下面是一段使用 novalidate 属性的代码。

```
<form action="demo_form.asp" method="get" novalidate="true">
E-mail: <input type="email" name="user_email" />
<input type="submit" />
</form>
```

10. pattern

属性 pattern 用于验证 input 域的模式（pattern）。模式（pattern）是正则表达式，可以在 JavaScript 的相关教程中学习到有关正则表达式的内容。

pattern 属性适用以下类型的<input>标记：text、search、url、telephone、email 和 password。例如在下面的代码中显示了一个只能包含 3 个字母的文本域（不含数字及特殊字符）。

```
Country code: <input type="text" name="country_code"
pattern="[A-z]{3}" title="Three letter country code" />
```

11. placeholder

属性 placeholder 提供一种提示（hint）机制，用于描述输入域所期待的值。此属性适用于以下类型的<input>标记：text、search、url、telephone、email 和 password。提示（hint）会在输入域为空时显示出现，会在输入域获得焦点时消失。例如下面的代码。

```
<input type="search" name="user_search"    placeholder="Search W3School" />
```

12. required

属性 required 规定必须在提交之前填写输入域，并不能为空。此属性适用以下类型的<input>标记：text、search、url、telephone、email、password、date pickers、number、checkbox、radio 和 file。例如下下面的代码。

```
Name: <input type="text" name="usr_name" required="required" />
```

第6章 使用基本标记

经过前面内容的学习，已经了解到标记是 HTML 和 HTML 5 的核心。通过使用这些标记，可以在网页产生各种指定显示效果。从本章开始，将向读者详细介绍使用 Dreamweaver CS6 制作网页的基本知识，本章将先讲解在 Dreamweaver CS6 中使用基本标记的具体流程。

6.1 设置网页头部元素

知识点讲解：光盘\视频讲解\第 6 章\设置网页头部元素.avi

由前面内容了解到，页面是由 HTML 等标记语言实现的，而网页头部元素是页面的重要组成部分。网页头部位于网页的顶部，用来设置和网页相关的信息。例如，页面标题、关键字和版权等信息。当页面执行后，不会在页面正文中显示头部元素信息。

6.1.1 设置文档类型

文档类型（DOCTYPE）的功能是定义当前页面所使用标记语言（HTML 或 XHTML）的版本。合理选择当前页面的文档类型是设计标准 Web 页面的基础。只有定义了页面的文档类型后，页面里的标记和 CSS 才会生效。

现实中常用的文档类型有如下 3 种。

☑ 过渡性文档类型：要求不严格，允许使用 HTML 4.01 标识。

☑ 严格的文档类型：要求比较严格，不允许使用任何表现层的标记和属性。

☑ 框架性文档类型：是专门针对框架页面所使用的文档类型。

实例 030：设置网页头部元素

源码路径：光盘\codes\part06\1.html

本实例的具体实现流程如下所示。

（1）打开 Dreamweaver CS6，新建一个 HTML 网页，如图 6-1 所示。

（2）在 Dreamweaver CS6 中显示的新界面文件就是刚才新建的 HTML 文件，如图 6-2 所示。

（3）在 Dreamweaver CS6 下方单击"页面属性"按钮，弹出"页面属性"对话框，如图 6-3 所示。

（4）在"页面属性"对话框的"分类"栏中选择"标题/编码"选项，打开"标题/编码"界面，如图 6-4 所示。

（5）在图 6-4 所示界面中设置"文档类型"为"XHTML 1.0 Transitional"。

（6）单击"确定"按钮，然后将此文件保存为"1.html"，并保存在"1"文件夹中。经过上述操作后，文件 1.html 的文档类型设置完毕。

图 6-1 选择 HTML 选项

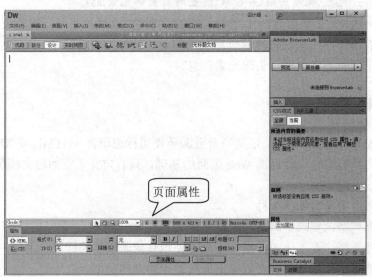

图 6-2 新建的 HTML 文件界面

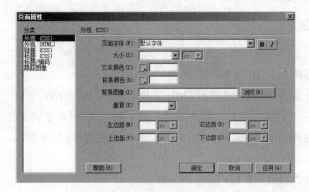

图 6-3 "页面属性"对话框

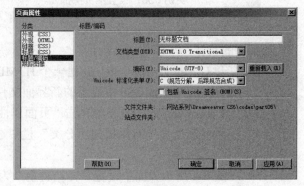

图 6-4 "标题/编码"设置界面

（7）如果此时单击 Dreamweaver CS6 的"代码"标签，可以看到 Dreamweaver CS6 自动生成的

HTML 代码。其具体代码如下所示。

```
<!DOCTYPE html PUBLIC "-//W3C//DTD XHTML 1.0 Transitional//EN" "http://www.w3.org/TR/xhtml1/ DTD/xhtml
  6-transitional.dtd">
<html xmlns="http://www.w3.org/1999/xhtml">
<head>
  <meta http-equiv="Content-Type" content="text/html; charset=utf-8" />
  <title>无标题文档</title>
</head>
<body>
</body>
</html>
```

在上述实例中实现文档类型设置的是首行代码，用<DOCTYPE>标记表示。在页面中定义文档类型的代码如下。

```
<!DOCTYPE html PUBLIC "-//W3C//DTD XHTML 1.0 Transitional//EN" "http://www.w3.org/TR/xhtml1/DTD/xhtm l6-transitional.dtd">
```

6.1.2 设置编码类型

编码类型的功能是设置页面正文中字符的格式，确保页面文本内容在浏览器中正确显示。

实例 031：使用 Dreamweaver 设置网页编码类型
源码路径：光盘\codes\part06\2.html

本实例的具体实现流程如下所示。

（1）在 Dreamweaver CS6 中新建一个基本页面，效果如图 6-5 所示。

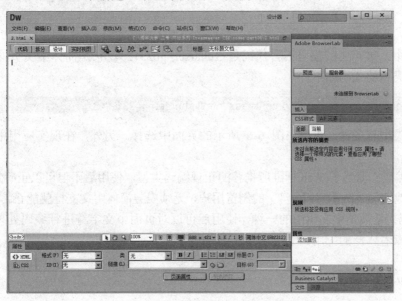

图 6-5 新建文件界面

（2）在图 6-5 所示的设计界面中，单击"页面属性"按钮，弹出"页面属性"对话框，在该对话框的"分类"栏中选择"标题/编码"选项，打开"标题/编码"界面，如图 6-6 所示。

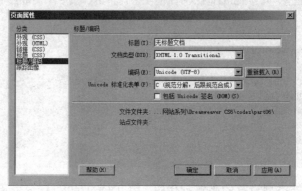

图 6-6 "标题/编码"设置界面

（3）在图 6-6 所示界面中设置编码类型为"GB2312"。

（4）单击"确定"按钮，然后将此文件保存为"2.html"，此时在 Dreamweaver 界面单击"代码"标签可以查看其具体代码。其具体代码如下所示。

```
<!DOCTYPE html PUBLIC "-//W3C//DTD XHTML 1.0 Transitional//EN" "http://www.w3.org/TR/xhtml1/ DTD/
xhtml
6-transitional.dtd">
<html xmlns="http://www.w3.org/1999/xhtml">
<head>
   <meta http-equiv="Content-Type" content="text/html; charset=gb2312" />
   <title>无标题文档</title>
</head>
<body>
</body>
</html>
```

在上述代码中，被声明的编码语言代码是"charset=gb2312"，它是简体中文页面使用的编码。在页面中定义编码类型的代码如下。

```
<meta http-equiv="Content-Type" content="text/html; charset=gb2312">
```

页面的编码类型有多种，可以在图 6-6 所示的界面中选择。另外，在现实应用中，还有如下两种常用的编码类型。

☑ UTF-8 编码：是当前 Web 标准所推荐的正规编码类型，使用后不但可以正确地显示中文字符，而且其他地区（如香港和台湾）的浏览用户，无须安装简体中文支持就能正常观看页面的文字。

☑ HZ 编码：是简体中文码中的一种，使用后可以对页面中文字符进行编码处理，在现实中的特定领域有着广泛的应用。

6.1.3 设置页面标题

页面标题（title）的功能是设置当前网页的标题。设置后的标题不在浏览器正文中显示，而在浏览器的标题栏中显示。

实例 032： 使用 Dreamweaver 设置页面标题

源码路径： 光盘\codes\part06\3.html

本实例的具体实现流程如下所示。

（1）在 Dreamweaver CS6 中新建一个基本页面，如图 6-7 所示。

图 6-7　新建页面

（2）在"标题"文本框中输入此文件的标题"这里是我的标题"，如图 6-8 所示。

（3）将此文件保存为"3.html"，按"F12"键查看浏览效果，如图 6-9 所示。

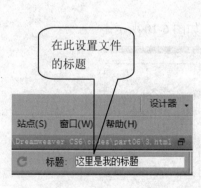

图 6-8　设置文件标题

图 6-9　执行效果

给网页加上标题后，会给浏览者带来方便。另外，搜索引擎的搜索结果也是页面的标题。由此可见，HTML 页面中的标题十分重要。<title>标记对于提高网站的排名起到非常重要的作用。网页标题和一本书的书名一样，是整本书所讲内容的高度概括。

6.2 设置页面正文

 知识点讲解：光盘\视频讲解\第 6 章\设置页面正文.avi

页面正文是网页的主体，通过正文可以向浏览者展示页面的基本信息。正文定义了网页上显示的主要内容与显示格式，是整个网页的核心。在 HTML 等标记语言中设置正文的标记是"<body>...</body>"，其语法格式如下所示。

```
<body>页面正文内容</body>
```

页面正文位于头部之后，<body>表示正文的开始，</body>表示正文的结束。正文 body 通过其本身的属性实现指定的显示效果，body 的常用属性如表 6-1 所示。

表 6-1　body 的常用属性

属　性　值	描　　　　述
background	设置页面的背景图像
bgcolor	设置页面的背景颜色
text	设置页面内文本的颜色
link	设置页面内未被访问过的链接颜色
vlink	设置页面内已经被访问过的链接颜色
alink	设置页面内链接被访问时的颜色

body 属性中的颜色取值既可以是表示颜色的英文字符，如 red（红色），也可以是十六进制颜色值，如#9900FF。

实例 033：使用 body 属性设置页面正文

源码路径：光盘\codes\part06\4.html

本实例的实现流程如下所示。

（1）打开 Dreamweaver CS6，新建一个 HTML 网页，如图 6-10 所示。

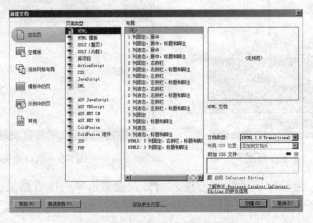

图 6-10　选择 HTML 选项

（2）在 Dreamweaver CS6 中显示的新界面文件就是刚才新建的 HTML 文件，如图 6-11 所示。

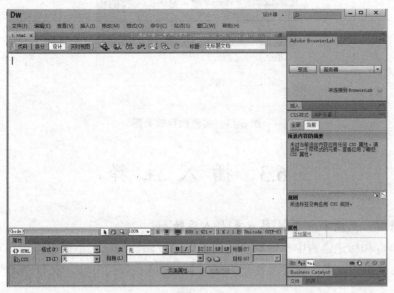

图 6-11　新建的 HTML 文件界面

（3）单击"设计"标签进入设计界面，然后在设计界面中输入"这是正文"，如图 6-12 所示。

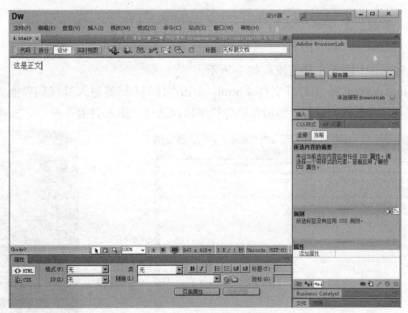

图 6-12　输入正文

（4）此时单击"代码"标签，会看到在自动生成的 HTML 代码中含有如下所示的<body>标记。

```
<body>
这是正文
</body>
```

按"F12"键查看执行效果，如图 6-13 所示。

图 6-13　实例执行效果图

6.3　插入注释

 知识点讲解：光盘\视频讲解\第 6 章\插入注释.avi

注释是编程语言和标记语言中不可缺少的要素。通过添加注释，不但方便用户对代码的理解，还便于系统程序的后续维护。本节将向读者介绍在页面中插入注释的方法。在 HTML 中插入注释的语法格式如下。

```
<!--注释内容 -->
```

实例 034：通过 Dreamweaver CS6 在页面中插入注释
源码路径：光盘\codes\part06\5.html

在实例文件 5.html 中插入注释的流程如下所示。

（1）在 Dreamweaver CS6 中打开文件 4.html，单击"代码"标签进入其代码界面，如图 6-14 所示。

（2）选择需要注释的代码位置，然后在菜单栏中依次选择"插入/注释"命令，如图 6-15 所示。

图 6-14　文件代码界面　　　　　　　　　　图 6-15　选择"插入/注释"命令

（3）在<body>标记下面出现的"<!---->"中输入注释内容"这段文字将在正文中显示"，这样就成功地为本实例文件添加了注释，如图 6-16 所示。

图 6-16 在代码中插入注释

经过上述操作步骤之后，将文件另存为 5.html。

另外，也可以在设计界面中添加代码注释。例如，给文件 4.html 添加注释的流程如下所示。

（1）在 Dreamweaver CS6 中打开文件 4.html，单击"设计"标签进入其设计界面，如图 6-17 所示。

（2）选择需要注释的代码位置，然后在菜单栏中依次选择"插入/注释"命令，如图 6-18 所示。

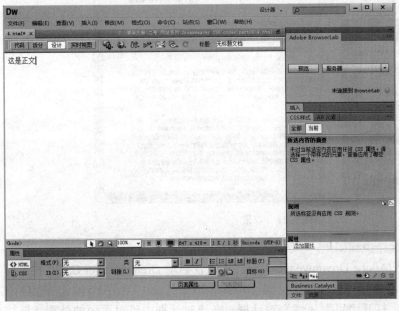

图 6-17 文件代码界面

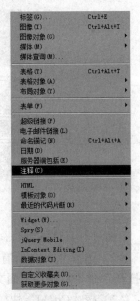

图 6-18 选择"插入/注释"命令

（3）在弹出的"注释"对话框中，输入注释内容"设置主体背景属性"，如图 6-19 所示。

（4）单击"确定"按钮后，注释将出现在页面代码中的指定位置，如图 6-20 所示。

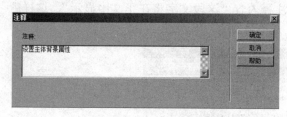

图 6-19　"注释"对话框

图 6-20　插入注释后的效果

6.4　实战演练——综合使用页面基本标记

 知识点讲解：光盘\视频讲解\第 6 章\综合使用页面基本标记.avi

实例 035：综合使用页面基本标记

源码路径：光盘\codes\part06\wenzi\

在本实例中将打开一个已有的页面，并对页面的属性进行设置，如设置页面的页边距、标题文本等，效果如图 6-21 所示。

图 6-21　效果

下面进行具体的制作，其操作步骤如下：

（1）选择"开始/所有程序/Adobe Dreamweaver CS6"命令，启动 Dreamweaver CS6，再选择"文件/打开"命令，打开页面文件"诚邦科技.htm"。

（2）按"Ctrl+J"快捷键，打开"页面属性"对话框，在该对话框中可对页面的外观、链接、标题等进行样式的预设，如图 6-22 所示。

（3）选择"分类"列表中的"外观"选项，在"页面字体"下拉列表框中可以设置页面的默认字体，这里选择"编辑字体列表"选项，这时将打开"编辑字体列表"对话框。在"可用字体"（用户计算机中安装的字体）列表框中选择需要的字体，单击 按钮将其添加到"选择的字体"列表中，如图 6-23 所示。

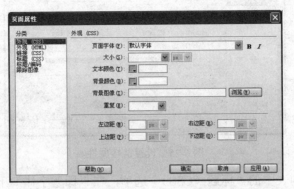

图 6-22　"页面属性"对话框

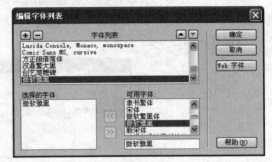

图 6-23　添加字体

（4）单击"确定"按钮返回到字体选择界面，此时在"页面字体"下拉列表框中将出现添加的字体，选择即可。

（5）设置页面中默认文本的大小为"12"，文本颜色为灰色（#999），上、下、左、右边距为"0"，如图 6-24 所示。

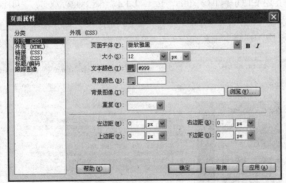

图 6-24　设置外观属性

（6）选择"分类"列表中的"链接"选项，为了保持链接文本和原有文本的统一性，这里设置链接文本的颜色和普通文本的颜色相同，为灰色"#999"，已访问链接的颜色为橙色"#C93"，在"下划线样式"下拉列表框中选择"始终无下划线"选项，如图 6-25 所示。

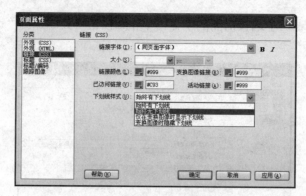

图 6-25　设置链接属性

（7）选择"分类"列表中的"标题（CSS）"选项，在"标题字体"下拉列表框中选择文本的字体，这里选择"微软雅黑"选项，并设置标题 1 的字体大小为"16 像素"。

（8）选择"分类"列表中的"标题/编码"选项，在"标题"文本框中输入编辑文本，这里输入"诚邦科技、路桥养护、路面维修"，并设置"文档类型"为"HTML 4.10 Transitional"，"编码"为"简体中文（HZ）"，如图 6-26 所示。

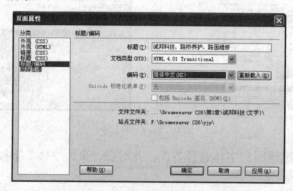

图 6-26　设置标题属性

（9）单击"确定"按钮返回到编辑界面，按"F12"键浏览效果，如图 6-27 所示。

图 6-27　最终效果

第7章 文字和段落处理

文档和文字是网页技术中的核心内容之一。网页通过文档和图片等元素向浏览用户展示站点的信息。本章将介绍页面中文字和段落的基本知识，并通过具体的实例来介绍其具体的使用流程，为读者步入后面知识的学习打下坚实的基础。

7.1 设置标题文字

 知识点讲解：光盘\视频讲解\第7章\设置标题文字.avi

实例036：讲解标题文字的具体设置方法
源码路径：光盘\codes\part07\1.html

本实例的具体实现流程如下所示。

（1）在 Dreamweaver CS6 中新建一个空白页面，并在设计界面中依次输入"1级标题"、"2级标题"和"3级标题"3段文本，如图7-1所示。

（2）选择文本"1级标题"，然后单击"属性"面板中的"格式"下拉列表框，并选择"标题1"选项，如图7-2所示。

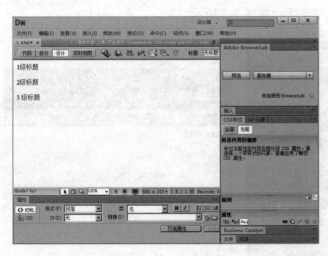

图7-1 输入3段文本

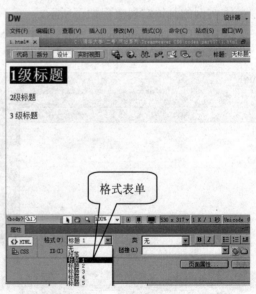

图7-2 设置标题格式

（3）按照步骤（2）的方法依次给"2级标题"设置标题2格式，并给"3级标题"设置标题3格式。

（4）按照上述操作流程设置完毕后，执行效果如图7-3所示。

图 7-3 实例执行效果图

7.2 文本文字

知识点讲解：光盘\视频讲解\第 7 章\文本文字.avi

HTML 不但可以给文本标题设置大小，还可以给页面内的其他文本设置显示样式，如字体大小、颜色和所使用的字体等。本节将详细讲解通过文本和字形标记设置显示文本效果的方法。

7.2.1 设置文本颜色和字体

实例 037：讲解<font>标记的具体使用方法

源码路径：光盘\codes\part07\2.html

本实例的具体实现流程如下所示。

（1）打开 Dreamweaver CS6，新建一个名为 2.html 的文件，如图 7-4 所示。

（2）在设计界面中输入"字体的样式"两段文字，如图 7-5 所示。

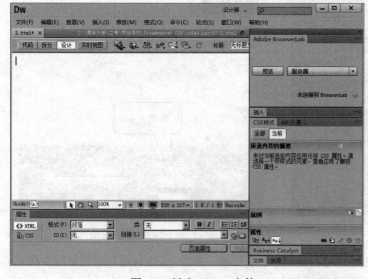

图 7-4 新建 HTML 文件

图 7-5 输入两段文字

（3）选择首行文本，然后单击"属性"面板中的■图标，为其选择一种颜色，如图 7-6 所示。

（4）单击"属性"面板中的"字体"下拉列表框，在其下拉列表中为其选择一种字体，如图 7-7 所示。

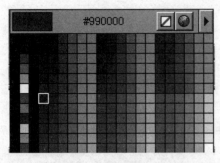

图 7-6　选择字体颜色

图 7-7　选择文本字体

（5）单击"属性"面板中的"大小"下拉列表框，在其下拉列表中为其选择字体大小，如图 7-8 所示。

（6）经过上述操作之后，在 Dreamweaver CS6 设计界面中的效果如图 7-9 所示。

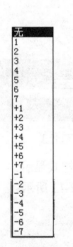

图 7-8　选择字体大小

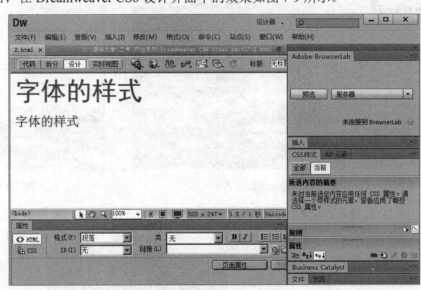

图 7-9　在 Dreamweaver CS6 设计界面中的效果

按"F12"键查看执行效果，如图 7-10 所示。

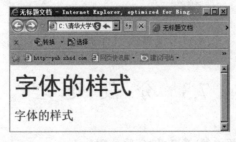

图 7-10　执行效果

7.2.2 设置文本的字型

 实例 038: 讲解页面字型的具体设置方法
源码路径: 光盘\codes\part07\3.html

本实例的具体实现流程如下所示。

(1)在 Dreamweaver CS6 中新建一个空白页面,并在设计界面中依次输入"字体的样式 1"和"字体的样式 2"两段文本,如图 7-11 所示。

(2)选择首行文本,然后单击"属性"面板中的 **B** 图标,设置以加粗样式显示,如图 7-12 所示。

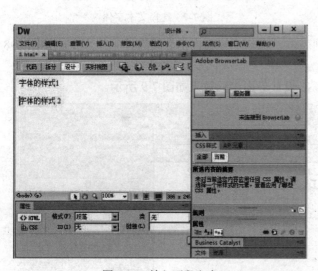

图 7-11 输入两段文本

图 7-12 文本显示效果

(3)选择末行文本,然后单击"属性"面板中的 **I** 图标,设置以加粗倾斜的样式显示。

(4)将得到的文件保存为"3.html",然后按"F12"键查看执行效果,如图 7-13 所示。

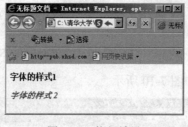

图 7-13 执行效果

7.3 分 段 处 理

 知识点讲解: 光盘\视频讲解\第 7 章\分段处理.avi

在网页设计过程中,可以使用 Dreamweaver CS6 设置文本的段落。本节将通过一个具体实例的实现过程详细讲解使用 Dreamweaver CS6 实现分段处理的基本知识。

 实例 039：使用 Dreamweaver CS6 实现分段处理
源码路径：光盘\codes\part07\4.html

本实例的具体实现流程如下所示。

（1）在 Dreamweaver CS6 中新建一个空白页面，并在设计界面中输入文本"字体的样式 1"，然后按"Enter"键换行输入文本"字体的样式 2"，如图 7-14 所示。

（2）选择首行文本，然后单击"属性"面板中的▤图标，设置文本居左显示。

（3）选择末行文本，然后单击"属性"面板中的▤图标，设置文本居中显示。

（4）将得到的文件保存为"4.html"，然后按"F12"键查看执行效果，如图 7-15 所示。

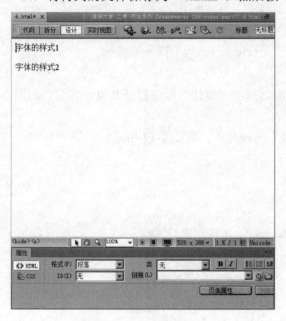

图 7-14 输入两段文本

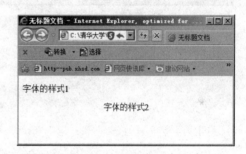

图 7-15 执行效果

7.4 插入水平线

📹 知识点讲解：光盘\视频讲解\第 7 章\插入水平线.avi

水平线在网页中有着特殊的意义。通过水平线可以将不同功能的文字分隔开，使页面更加整齐、明了。当浏览器执行页面中的水平线标记<hr>时，会在此处换行，并且会加入一条水平线段，线段的样式由标记的属性决定。水平线标记<hr>的语法格式如下所示。

```
<hr align=对齐方式 size=横线粗细 width=横线长度 color=横线颜色 noshade>
```

其中，属性 size 的功能是设置线条的粗细，以像素为单位，默认值为 2；属性 width 的功能是设置水平线段长度，可以是绝对值（以像素为单位）或相对值（相对于当前窗口的百分比）。绝对值是指线段的长度是固定的，不随窗口尺寸的改变而改变，相对值是指长度相对于窗口的宽度而定，窗口的宽度改变时，线段的长度也随之增减，默认值为 100%，即始终填满当前窗口；属性 align 的功能是设置水平线的放置位置，align 属性值的具体说明如表 7-1 所示；属性 color 的功能是制定线条的颜色，默认为黑色；属性 noshade 的功能是设置线条为平面显示，即没有三维效果，若为默认值则有阴影或立体效果。

表 7-1　align 属性值列表

属 性 值	描　　述
left	设置文字居左对齐
center	设置文字居中对齐
right	设置文字居右对齐

实例 040：在网页中插入水平线

源码路径：光盘\codes\part07\5.html

本实例的具体实现流程如下所示。

（1）在 Dreamweaver CS6 中新建一个空白页面，单击"设计"标签打开其设计界面，如图 7-16 所示。

（2）依次输入"水平线标题"和"水平线内容"两段文本，如图 7-17 所示。

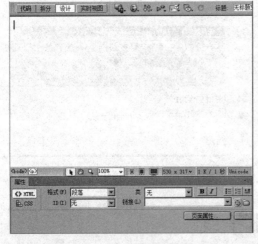

图 7-16　设计界面　　　　　　　　　　　　　　　　图 7-17　输入两段文本

（3）选择首行文本，然后单击"属性"面板中的▇图标，设置首行文本居中显示，如图 7-18 所示。

（4）将鼠标光标放到首行文本后面，然后依次选择菜单栏中的"插入/HTML/水平线"命令，在页面中插入一条水平线，如图 7-19 所示。

图 7-18　首行文本居中显示　　　　　　　　　　　　图 7-19　插入水平线

（5）右击水平线，在弹出的快捷菜单中选择"编辑标签"命令，如图 7-20 所示。

（6）在弹出的"常规"界面中选择"居左"对齐方式，并输入高度值"3"，如图 7-21 所示。

图 7-20 属性操作

图 7-21 设置常规选项

（7）在图 7-21 所示界面的左侧选择"浏览器特定的"选项，在弹出的界面中为其选择颜色，如图 7-22 所示。

（8）单击"确定"按钮，并将得到的文件保存为"6.html"，然后按"F12"键查看执行效果，如图 7-23 所示。

图 7-22 选择颜色

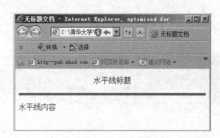

图 7-23 执行效果

7.5 实战演练——文字排版处理

 知识点讲解：光盘\视频讲解\第 7 章\文字排版处理.avi

实例 041：使用 Dreamweaver CS6 实现文字排版处理
源码路径：光盘\codes\part07\paiban\

本实例以第 6 章实战演练作为基础，实现文本的添加及属性的设置，制作完成的网页最终效果如图 7-24 所示。

下面进行具体的制作，其操作步骤如下：

（1）使用 Dreamweaver CS6 打开"诚邦科技.htm"网页文档，将其另存为"诚邦科技 1.htm"。

（2）将鼠标光标定位到需要编辑的位置，输入栏目标题文本"企业简介"，如图 7-25 所示。

（3）将鼠标光标定位到同行右边的单元格，输入文本"首页/关于诚邦/企业简介"，并单击"属性"面板中的"水平"下拉列表框，在弹出的下拉列表中选择"右对齐"选项，如图 7-26 所示。

（4）将鼠标光标移动到正文文本框输入相应的文本信息，如图 7-27 所示。

（5）完成文本的输入后，使用鼠标选择标题文本，然后在"属性"面板中单击 ^{Bb}css 按钮，这里保持文本字体不变，单击"大小"下拉列表框，在弹出的下拉列表中选择"16"，这时就弹出"新建CSS 规则"对话框，在"选择器名称"栏中输入样式的名字，这里输入"bt"，并单击"确定"按钮，如图 7-28 所示。

企业简介　　　　　　　　　　　　　　　　首页 / 关于诚邦 / **企业简介**

重庆诚邦科技发展有限公司于2004年2月注册成立，性质为有限责任公司。诚邦科技是一家集科、工、贸于一体的高新技术企业，专业从事机电一体化和环保、精细化工领域新材料、新产品的研发及产业化。公司拥有一直专业化、年轻化的管理团队，并拥有一支勇于开拓创新且具有丰富经验的研发队伍，为新产品、新技术、新工艺的开发提供了有力的保证。

诚邦科技秉承"团队、诚信、进取、创新"的企业经营理念，坚持以科学管理和技术创新为企业发展的源动力，加强质量管理和健全质量保证体系。公司组织机构明晰、管理体制完备、人员结构合理，质量体系健全，已通过ISO9001：2000质量体系认证，2008年再次被重庆市科委认定为高新技术企业。

诚邦科技现有员工近100人，本科以上学历约占员工总数的60%；专门从事高新技术产品研究、开发、生产的员工约占总数的50%，其中有博导2人，博士和硕士15人，高级工程师18人，工程师23人，均具有丰富的理论知识和实践经验，极具开拓、创新精神。公司专门设有诚邦科学技术研究中心，专业从事沥青路面养护材料、绿色缓雷剂、水性涂料、环境功能材料、能源材料与热能贮藏技术等高新产品、技术的研发和生产。该研究中心由国内知名专家、博士和硕士组成的高效研发团队，拥有先进的实验设备，完善的配套设施，用卓越的品质、一流的服务和不断创新打造国内知名品牌。

图 7-24　最终效果

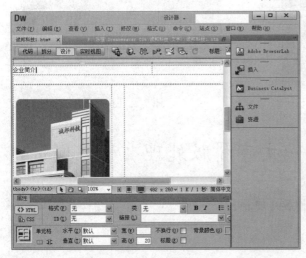

图 7-25　输入标题文本

图 7-26　输入并设置小标题

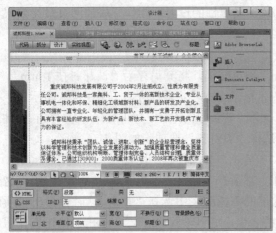

图 7-27　输入正文

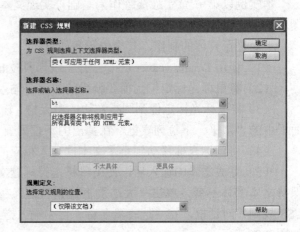

图 7-28　设置字体

（6）返回到编辑界面，单击"字体"下拉列表框后面的 **B** 按钮，将标题文本加粗显示，完成后的效果如图 7-29 所示。

（7）选择小标题文本，使用相同的方式设置字体大小为"13"，颜色为"灰色#666"，如图 7-30 所示。

图 7-29　查看标题效果

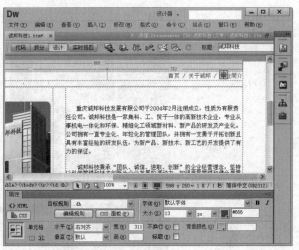

图 7-30　设置文本

（8）选择文档中的正文部分，单击"目标规则"下拉列表框，在弹出的规则中选择设置的小标题规则，将其用到正文，如图 7-31 所示。

（9）选择小标题文本中的"企业简介"，在"属性"面板中设置颜色为"黑色"，如图 7-32 所示。

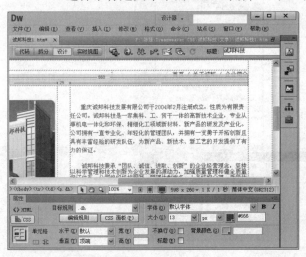

图 7-31　设置标题

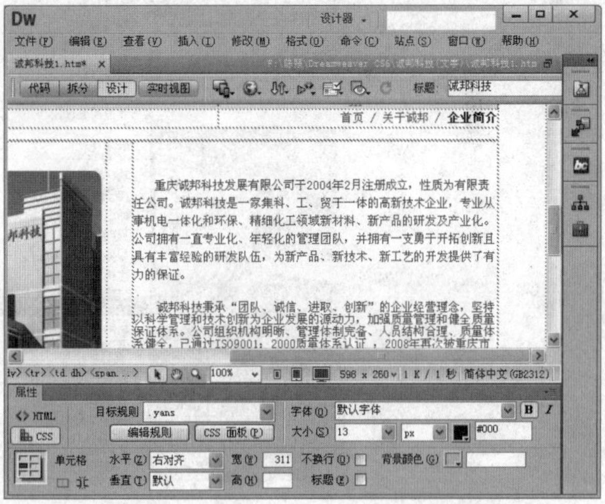

图 7-32　设置颜色

（10）选择正文中的公司名称，然后在"属性"面板中修改其颜色为"蓝色#408ED2"，并使用相同的方法，修改公司的宣传口号和理念文字颜色，如图 7-33 所示。

（11）将鼠标光标定位到"企业简介"下方的表格，选择"插入/HTML/水平线"命令，插入水平线，如图 7-34 所示。

图 7-33　修改正文字体颜色

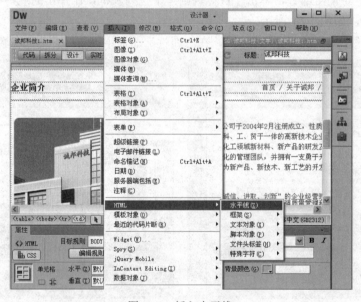

图 7-34　插入水平线

（12）右击水平线，在弹出的快捷菜单中选择"编辑标签"命令，如图 7-35 所示。

（13）在弹出的"常规"界面中选择"居中对齐（默认）"选项，并在"高度"文本框中输入"1"，如图 7-36 所示。

（14）在"标签编辑器"对话框中选择"浏览器特定的"选项，在右侧列表的"颜色"列表框中选择"灰色#CCCCCC"，如图 7-37 所示。

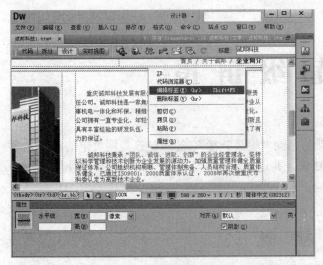

图 7-35 编辑水平线

图 7-36 设置水平线对齐方式和高度

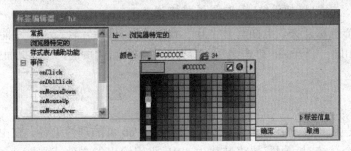

图 7-37 设置水平线颜色

（15）单击"确定"按钮完成设置，返回到编辑界面中，按"F12"键，在弹出的提示对话框中单击"是"按钮，在打开的 IE 浏览器界面中查看设置的效果，如图 7-38 所示。

图 7-38 最终效果

第8章 超级链接

自从互联网和网页诞生以来，就生成了一个新的名词"超级链接"。超级链接是网页中的重要元素之一，本章将介绍在网页中实现超级链接的基本知识，并通过具体的实例来介绍其具体的使用流程，为读者步入后面知识的学习打下坚实的基础。

8.1 链 接 概 述

📷 **知识点讲解：光盘\视频讲解\第8章\链接概述.avi**

超级链接犹如一个电源开关，上面写着"开"和"关"，只需轻轻按下，就能实现需要的效果。而网页中的超级链接也如同一个开关，单击之后，将会出现一个新的页面，在该页面中会显示想要的信息。

8.1.1 锚链

在网页中，链接是唯一从一个 Web 页到另一个相关 Web 页的理性途径，它由两部分组成：锚链和 URL 引用。当单击一个链接时，浏览器将装载由 URL 引用给出的文件或文档。一个链接的锚链可以是一个单词或图片。一个锚链在浏览器中的表现模式取决于它是什么类型的锚链。在网页中的锚链主要有如下两种类型。

1. 文本锚链

文本锚链是指单击文字后会进入新的页面。从外形上看，大多数的文本锚链都一样，是由浏览器加上一条下划线来代表一个链接或一个单词。浏览器还使用不同的颜色与周围的文本进行区别。

2. 图形锚链

图形锚链是指单击图形后会进入新的页面。图形锚链与文本锚链基本类似，当单击一个图形锚链时，浏览器将装载链接引用的 Web 页面。图形锚链不使用下划线或不同的颜色来表示区别，而是在其周围使用一个边界框。

8.1.2 URL 引用

URL 就是我们平常说的网址，这是组成链接的另一个重要组成部分，这个 URL 地址是指当单击链接时浏览器将要装载的页面地址。任何类型的链接，都会使用一个相对或绝对的引用。

1. 相对引用

对同一个计算机上文件的 URL 引用被称为相对引用。例如，浏览器从 http://www.sohu.com/page

上装载一个网页，那么指向/index.html 的相对引用实际上是 URLhttp://www.sohu.com/page/index.html。也就是说，相对引用通常用于引用同一台计算机上的 Web 页。

使用相对引用最主要的目的是方便，只要输入一个文件名即可实现和输入整个 URL 一样的功能。并且当一个文件转移到另一处时，不必改动 Web 页中的所有链接。

2．绝对引用

绝对引用是指明确页面精确的计算机、目录和文件的 URL 引用，即页面的详细地址。例如我的电影文件"精武门.avi"保存在 C 盘的"123"文件夹中，则对这个文件的绝对引用就是"C:\123\精武门.avi"。

8.2　建立内部链接

 知识点讲解：光盘\视频讲解\第 8 章\建立内部链接.avi

在本书 4.2.6 节的内容中，已经讲解了超级链接标记<a>的基本知识。下面将通过一个实例的实现过程，来讲解使用 Dreamweaver CS6 建立内部链接的方法。

实例 042：讲解使用内部链接的方法
源码路径：光盘\codes\part08\1.html

本实例的具体实现流程如下所示。

（1）在 Dreamweaver CS6 中新建一个空白页面，单击"设计"标签打开其设计界面，如图 8-1 所示。

（2）在页面中输入文本"看我的链接"，如图 8-2 所示。

（3）选择输入的文本，单击"属性"面板中"链接"文本框后的🗀图标，弹出"选择文件"对话框，如图 8-3 所示。

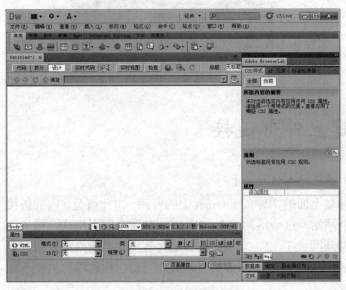

图 8-1　设计界面

图 8-2　输入文本

（4）选择目录下的内部文件"mm.html"后单击"确定"按钮。

另外，也可以直接在"属性"面板的"链接"文本框中输入目标文件的地址"mm.html"，如图8-4所示。

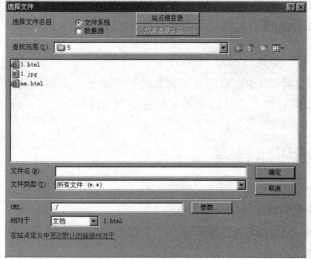

图8-3 "选择文件"对话框　　　　　　　　　　　　　　图8-4 链接文本框

执行后的效果如图8-5所示，单击"看我的链接"超级链接后打开如图8-6所示的新页面。

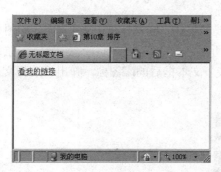

图8-5 执行效果　　　　　　　　　　　　　　图8-6 新页面

8.3 建立外部链接

 知识点讲解：光盘\视频讲解\第8章\建立外部链接.avi

外部链接是指链接目标文件是第三方服务器上面的文件或Internet上的资源。由此可见，内部链接和外部链接有着本质的区别，例如我做了一个网站，这个网站由1、2、3、4共4个网页组成，如果在这4个网页中设计单击网页中的超级链接后打开网页1、2、3、4，那么这种链接就属于内部链接。如果在这4个网页中设计单击网页中的超级链接后打开其他网站的网页，例如网易、搜狐等，只要不是网页1、2、3、4，则这种链接就属于外部链接。

HTML中的外部链接功能也是通过<a>标记实现的，具体实现方法和内部链接类似，只是目标文件的地址不一样。

实例 043：使用外部链接打开搜狐网主页

源码路径：光盘\codes\part08\2.html

本实例的具体实现流程如下所示。

（1）在 Dreamweaver CS6 中新建一个空白页面，单击"设计"标签打开其设计界面，如图 8-7 所示。

（2）在页面中输入文本"看我的链接"，如图 8-8 所示。

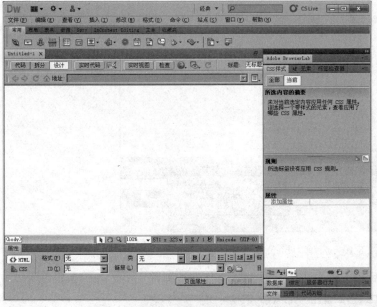

图 8-7　设计界面

图 8-8　输入文本

（3）选择输入的文本，在"属性"面板的"链接"文本框中输入目标地址"http://www.sohu.com"，如图 8-9 所示。

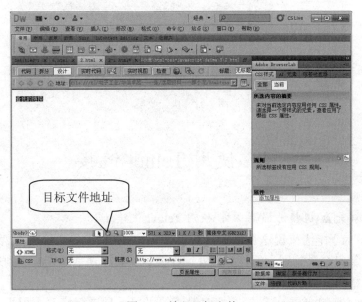

图 8-9　输入目标文件

（4）在"属性"面板的"目标"下拉列表框中选择"_blank"选项，如图 8-10 所示。

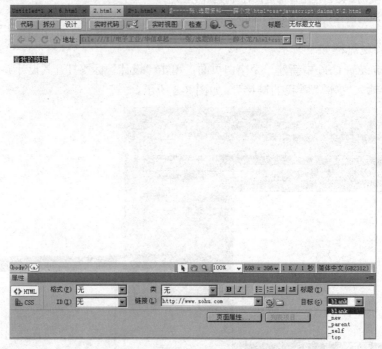

图 8-10   选择"_blank"选项

按"F12"键查看执行效果，执行后单击网页中的超级链接会打开搜狐网主页，如图 8-11 所示。

图 8-11   执行效果

8.4   使用 Telnet 链接

 知识点讲解：光盘\视频讲解\第 8 章\使用 Telnet 链接.avi

Telnet 非常神奇，对于笔者来说这是学计算机之后第一个感兴趣的新鲜事物。它具备"偷窥"功能，允许用户用自己的计算机登录到别人的计算机并远程控制。其原理是通过一个到远程计算机的 Telnet 链接来访问远程计算机的内容。

创建一个到远程站点的 Telnet 链接需要对锚链的引用元素进行修改，用户要将"http:"修改为

"Telnet:"，并且将锚链的 URL 引用修改为主机名。一个典型 Telnet 链接的语法格式如下所示。

```
<A  href= "Telnet:主机地址" > 热点 </A>
```

其中的"主机地址"是目标计算机的地址。

注意：Telnet协议是TCP/IP协议族中的一员，是Internet远程登录服务的标准协议和主要方式。它为用户提供了在本地计算机上完成远程主机工作的能力。在终端使用者的计算机上使用Telnet程序可以连接到服务器。终端使用者可以在Telnet程序中输入命令，这些命令会在服务器上运行，就像直接在服务器的控制台上输入一样，可以在本地就能控制服务器。要开始一个Telnet会话，必须输入用户名和密码来登录服务器。Telnet是常用的远程控制Web服务器的方法。因为Telnet协议不是本书的重点，并且在实际项目中很少见，读者只需理解其基本功能就可以了。

实例 044：通过文本建立和 202.112.137.7 的链接
源码路径：光盘\codes\part08\3.html

本实例的具体实现流程如下所示。

（1）在 Dreamweaver CS6 中新建一个空白页面，单击"设计"标签打开其设计界面，如图 8-12 所示。

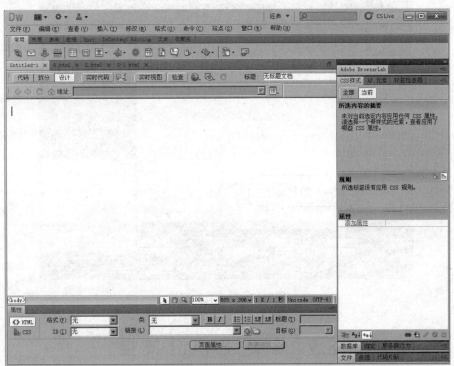

图 8-12　设计界面

（2）在页面中输入文本"看我的链接"，如图 8-13 所示。

（3）选择输入的文本，在"属性"面板的"链接"文本框中输入远程计算机地址"Telnet:202.112.137.7"，如图 8-14 所示。

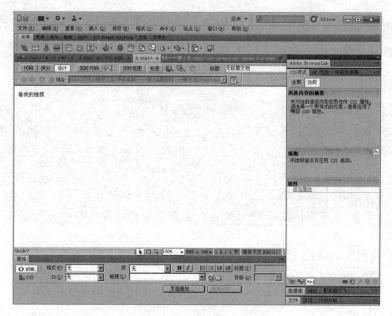

图 8-13　输入文本

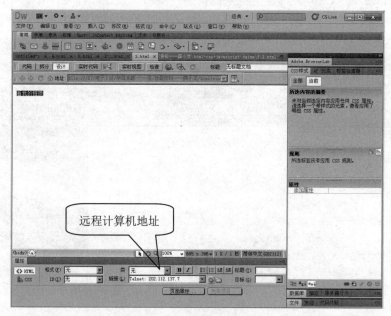

远程计算机地址

图 8-14　输入目标文件

8.5　创建 E-mail 链接

 知识点讲解：光盘\视频讲解\第 8 章\创建 E-mail 链接.avi

E-mail 是互联网上应用最广泛的服务之一，可以帮助各地用户实现跨地域性的信息交流，并且不受时间和地域的影响。使用 HTML 创建 E-mail 链接和建立一个普通的页面链接的方法类似，区别仅在于锚链元素的引用。一个典型 E-mail 链接的语法格式如下所示。

```
<A  href= "mailto:邮件地址" >  热点 </A>
```

其中的"邮件地址"是邮件接收者的地址。

实例 045：建立和"150649826@126.com"的链接

源码路径：光盘\codes\part08\4.html

本实例的具体实现流程如下所示。

（1）在 Dreamweaver CS6 中新建一个空白页面，单击"设计"标签打开其设计界面，如图 8-15
所示。

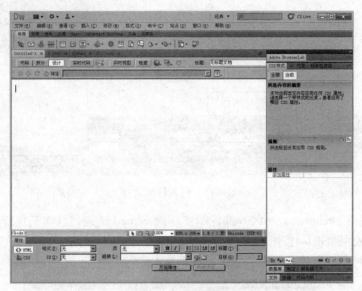

图 8-15　设计界面

（2）在页面中输入文本"可以通过邮件和我联系"，如图 8-16 所示。

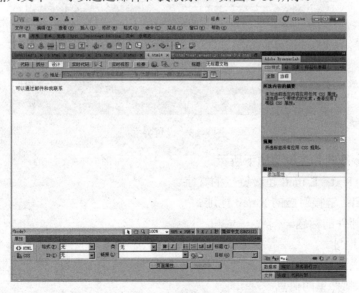

图 8-16　输入文本

（3）选择输入的文本，在"属性"面板的"链接"文本框中输入链接邮件地址"birzny123@126.com"，如图 8-17 所示。

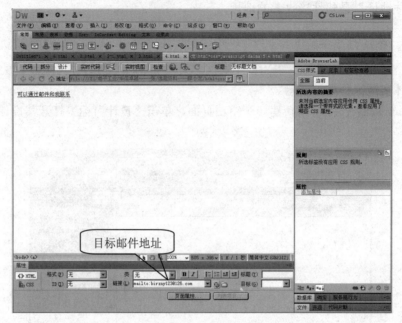

图 8-17　输入目标文件

另外，还可以使用 Dreamweaver CS6 插件制作超级 E-mail 链接，具体制作过程如下所示。

（1）在对象面板中单击 ✉ 按钮。

（2）在弹出的对话框中输入相应的参数，如图 8-18 所示。

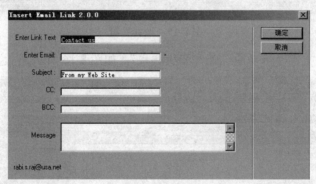

图 8-18　设置界面

图 8-18 中各个参数的具体说明如下所示。

（1）Enter Link Text：E-mail 超级链接的文字。

（2）Enter Email：链接对应的 Email 地址。

（3）Subject：邮件的标题。

（4）CC：抄送地址。

（5）BCC：暗送地址。

（6）Message：邮件里的信息。

8.6　创建 FTP 链接

知识点讲解：光盘\视频讲解\第 8 章\创建 FTP 链接.avi

FTP 即文件传输协议，它可以使用户从一台计算机把文件复制到自己的计算机上，就像通过网上邻居访问一样。建立一个到 FTP 站点的链接，允许用户从一个特定地点获得一个特定的文件，这种方法对公司或软件发布者进行信息发布时特别有用。

用户可以像建立普通链接一样来建立 FTP 链接，而区别仅在于锚链元素的引用。一个典型 E-mail 链接的语法格式如下所示。

```
<a  href= "FTP:目标地址" > 热点 </a>
```

其中的"目标地址"是建立连接的主机地址。

实例 046：通过文本建立和"127.0.0.1"的链接

源码路径：光盘\codes\part08\5.html

本实例的具体实现流程如下所示。

（1）在 Dreamweaver CS6 中新建一个空白页面，单击"设计"标签打开其设计界面，如图 8-19 所示。

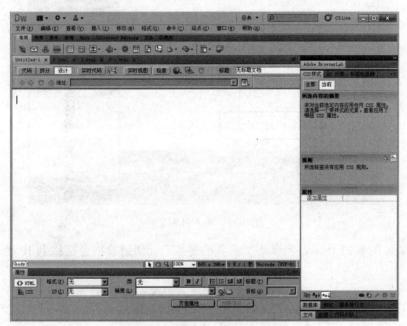

图 8-19　设计界面

（2）在页面中输入文本"看我的链接"，效果如图 8-20 所示。

（3）选择输入的文本，在"属性"面板的"链接"文本框中输入 FTP 地址"FTP://127.0.0.1/"，如图 8-21 所示。

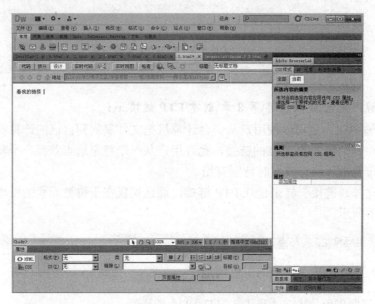

图 8-20　输入文本

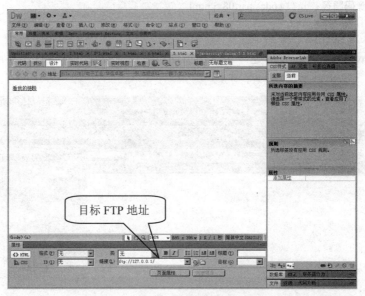

图 8-21　输入目标文件

执行后的效果如图 8-22 所示，当单击"看我的链接"超级链接后会链接到 IP 地址是 127.0.0.1 的 FTP 站点中。

图 8-22　执行效果

上述实例中的 127.0.0.1 是本地计算机的默认服务器地址，为了验证本实例的有效性，读者可以尝试链接网络中的 FTP 站点。读者可以从网络中获取免费站点，也可以申请一个属于自己的空间站点，这样在测试时只需将代码中的 127.0.0.1 修改为自己的 FTP 地址即可。例如下面的代码链接了地址为 123.1.2.234 的 FTP 站点。

```html
<html>
<head>
<meta http-equiv="Content-Type" content="text/html; charset=gb2312">
<title>无标题文档</title>
</head>
<body>
<!--设置的 FTP 链接-->
<a href="ftp://123.1.2.234/">看我的链接</a>
</body>
</html>
```

8.7 其他形式的链接

知识点讲解：光盘\视频讲解\第 8 章\其他形式的链接.avi

除了前面介绍的链接方式外，还有其他几种常用的链接方式。下面将对其他常见的几种链接方式进行简要介绍。

8.7.1 新闻组链接

新闻组链接即 UseNet 链接，它是新闻自由的象征，允许任何人发表自己的看法。任何人在 Net 上的任何地方都可以畅所欲言。UseNet 新闻组的功能是提供给用户一个信息发布的平台，实现个人信息的免费发布。

创建一个 UseNet 链接的方法十分简单，和创建普通的链接方式类似，只是在锚链引用的写法上不同。一个典型 UseNet 链接的语法格式如下所示。

```html
<a  href= "news:目标地址" > 热点 </A>
```

其中的"目标地址"是建立链接的新闻组地址。例如，如下代码建立了和中国人新闻网的链接。

```html
<html>
<head>
  <meta http-equiv="Content-Type" content="text/html; charset=gb2312">
  <title>无标题文档</title>
</head>
<body>
  <a href="news:news.chinaren.net">中国人新闻网</a>            <!--设置新闻组链接-->
</body>
</html>
```

8.7.2 WAIS 链接

WAIS（Wide Area Information System）是通过一个搜索引擎访问的，并且可以通过链接来实现其功能。创建一个 WAIS 链接的方法十分简单，和创建普通的链接方式类似，只是在锚链引用的写法上不同。一个典型 WAIS 链接的语法格式如下所示。

```
<A  href= "WAIS:目标地址" > 热点 </A>
```

其中的"目标地址"是建立链接的 WAIS 地址。例如，如下代码建立了和目标数据库的链接。

```html
<html>
<head>
  <meta http-equiv="Content-Type" content="text/html; charset=gb2312">
  <title>无标题文档</title>
</head>
<body>
  <a href="WAIS: WAIS.MYSITE.COM">中国人新闻网</a>          <!--设置 WAIS 链接-->
</body>
</html>
```

注意： 打开链接的 3 种方式。

细心的读者可能会注意到，在上网时有的链接是在当前页中打开，而有的是在另外一个网页中打开。造成上述差异的原因是链接的打开方式不同，当前有如下 3 种最为常用的链接打开方式。

（1）当前页跳转

当前页跳转是浏览器默认的链接打开方式。相对于弹出一堆的标签页或浏览器窗口来说，当前页跳转无疑是最让人感觉简洁舒服的，很自然地这也成了浏览器的默认打开方式。然而在实际的应用中却并非如此。如果链接是在新闻列表页，那么在当前页跳转问题并不大，但如果链接文字是在内容页，那么在当前页跳转则显得很不合理，在当前页跳转则意味着浏览器会丢弃当前的数据，但内容页的链接文字是混在大段的内容中的，是给出当前文字的相关信息的链接，用户很自然地阅读到链接文字时会单击查看相关信息，不可能阅读完全文后再单击链接文字进行跳转。

（2）弹出页跳转

弹出页跳转是最保险也是最常用的链接打开方式。在内容页里的链接文字使用这种打开方式能最大限度地不影响用户当前的阅读行为，在保证用户获取信息的顺畅性的同时最大限度地提供相关信息。

（3）弹出层显示

弹出层显示是用在对当前链接文字的简短解释上，当然也用在广告的显示上。

什么样的链接打开方式对于用户来说存在一定的影响，但更大的影响来自于链接打开方式的统一性，同类的链接方式采用统一的当前页跳转或者是弹出页跳转，最多只是影响用户在使用上是否顺畅，但如果同类的链接打开方式一下是当前页跳转一下又是弹出页跳转，带给用户的就不是操作上是否有顺畅感，而是让用户感觉迷糊。

8.8 实战演练——设置超级链接

 知识点讲解：光盘\视频讲解\第 8 章\设置超级链接.avi

实例 047：设置超级链接
源码路径：光盘\codes\part08\lian\

在本实例中将打开一个现有页面，并在页面中添加相应的超级链接，如文本、邮箱超级链接等，如图 8-23 所示。

图 8-23 效果

下面进行具体的制作，其操作步骤如下：

（1）选择"文件/打开"命令，打开"打开"对话框，在其中选择"index.html"文件，单击"打开"按钮，打开该网页，如图 8-24 所示。

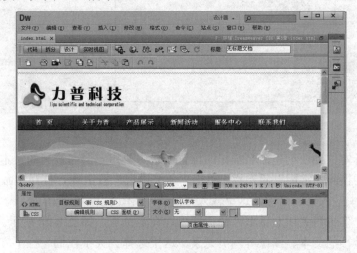

图 8-24 打开网页

（2）选中要作为电子邮件链接的文本，这里选择"企业邮箱"，选择"插入/电子邮件链接"命令，在弹出的对话框的"电子邮件"文本框中输入电子邮件的接收路径，如图 8-25 所示。

图 8-25　创建电子邮件链接

（3）单击"确定"按钮完成链接设置，返回到编辑界面，选择"关于我们"下方文本介绍中的"力普科技"， 选择"插入/超级链接"命令，在弹出的对话框的"链接"文本框中输入文本超级链接对应的路径，在"目标"下拉列表框中选择"_blank"选项，如图 8-26 所示。

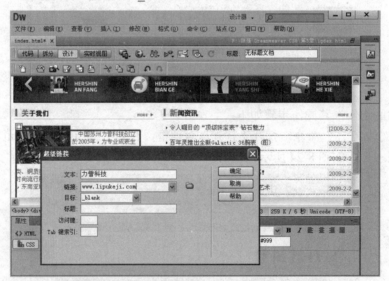

图 8-26　创建文本链接

（4）将鼠标光标定位到要创建命名锚记的位置或选中要指定命名锚记的文本。

（5）将插入栏切换到"常用"插入栏，单击"命名锚记"按钮 ，打开"命名锚记"对话框，在"锚记名称"文本框中输入锚的名称，这里输入"top"，如图 8-27 所示。

（6）单击"确定"按钮关闭对话框，锚记即出现在定位点，如图 8-28 所示。

（7）选中作为链接的文本、图像等网页元素，这里选择"关于我们"栏下方的文本。

图 8-27 创建命名锚记

图 8-28 完成命名锚记的创建

（8）在"属性"面板的"链接"下拉列表框中输入相应的前缀"#"及锚记名称，如"#top"。如果源端点与锚记不在同一个网页中，则应先写上网页的路径及名称，再加上前缀"#"和锚记名称，如"info.html#top"。

（9）在"目标"下拉列表框中输入打开网页的方式，如"_self"，如图 8-29 所示。

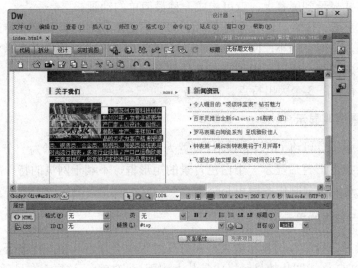

图 8-29 设置链接到锚记的超级链接

（10）完成对页面中链接的设置，按"F12"键浏览页面。

第 9 章　使用图片修饰网页

图片是网页中的重要组成元素之一，网页通过图片的修饰可以向浏览者展现出多彩的效果。本章将详细讲解使用 Dreamweaver CS6 在页面中插入图片的基本知识，并通过具体的实例来介绍其具体的使用流程，为读者步入后面知识的学习打下坚实的基础。

9.1　常用的图片格式介绍

📹 知识点讲解：光盘\视频讲解\第 9 章\常用的图片格式介绍.avi

在 Web 网页中最常用的图片格式有两种，分别是 GIF 和 JPEG。本节将分别对上述两种图片格式进行简要介绍。

9.1.1　GIF 格式

GIF 格式即图形交换格式，是 Graphics Interchange Format 的缩写，是用于压缩具有单调颜色和清晰细节的图像（如线状图、徽标或带文字的插图）的标准格式。因为它能够在任何浏览器中正常显示，所以被广泛地应用于网页设计中。但 GIF 格式图片也有自身方面的一点缺陷。由于只能使用 256 种色彩，所以不能制作出色彩丰富的图像。

GIF 格式的另一个特点是在一个 GIF 文件中可以保存多幅彩色图像。如果把存于一个文件中的多幅图像数据逐幅读出并显示到屏幕上，就可构成一种最简单的动画。

从外观表现形式上看，GIF 可以分为静态 GIF 和动态 GIF 两种。两种都支持透明背景图像，并且适用于多种操作系统，占用空间小，网上很多小动画都是 GIF 格式。其实 GIF 是将多幅图像保存为一个图像文件，从而形成动画，所以归根到底 GIF 仍然是图片文件格式。

GIF 格式图片具有如下 3 个突出特点。

1．可以设置背景透明显示

在网页设计过程中，可以将 GIF 格式图片设置为背景透明状态，显示为一个不规则的图形。而其他类型的图片格式会在图形背后显示一个白色背景的矩形框，不利于网页的特殊应用。例如，在网页制作时可以通过背景透明格式制作图标和 logo 等。

2．可以采用隔行扫描的显示方式

GIF 格式图片具有隔行扫描的显示效果，在打开过程中会像百叶窗一样显示，并且会出现从模糊到清晰的效果。而 JPEG 格式图片的显示格式是从上到下逐步打开。这样，在显示速度上，GIF 格式图片有着明显的优势。

3．可以制作简单的动画

使用图片处理工具，可以制作出简单的 GIF 格式动画。GIF 格式动画的好处是使用方便，不但不需要安装任何插件即可正常显示，并且可以放到页面中的任何位置。例如，可以制作站点上的个人形象图像等。

9.1.2　JPEG 格式

JPEG 是 Joint Photographic Experts Group 的缩写，JPEG 文件的后缀名为".jpg"或".jpeg"，是最常用的图像文件格式之一。它是一种有损压缩格式，能够将图像压缩在很小的存储空间之内。但是 JPEG 压缩技术十分先进，它用有损压缩方式去除冗余的图像数据，在获得极高压缩率的同时能展现十分丰富、生动的图像。

JPEG 格式是目前网络上最流行的图像格式，是可以把文件压缩到最小的格式。JPEG 格式图片同样获得了许多浏览器的支持，同时可以很好地压缩图片的大小，改善图像加载速度。与 GIF 格式图片相比，JPEG 格式可以显示更加复杂的图片内容，而不是只能显示 256 种色彩。JPEG 格式文件可以拥有计算机所能提供的最多种颜色，适合存放高质量的彩色图片、照片。另外，JPEG 格式文件采用压缩方式存储文件信息，相同的图片，所占空间比 GIF 文件小，所以下载时间较短，浏览速度较快。但 JPEG 格式的文件没有 GIF 格式文件的 3 种特殊效果。另外在处理大面积的颜色块时，会出现明显的压缩痕迹，不利于页面的具体应用。

其实在当前网页设计过程中，可使用的图片格式有很多种，很多设计师在做网站时不知道选择什么格式。这个问题对于初学者来说比较有代表性，但是要始终明白一个真理：天下没有绝对的事情，所以图片格式选择上也没有绝对。一般来说应该遵循如下原则。

- ☑　小图和小场合应使用 GIF 格式，如按钮、登录旁边的小图标。
- ☑　大图用 JPG 格式（照片）。
- ☑　要保留透明度信息用 PNG 格式。

但上述原则也不是绝对的，颜色不丰富的大图片并且图像内容是比较几何状的，用 GIF 就更小。颜色丰富的大图片用 GIF 反而体积更大。

更为准确地说，JPG 格式图片适合于色彩丰富的图片，这样可以比较好地保证图片质量，但是 JPG 不支持透明；GIF 格式是索引的格式，支持 256 色，文件较小，支持动画；PNG 格式中 png 8 较类似 GIF 格式，但是不支持动画，透明效果比 GIF 格式好，文件比 GIF 格式小；IE 6 不支持 png 32 格式。

笔者在此建议：色彩丰富的图片采用 JPG 格式，带动画采用 GIF 格式，其余的尽量采用 png 8 格式。

9.2　设置背景图片

知识点讲解：光盘\视频讲解\第 9 章\设置背景图片.avi

在设计网页的过程中，无论是背景图片还是背景颜色，都可以通过<body>标记的 background 属性来设置。

实例 048：将指定图片 "1.jpg" 作为网页的背景
源码路径：光盘\codes\part09\1.html

本实例的具体实现流程如下所示。

（1）在 Dreamweaver CS6 中新建一个空白页面，单击 "设计" 标签打开其设计界面，如图 9-1 所示。

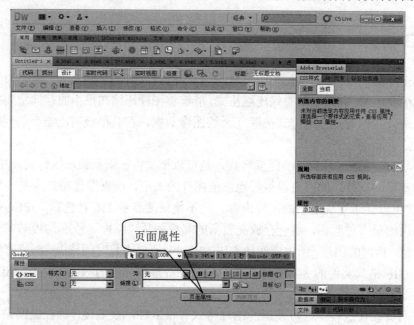

图 9-1　设计界面

（2）单击 "属性" 面板中的 "页面属性" 按钮，弹出 "页面属性" 对话框，如图 9-2 所示。

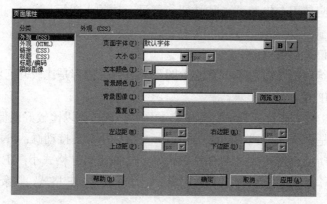

图 9-2　"页面属性" 对话框

（3）按照步骤（2）的操作方法依次给 "2 级标题" 设置标题 2 格式，并给 "3 级标题" 设置标题 3 格式。

（4）在 "页面属性" 对话框左侧选中 "外观" 选项，单击 "背景图像" 后面的 浏览(B)... 按钮，弹出 "选择图像源文件" 对话框，如图 9-3 所示。

（5）设置图片 "2.jpg" 作为背景图片，然后单击 "确定" 按钮。

（6）将得到的文件保存为 "1.html"，然后按 "F12" 键查看效果，如图 9-4 所示。

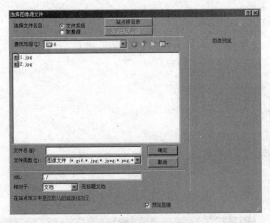

图 9-3　"选择图像源文件"对话框

图 9-4　执行效果图

9.3　插入图片

 知识点讲解：光盘\视频讲解\第 9 章\插入图片.avi

在设计网页时，只有背景图像是不行的，有时还需要在指定的位置插入指定的图片。本节将详细讲解使用 Dreamweaver CS6 在页面中插入图片的基本知识。

9.3.1　在页面中插入指定大小的图片

在 HTML 页面中，可以通过<img>标记在页面中插入一幅图片。另外，也可以使用 Dreamweaver CS6 在页面中快速插入一幅图片。

实例 049：在页面中插入指定大小的图片

源码路径：光盘\codes\part09\3.html

本实例的具体实现流程如下所示。

（1）在 Dreamweaver CS6 中新建一个空白页面，单击"设计"标签打开其设计界面，如图 9-5 所示。

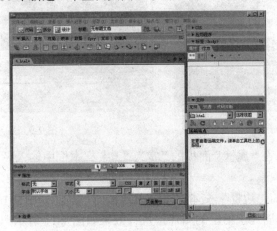

图 9-5　设计界面

（2）在菜单栏中选择"插入/图像"命令，弹出"选择图像源文件"对话框，如图9-6所示。

（3）选择插入图片"2.jpg"后单击"确定"按钮，弹出"图像标签辅助功能属性"对话框，如图9-7所示。

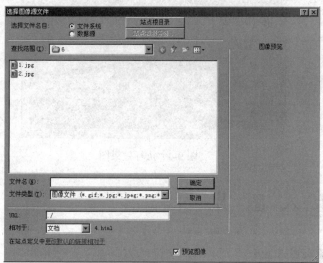

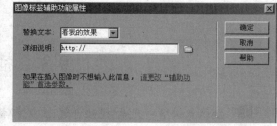

图9-6 "选择图像源文件"对话框　　　　　图9-7 "图像标签辅助功能属性"对话框

（4）在"替换文本"中输入替换文本"看我的效果"，然后单击"确定"按钮，弹出"选择图像源文件"对话框，如图9-8所示。

（5）单击"确定"按钮后将图片插入到页面中，如图9-9所示。

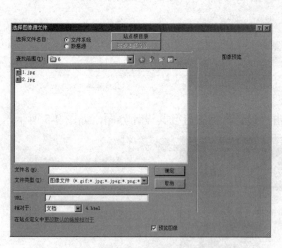

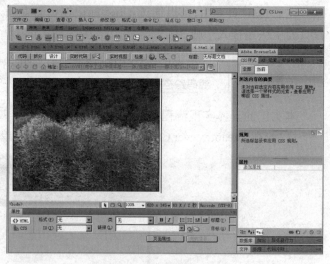

图9-8 图片选择对话框　　　　　图9-9 图片插入到页面

（6）选择插入的图片，在"属性"面板的"宽"、"高"文本框中输入设置的图片大小值，这里"宽"为400像素，"高"为300像素。

（7）在"属性"面板的"边框"文本框中输入边框值"2"，如图9-10所示。

这样就成功地在页面中插入了指定的图片，执行效果如图9-11所示。

图 9-10 设置边框值

图 9-11 执行效果

9.3.2 图片布局处理

在网页设计工作中，不但需要确定在页面中插入图片的内容，还需明确将图片插入到网页的什么位置才更加合理、美观，这就是网页的布局。图片布局是指将图片放在网页中指定的位置，并且实现图片与文本的排放关系。上述功能是通过<img>标记的 align 属性实现的，align 各个属性值的具体说明如表 9-1 所示。

表 9-1 align 属性值列表

属 性 值	描 述
left	设置图片居左，文本在图片的右边
center	设置图片居中
right	设置图片居右，文本在图片的左边
top	设置图片的顶部与文本对齐
middle	设置图片的中央与文本对齐
bottom	设置图片的底部与文本对齐

实例 050：对图片进行布局处理

源码路径：光盘\codes\part09\4.html

本实例的具体实现流程如下所示。

（1）在 Dreamweaver CS6 中新建一个空白页面，单击"设计"标签打开其设计界面，如图 9-12 所示。

（2）在菜单栏中选择"插入/图像"命令，弹出"选择图像源文件"对话框，如图 9-13 所示。

（3）将选定的图片"2.jpg"插入到页面中，如图 9-14 所示。

（4）在图片后换行输入两段文字，如图 9-15 所示。

（5）选中图片后，在"属性"面板的"对齐"下拉列表框中选择"左对齐"选项，效果如图 9-16

所示。

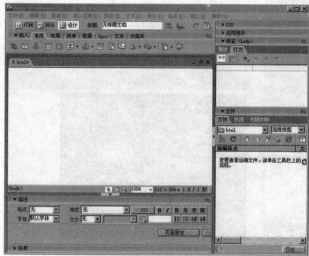

图 9-12　设计界面

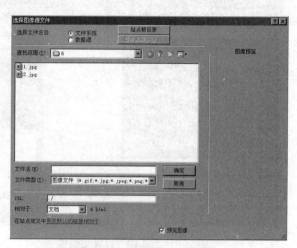

图 9-13　图片选择对话框

图 9-14　插入图片

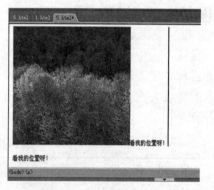

图 9-15　输入两段文本

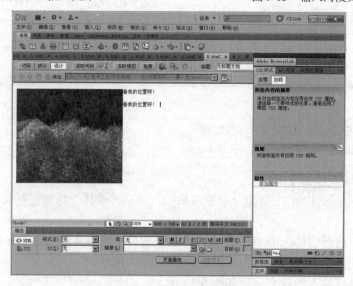

图 9-16　设置图片左对齐

经过上述操作步骤，对网页中的图片实现了布局处理，执行效果如图 9-17 所示。

在上述实例中，只是对图片和文字进行了简单处理，读者还可以对文字的位置进行其他处理。图片的具体大小可以在 Dreamweaver 的"属性"面板中设置。具体方法是：选中插入的图片，然后在"属性"面板的"宽"和"高"文本框中设置具体值，如图 9-18 所示。

图 9-17　执行效果

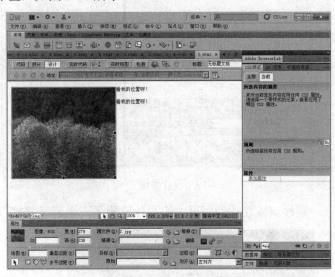

图 9-18　设置图片大小

在进行上述设置时，一定要注意图片的宽高比例，如果把它修改后，会造成图片的失调，给视觉效果带来影响。

9.4　设置图片链接

 知识点讲解：光盘\视频讲解\第 9 章\设置图片链接.avi

在网页设计过程中，为满足特定需求，需要给页面图片加上超级链接。设置图片链接即为页面图片加上链接标记，在 HTML 中为图片设置超级链接的语法格式如下所示。

```
<a href=地址><IMG src=图片文件名></a>
```

其中，"地址"是指超级链接的目标地址；"图片文件名"是指被加上超级链接的图片。

实例 051：为图片设置超级链接
源码路径：光盘\codes\part09\5.html

本实例的具体实现流程如下所示。

（1）在 Dreamweaver CS6 中新建一个空白页面，单击"设计"标签打开其设计界面，如图 9-19 所示。

（2）选择工具栏中的"插入/图像"命令，将指定的图片"2.jpg"插入到页面中，如图 9-20 所示。

（3）选中插入图片，然后单击"属性"面板中"链接"选项后的 图标，弹出"选择文件"对话框，如图 9-21 所示。

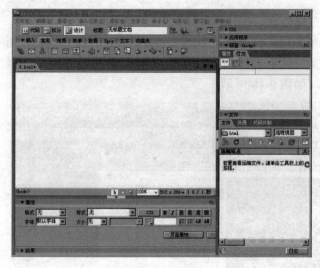

图 9-19　设计界面

图 9-20　插入图片

这样就成功地为网页中的图片设置了一个超级链接，执行后的效果如图 9-22 所示。

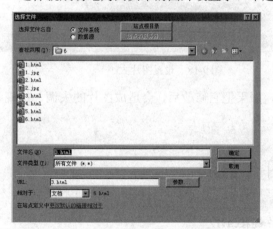

图 9-21　"选择文件"对话框

图 9-22　执行效果

在上述实例的实现过程中，为图片"2.jpg"设置了目标文件为"3.html"的超级链接。当单击图片后，会来到链接页面 3.html。设置图片链接时，也可以直接在"属性"面板的"链接"文本框中输入链接地址。如果目标地址是互联网上的页面文件，则必须使用其完整模式，输入"http://"。

9.5　实战演练——图文结合处理

　知识点讲解：光盘\视频讲解\第 9 章\图文结合处理.avi

实例 052：图文结合处理

源码路径：光盘\codes\part09\tuwen\

在本实例中将打开一个现有的网页，在页面中添加图片来对其进行美化，并为图片添加超级链接，最终效果如图 9-23 所示。

下面进行具体的制作，其操作步骤如下：

（1）启动 Dreamweaver CS6，打开 paoc.html 文件，如图 9-24 所示。

图 9-23　最终效果

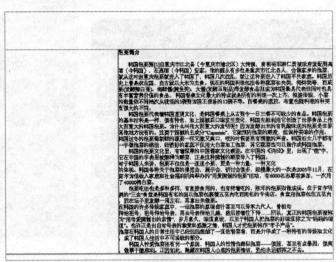

图 9-24　预览效果

（2）按"Ctrl+J"快捷键打开"属性"对话框，单击"背景图像"文本框后面的"浏览"按钮，打开"页面属性"对话框，如图 9-25 所示。

（3）在打开的对话框中选择"bg.jpg"文件，依次单击"确定"按钮返回编辑窗口，这时可见选择的图片成了页面的背景，如图 9-26 所示。

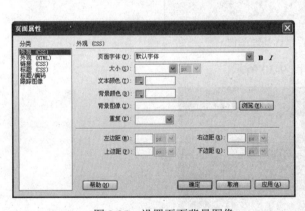

图 9-25　设置页面背景图像

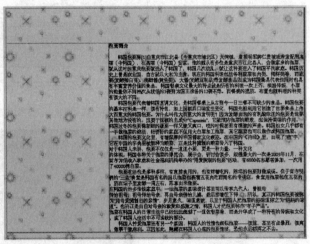

图 9-26　查看背景效果

（4）将光标放置在最上面的单元格中，选择"插入/图像"命令，在弹出的对话框中将"01.jpg"图像插入到页面，如图 9-27 所示。

（5）将光标放置在最下面的单元格中，选择"插入/图像"命令，在弹出的对话框中将"03.gif"图像插入到页面，如图 9-28 所示。

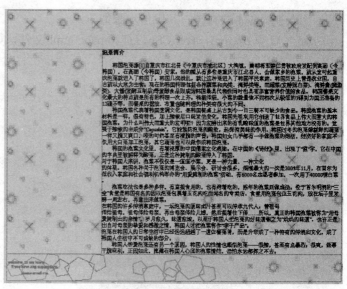

图 9-27　插入上方图像　　　　　　　　图 9-28　插入下方图像

（6）将光标放置在右侧的单元格中，选择"插入/图像对象/鼠标经过图像"命令，打开"插入鼠标经过图像"对话框，设置"02.jpg"为原始图像，"04.jpg"为鼠标经过图像，如图 9-29 所示。

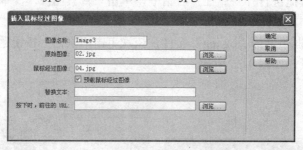

图 9-29　设置鼠标经过图像

（7）单击"确定"按钮返回到编辑区，效果如图 9-30 所示。

图 9-30　设置鼠标经过图像

（8）选择页面最上方的图像，在"属性"面板中选择一个热点创建工具，这里选择"矩形热点工具"，按住鼠标左键不放并拖动鼠标，在图像中绘制一个矩形区域，再在"链接"文本框中输入要链接网页的 URL 地址，在"目标"下拉列表框中选择打开目标页的方式，如图 9-31 所示。

图 9-31　编辑图像热点链接

（9）完成对页面的编辑后按"F12"键浏览页面效果，如图 9-32 所示。

图 9-32　最终效果

第10章 列 表

列表是网页中的重要组成元素之一，页面通过对列表的修饰可以提供用户需求的显示效果。本章将详细介绍在页面中处理列表的基本知识，并通过具体的实例来介绍其具体的使用流程，为读者步入后面知识的学习打下坚实的基础。

10.1 使用无序列表

 知识点讲解：光盘\视频讲解\第10章\使用无序列表.avi

无序列表中每一个表项的最前面是项目符号，如●、■等，在页面中通常使用<ul>和<li>标记创建无序列表。

实例053：在页面中插入无序列表
源码路径：光盘\codes\part10\1.html

本实例的具体实现流程如下所示。

（1）在 Dreamweaver CS6 中新建一个空白页面，单击"设计"标签打开其设计界面，如图 10-1 所示。

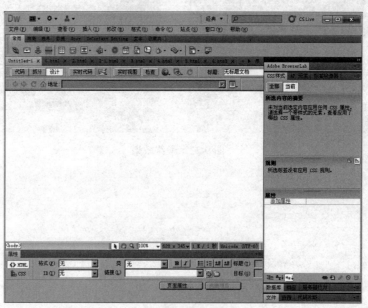

图 10-1 设计界面

（2）在菜单栏中选择"插入/HTML/文本对象/项目列表"命令。

（3）在列表符号后输入文本"第一行列表"，如图 10-2 所示。

图 10-2 输入第一行列表文本

（4）按"Enter"键后依次输入文本"第二行列表"和"第三行列表"，如图 10-3 所示。

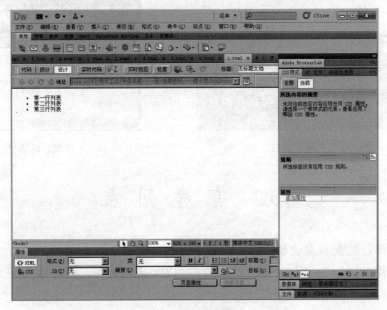

图 10-3 输入多行列表文本

这样就成功地使用 Dreamweaver CS6 在网页中插入了一个无序列表。执行效果如图 10-4 所示。

同样也可以使用 Dreamweaver CS6 修改列表前面的符号类型，具体实现流程如下所示。

（1）在 Dreamweaver CS6 中打开实例文件 1.html，单击"设计"标签打开其设计界面，如图 10-5 所示。

（2）单击"属性"面板中的"列表项目"按钮，弹出"列表属性"对话框，如图 10-6 所示。

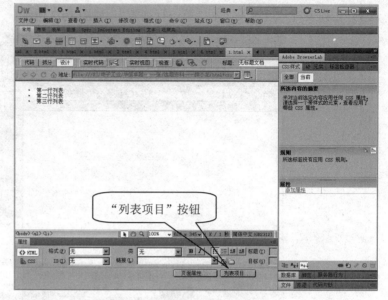

"列表项目"按钮

图 10-4 执行效果　　　　　　　　　　　图 10-5 设计界面

（3）在"样式"下拉列表中选择"正方形"选项，然后单击"确定"按钮，修改后的页面如图 10-7 所示。

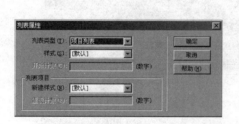

图 10-6 "列表属性"对话框

图 10-7 修改后的效果

10.2 有 序 列 表

 知识点讲解：光盘\视频讲解\第 10 章\有序列表.avi

在网页设置过程中，可以使用<ol>标记建立有序列表，表项的标记仍为<li>。在制作网页时，可以使用 Dreamweaver CS6 在网页中实现有序列表效果。

　　　　实例 054：在页面内实现有序列表
　　　　源码路径：光盘\codes\part10\2.html

本实例的具体实现流程如下所示。

（1）在 Dreamweaver CS6 中新建一个空白页面，单击"设计"标签打开其设计界面，如图 10-8 所示。

（2）在菜单栏中选择"插入/HTML/文本对象/编号列表"命令，如图 10-9 所示。

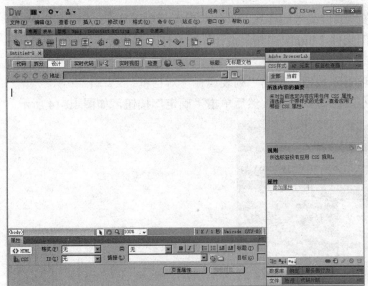

图 10-8　设计界面

图 10-9　插入项目列表

（3）在列表符号后输入文本"第一行列表"，如图 10-10 所示。

（4）按"Enter"键后依次输入文本"第二行列表"和"第三行列表"，如图 10-11 所示。

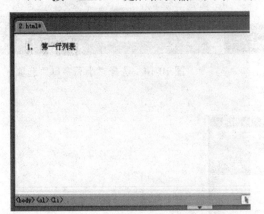

图 10-10　输入第一行列表文本

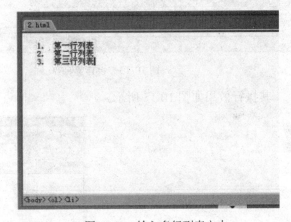

图 10-11　输入多行列表文本

这样便使用 Dreamweaver CS6 在网页中实现了有序列表的效果，如图 10-12 所示。

图 10-12　执行效果

同样也可以使用 Dreamweaver CS6 修改项目编号的样式，具体实现流程如下所示。

（1）在 Dreamweaver CS6 中打开实例文件 2.html，单击"设计"标签打开其设计界面，如图 10-13 所示。

（2）单击"属性"面板中的"列表项目"按钮，弹出"列表属性"对话框。

（3）在"样式"下拉列表中选择"小写字母"选项，然后单击"确定"按钮，如图 10-14 所示。

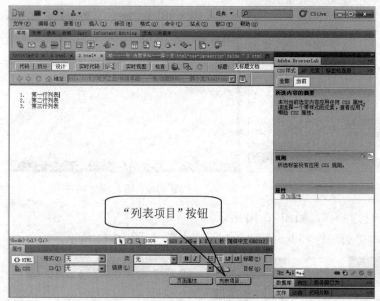

图 10-13　设计界面

图 10-14　选择"小写字母"选项

其执行效果如图 10-15 所示。

图 10-15　执行效果

10.3　定 义 列 表

知识点讲解：光盘\视频讲解\第 10 章\定义列表.avi

在网页设计应用中，定义列表标记功能通过<dl>、<dt>和<DD>标记实现。其中，<dt>标记用于定义一个单词；<DD>标记用于定义一段语句。由<dt>定义的项目会自动换行左对齐，但项目之间没有空行。其语法格式如下所示。

```
<dl>
  <dt> 定义单词 1
    <DD> 单词 1 的说明
  <dt> 定义单词 2
    <DD> 单词 2 的说明
    …
    …
</l>
```

 实例 055：在页面中使用列表标记
源码路径：光盘\codes\part10\3.html

本实例的具体实现流程如下所示。

（1）在 Dreamweaver CS6 中新建一个空白页面，单击"设计"标签打开其设计界面，如图 10-16 所示。

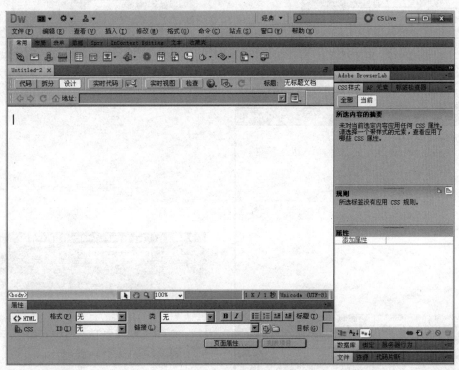

图 10-16　设计界面

（2）在菜单栏中选择"插入/HTML/文本对象/定义列表"命令。

（3）在页面中输入文本"电子商务"，如图 10-17 所示。

（4）输入完毕后按"Enter"键，在第二行输入文本"电子商务是以电子的方式进行商务交易。"，此时会发现，第二行文本将自动在第一行文本的后面显示，如图 10-18 所示。

（5）同理，按照上述步骤分别输入第三行文本和第四行文本，如图 10-19 所示。

这样就成功地使用 Dreamweaver CS6 在网页中插入了列表，执行效果如图 10-20 所示。

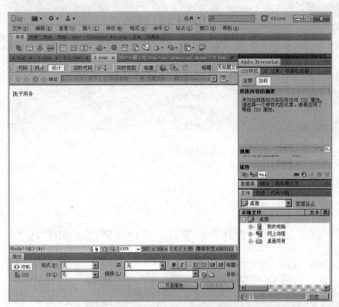

图 10-17　定义列表

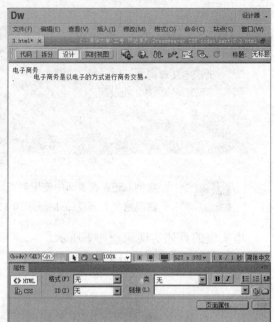

图 10-18　输入第二行文本图

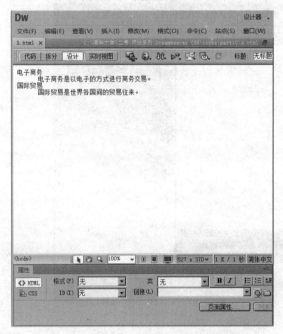

图 10-19　输入第三行和第四行文本

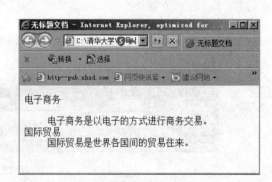

图 10-20　执行效果

第11章 使用表格

表格是网页中的重要组成元素之一，页面通过表格的修饰可以提供用户需求的显示效果。本章将详细介绍在页面中实现表格处理的基本知识，并通过具体的实例来介绍其具体的使用流程，为读者步入后面知识的学习打下坚实的基础。

11.1　创建一个表格

 知识点讲解：光盘\视频讲解\第11章\创建一个表格.avi

在网页中创建表格的标记是<table>，创建行的标记为<tr>，创建表项的标记为<td>。表格中的内容写在<td></td>之间。<tr></tr>用来创建表格中的每一行，它只能放在<table></table>标记对之间使用，并且在里面加入的文本是无效的。

实例056：使用 Dreamweaver CS6 在网页中创建表格

源码路径：光盘\codes\part11\1.html

本实例的具体实现流程如下所示。

（1）在 Dreamweaver CS6 中新建一个空白页面，单击"设计"标签打开其设计界面，如图 11-1 所示。

（2）在菜单栏中选择"插入/表格"命令，弹出"表格"对话框，如图 11-2 所示。

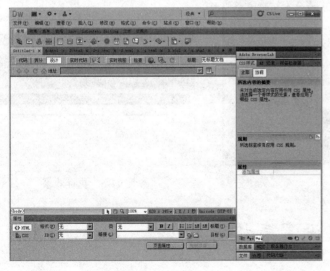

图 11-1　设计界面

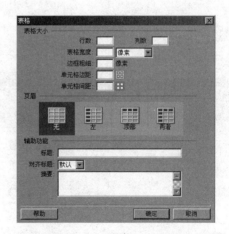

图 11-2　"表格"对话框

（3）在"表格"对话框中依次输入表格的行数、列数和宽度值，例如本实例的行数和列数为2，宽度值为 400 像素，如图 11-3 所示。

（4）单击"确定"按钮后返回设计界面，然后选中首行表格，并单击"属性"面板中"背景颜色"后的 图标，为其设置背景颜色，如图 11-4 所示。

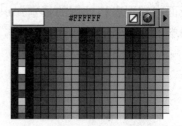

图 11-3　输入表格属性值　　　　　　　　　　　　图 11-4　选择背景颜色

（5）接下来设置表格的属性。选中创建的表格，在"属性"面板的"填充"文本框中输入填充值"0"，"间距"文本框中输入间距值"0"，如图 11-5 所示。

此时，整个实例的实现过程介绍完毕，执行后的效果如图 11-6 所示。

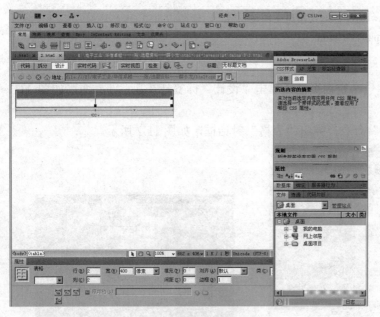

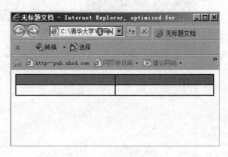

图 11-5　修改表格属性　　　　　　　　　　　　　图 11-6　执行效果

11.2　设置表格标题

 知识点讲解：光盘\视频讲解\第 11 章\设置表格标题.avi

在设计页面时可以给页面中的表格加上标题，表格的标题功能是由<CAPTION>标记实现的，其语法格式如下所示。

```
<CAPTION align=值  valign=值 >标题</CAPTION>
```

<CAPTION>标记常用的属性值如表 11-1 所示。

表 11-1   <CAPTION>标记的属性值列表

取　　值	描　　述
align	设置表格标题在中间（center）（默认）、左边（left），还是右边（right）
valign	设置表格标题放在表的上部（top）（默认），还是下部（bottom）

 实例 057：使用 Dreamweaver CS6 创建表格标题
源码路径：光盘\codes\part11\2.html

本实例的具体实现流程如下所示。

（1）在 Dreamweaver CS6 中新建一个空白页面，单击"设计"标签打开其设计界面，如图 11-7 所示。

（2）在菜单栏中选择"插入/表格"命令，弹出"表格"对话框，如图 11-8 所示。

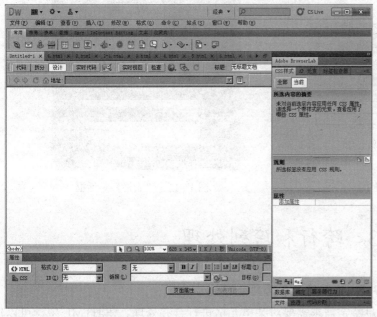

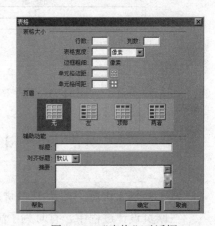

图 11-7   设计界面　　　　　　　　　　　　　图 11-8   "表格"对话框

（3）在弹出的"表格"对话框中依次输入表格的行数、列数、宽度值、边距值和间距值，然后在下面的"辅助功能"栏中依次输入标题值和摘要，并选择对齐方式，如图 11-9 所示。

（4）单击"确定"按钮后返回设计界面，在各单元格内输入文本，如图 11-10 所示。

此时，整个实例的实现过程介绍完毕，执行后的效果如图 11-11 所示。

其实可以随意设置上述实例中的标题样式，如对齐方式。对齐方式既可以在代码中设置，设置方法参考表 11-1，也可以在 Dreamweaver CS6 的"表格"对话框中设置，设置界面如图 11-12 所示。

图 11-9　输入表格属性值

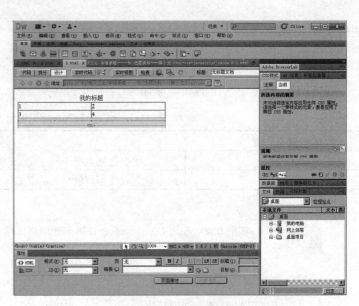

图 11-10　输入单元格文本

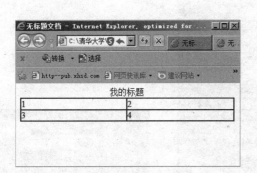

图 11-11　执行效果

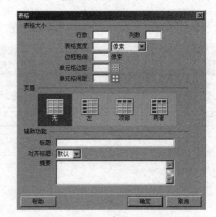

图 11-12　"表格"对话框

11.3　跨行和跨列处理

知识点讲解：光盘\视频讲解\第 11 章\跨行和跨列处理.avi

在网页设计过程中，有时为了满足特定需求需要对某单元格进行合并处理。在 HTML 中，可以使用表格标记中的 colspan 和 rowspan 属性实现表格的跨列和跨行处理。

11.3.1　实现跨列处理

实现表格跨列处理的语法格式如下所示。

```
<td colspan=m>表项</TD> | <tr colspan=x>表项</TR> | <th colspan=x>表项</TH>
```

其中，"m"表示合并的列数。

实例 058：使用 Dreamweaver CS6 实现表格跨列处理

源码路径：光盘\codes\part11\3.html

本实例的具体实现流程如下所示。

（1）在 Dreamweaver CS6 中新建一个空白页面，单击"设计"标签打开其设计界面，如图 11-13 所示。

（2）在设计界面插入一个 4×4 的表格，如图 11-14 所示。

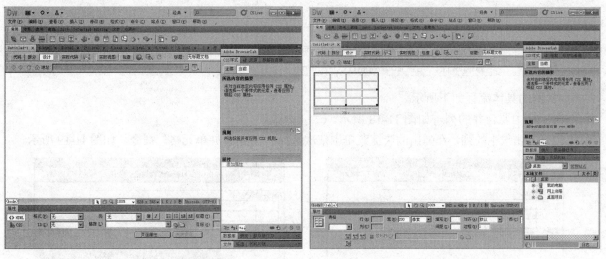

图 11-13　设计界面　　　　　　　　　　　　　　图 11-14　插入表格

（3）选中首行单元格，然后单击鼠标右键，在弹出的快捷菜单中依次选择"表格/合并单元格"命令，如图 11-15 所示。

（4）然后在合并后的单元格中输入文本"合并的表格"，如图 11-16 所示。

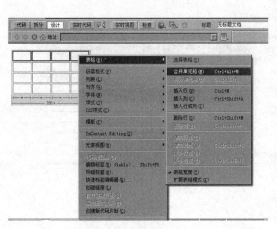

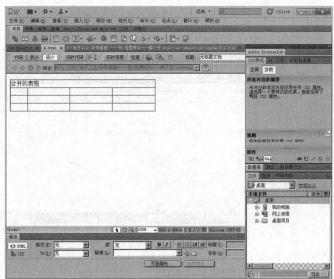

图 11-15　单击鼠标右键　　　　　　　　　　　图 11-16　输入文本

此时，整个实例的实现过程介绍完毕，执行后的效果如图 11-17 所示。

图 11-17　执行效果

 实例 059：使用 Dreamweaver CS6 合并前面实例中表格的第二列

源码路径：光盘\codes\part11\3-1.html

本实例的具体流程如下所示。

（1）选中要合并的列，如图 11-18 所示。

（2）右击选中的列，在弹出的快捷菜单中依次选择"表格/合并单元格"命令，如图 11-19 所示。

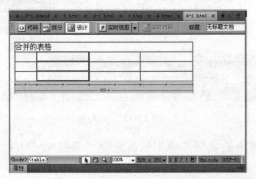

图 11-18　选择合并列

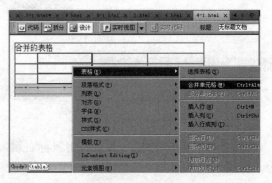

图 11-19　合并处理

（3）经过上述操作后完成对第二列的合并，设计效果如图 11-20 所示。

此时，整个实例的实现过程介绍完毕，执行后的效果如图 11-21 所示。

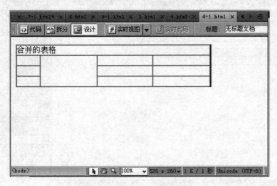

图 11-20　合并后的效果

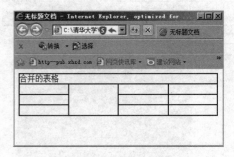

图 11-21　执行效果

11.3.2　实现跨行处理

在 HTML 中实现表格跨行处理的语法格式如下所示。

<td rowspan=m>表项</TD> | <tr rowspan=y>表项</TR> | <th rowspan=y>表项</TH>

其中，"m"表示合并的行数。

实例 060：使用 Dreamweaver CS6 实现表格跨行处理
源码路径：光盘\codes\part11\4.html

本实例的具体实现流程如下所示。

（1）在 Dreamweaver CS6 中新建一个空白页面，单击"设计"标签打开其设计界面，如图 11-22 所示。

（2）在设计界面插入一个 4×4 的表格，如图 11-23 所示。

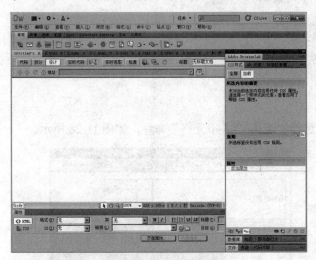

图 11-22　设计界面

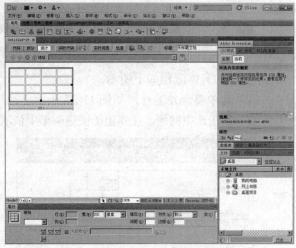

图 11-23　插入表格

（3）选中首列单元格，然后单击鼠标右键，在弹出的快捷菜单中依次选择"表格/合并单元格"命令，将此列单元格合并，如图 11-24 所示。

（4）然后在合并后的单元格中输入文本"合并的表格"，如图 11-25 所示。

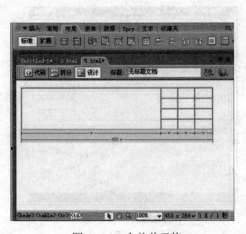

图 11-24　合并单元格

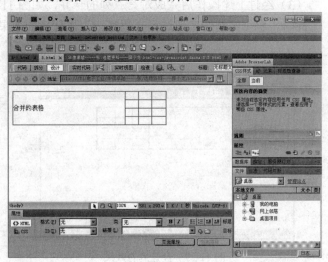

图 11-25　输入文本

此时，整个实例的实现过程介绍完毕，执行后的效果如图 11-26 所示。

图 11-26　执行效果

实例 061：合并上述实例中表格的第三行

源码路径：光盘\codes\part11\4-1.html

本实例的具体流程如下所示。

（1）选中要合并的行，如图 11-27 所示。

（2）右击选中的列，在弹出的快捷菜单中依次选择"表格/合并单元格"命令，如图 11-28 所示。

图 11-27　选择合并列

图 11-28　合并处理

（3）经过上述操作后完成对第二列的合并，如图 11-29 所示。

此时，整个实例的实现过程介绍完毕，执行后的效果如图 11-30 所示。

图 11-29　合并后的效果

图 11-30　执行效果

11.3.3　实现同时跨行、跨列处理

在设计网页时，有时需要同时实现对表格的跨行和跨列处理，在 HTML 中实现此功能的语法格式如下所示。

```
<th  rowspan=m  colspan=n>
```

其中，"m"表示合并的行数；"n"表示合并的列数。

实例 062：实现同时跨行、跨列的处理

源码路径：光盘\codes\part11\5.html

本实例的具体实现流程如下所示。

（1）在 Dreamweaver CS6 中新建一个空白页面，单击"设计"标签打开其设计界面，如图 11-31 所示。

（2）在设计界面插入一个 4×4 的表格，如图 11-32 所示。

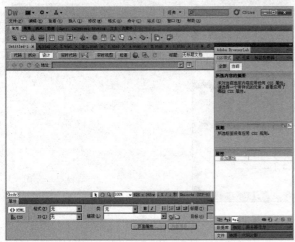

图 11-31　设计界面　　　　　　　　　　　　图 11-32　插入表格

（3）选中首行单元格，然后单击鼠标右键，在弹出的快捷菜单中依次选择"表格/合并单元格"命令，如图 11-33 所示。

（4）在设计界面中生成一个跨 4 列的表格，如图 11-34 所示。

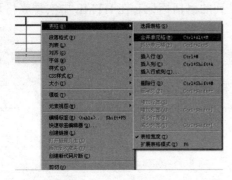

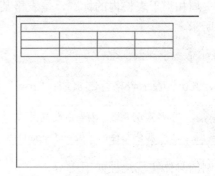

图 11-33　单击鼠标右键　　　　　　　　　　图 11-34　生成跨列表格

（5）选中图 11-34 中的单元格首列，然后单击鼠标右键，在弹出的快捷菜单中依次选择"表格/合并单元格"命令，如图 11-35 所示。

（6）在合并后的单元格中输入文本"合并的表格"，如图 11-36 所示。

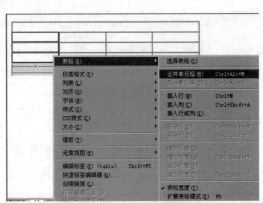

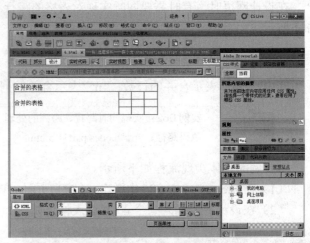

图 11-35　单击鼠标右键　　　　　　　　　图 11-36　生成跨行、跨列表格

此时，整个实例的实现过程介绍完毕，执行后的效果如图 11-37 所示。

图 11-37　执行效果

11.4　设置表格页眉

 知识点讲解：光盘\视频讲解\第 11 章\设置表格页眉.avi

表格页眉相当于表格内的标题，是表格某行或某列的概括标记。在 HTML 中实现表格页眉的语法格式如下所示。

```
<th scope="col/row"></th>
```

其中，"col"表示表格行的页眉；"row"表示表格列的页眉。

实例 063：为表格设置页眉

源码路径：光盘\codes\part11\6.html

本实例的具体实现流程如下所示。

（1）在 Dreamweaver CS6 中新建一个空白页面，单击"设计"标签打开其设计界面，如图 11-38

所示。

（2）在菜单栏中选择"插入/表格"命令，弹出"表格"对话框，如图 11-39 所示。

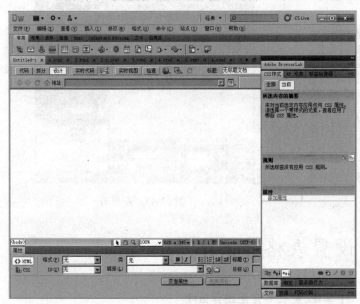

图 11-38　设计界面　　　　　　　　　　图 11-39　"表格"对话框

（3）依次输入"表格大小"栏的数据，然后在"页眉"栏中选择"两者"选项，如图 11-40 所示。

（4）在合并后的单元格中输入文本，如图 11-41 所示。

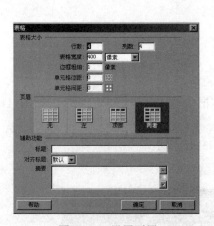
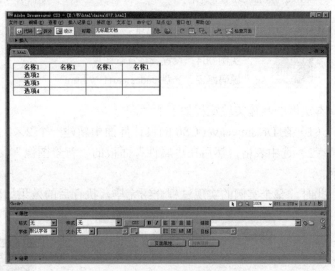

图 11-40　设置页眉　　　　　　　　　　图 11-41　输入文本

此时，整个实例的实现过程介绍完毕，执行后的效果如图 11-42 所示。

页眉是为了方便表格内设置选项而设的，即需要找表格内显示的信息。使用 Dreamweaver CS6 可以十分简单地设置表格页眉，如果需要另外的效果，可以在图 11-43 所示的界面中进行设置。例如在 Dreamweaver CS6 中选中页眉内的文字后，在"属性"面板中可以设置其对齐方式。如图 11-43 所示的是页眉左对齐。

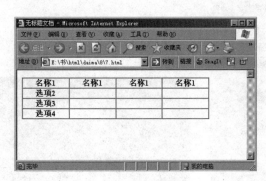

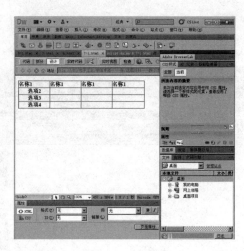

图 11-42 执行效果   图 11-43 左对齐

11.5 设置表格背景图像

 知识点讲解：光盘\视频讲解\第 11 章\设置表格背景图像.avi

在页面中插入表格后可以对其进行修饰，例如可以为某一个表格设置背景图像。设置表格背景图像的语法格式如下所示。

```
<table background="地址">
```

其中，"地址"是背景图像的地址，可以是相对地址，也可以是绝对地址。

实例 064：设置表格背景图像

源码路径：光盘\codes\part11\7.html

本实例的具体实现流程如下所示。

（1）在 Dreamweaver CS6 的设计界面中新建一个 2×2 的表格。

（2）选中表格，然后在"属性"面板的"背景图像"文本框中输入背景图像的地址，如图 11-44 所示。

此时，整个实例的实现过程介绍完毕，执行后的效果如图 11-45 所示。

图 11-44 输入背景图像的地址   图 11-45 执行效果

11.6　对齐处理

知识点讲解：光盘\视频讲解\第 11 章\对齐处理.avi

在默认情况下，页面表格是居左对齐的。在实际表格应用中，可以通过其属性设置对齐方式。根据表格元素的不同，可以将表格对齐划分为整体对齐和内元素对齐。

11.6.1　表格的整体对齐

表格的整体对齐是指统一指定表格的对齐方式。整体对齐有居左、居右和居中 3 种类型，其语法格式如下所示。

```
<table align="取值" >
```

整体对齐属性有如下 3 个取值。

- ☑ left：设置为居左对齐。
- ☑ center：设置为居中对齐。
- ☑ right：设置为居右对齐。

实例 065：设置表格整体对齐

源码路径：光盘\codes\part11\8.html

本实例的具体实现流程如下所示。

（1）在 Dreamweaver CS6 的设计界面中新建一个 2×2 的表格。

（2）选中表格，然后在"属性"面板的"对齐"下拉列表中选择"右对齐"选项，如图 11-46 所示。此时，整个实例的实现过程介绍完毕，执行后表格将居中对齐，效果如图 11-47 所示。

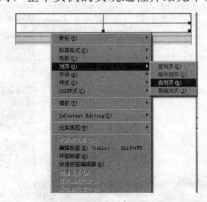
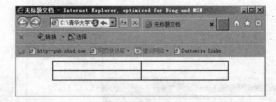

图 11-46　在 Dreamweaver 中设置右对齐　　　　图 11-47　执行效果

注意：表格的布局功能。

　　　在网页设计中，表格主要具有如下两个功能。

　　　（1）生成表格效果。

　　　（2）网页布局。

> W3C规范认为，表格的目的是用来显示数据，而不是用来完成布局，错把表格当布局缘于当时Web技术的缺乏和对标准需求的不认同。此时CSS也已经被制定并公布于众，并得到了迅速发展。标准布局技术被推向市场，但用者甚寡，微软的IE浏览器更是带头唱反调，标准就这样被非标准压制了好几年，一直默默地隐忍。但是毕竟网站标准化是大势所趋，所以表格布局已经变得越来越没落。

11.6.2 对齐表格中的内元素

对齐表格中的内元素是指设置单元格内元素的对齐方式，例如表格内文本和图像等元素的对齐。内元素对齐有居左、居右和居中 3 种类型，其语法格式如下所示。

```
<td align="取值"></td>
```

内元素对齐属性有如下 3 个取值。

☑ left：设置为居左对齐。

☑ center：设置为居中对齐。

☑ right：设置为居右对齐。

 实例 066：使用 Dreamweaver CS6 设置表格内元素的对齐方式
源码路径：光盘\codes\part11\9.html

本实例的具体实现流程如下所示。

（1）在 Dreamweaver CS6 的设计界面中新建一个 2×2 的表格，如图 11-48 所示。

（2）依次在单元格中输入 4 段文本，如图 11-49 所示。

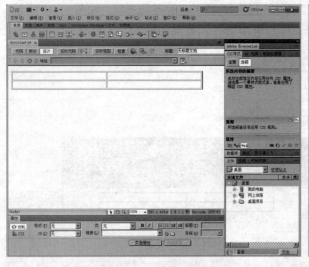 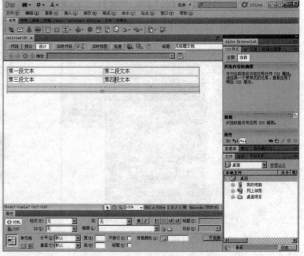

图 11-48 新建表格　　　　　　　　　　　图 11-49 输入文本

（3）选择第一段文本，然后在"属性"面板的"水平"下拉列表框中选择"居中对齐"选项，如图 11-50 所示。

（4）选择第二段文本，然后在"属性"面板的"垂直"下拉列表框中选择"居中对齐"选项，如图 11-51 所示。

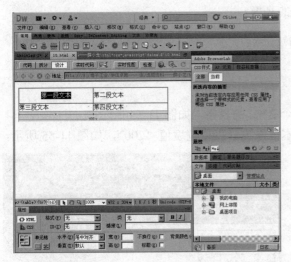

图 11-50　设置对齐方式

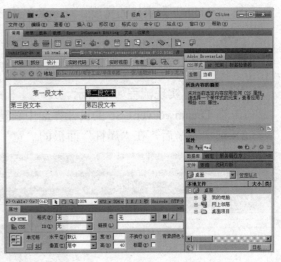

图 11-51　设置对齐方式

将设计文件保存为"9.html"，按"F12"键查看浏览效果，如图 11-52 所示。

在上述实例中，设置了第一个单元格内文本水平居中对齐，第二个单元格内文本垂直居中对齐。但是在显示效果中，垂直居中效果不明显，这是因为单元格的高度不够所引起的。如果将单元格高度增加，则其垂直居中效果将变得十分明显。增加单元格高度后的显示效果如图 11-53 所示。

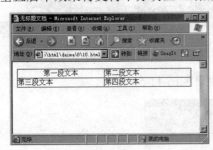

图 11-52　显示效果图

图 11-53　显示效果图

11.7　设置单元格大小

知识点讲解：光盘\视频讲解\第 11 章\设置单元格大小.avi

通过设置表格属性可以控制各个单元格的大小，在 HTML 中设置表格大小的语法格式如下所示。

```
<table width/height="数值" >
  <tr>
    <td width="数值" height="数值"> </td>
    <td> </td>
  </tr>
  <tr>
```

```
</table>
```

其中，"width"为表格的宽度；"height"为表格的高度。

实例 067： 使用 Dreamweaver CS6 设置单元格的大小

源码路径： 光盘\codes\part11\10.html

本实例的具体实现流程如下所示。

（1）在 Dreamweaver CS6 的设计界面中新建一个 2×2 的表格，如图 11-54 所示。

（2）选中表格后，在"属性"面板的"宽"文本框中输入表格宽度值"200"，如图 11-55 所示。

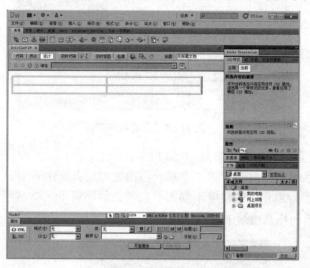

图 11-54　新建表格

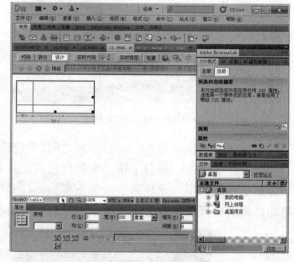

图 11-55　设置宽度

此时，整个实例的实现过程介绍完毕，执行后的效果如图 11-56 所示。

图 11-56　执行效果

在上述实例中，只是对第一个单元格的大小进行了设置。读者可以通过"<table height="数值">"设置表格的高度，将重新设置后的文件保存为"11.html"，主要代码如下所示。

```
<table width="400" border="1" cellpadding="0" cellspacing="0" height="200">
  <tr>
    <td width="40" height="60"> </td>
    <td> </td>
  </tr>
  <tr>
    <td height="60"> </td>
```

```
<td> </td>
  </tr>
</table>
```

此时执行后的效果如图 11-57 所示。

图 11-57　执行效果

11.8　实战演练——综合使用表格处理

 知识点讲解：光盘\视频讲解\第 **11** 章\综合使用表格处理**.avi**

实例 068：使用 Dreamweaver CS6 综合处理表格

源码路径：光盘\codes\part11\biaoge\

在本实例中将使用表格制作一个简单的导航小页面，在编辑的过程中使用到了表格的创建、插入、合并等内容。下面进行具体的制作，其操作步骤如下：

（1）启动 Dreamweaver CS6，创建一个空白网页，并保存为“biaoge.html”，然后将素材文件保存在网页文档相同的位置。

（2）选择“插入/表格”命令，打开“表格”对话框。

（3）在“行数”和“列数”文本框中分别输入“3”和“1”，在“表格宽度”文本框中输入“311”，如图 11-58 所示。

（4）单击“确定”按钮插入表格，如图 11-59 所示。

图 11-58　设置插入表格

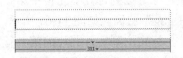

图 11-59　添加的表格

（5）将光标插入点定位到最后一个单元格中，在"常用"插入栏中单击"表格"按钮，打开"表格"对话框，在其中进行如图 11-60 所示的设置。

（6）完成设置后，单击"确定"按钮将表格插入到单元格中，如图 11-61 所示。

（7）将光标插入点定位到新插入表格的第 1 个单元格中，按住鼠标左键不放，向下拖动到末行后释放鼠标，选中第 1 列，如图 11-62 所示。

图 11-60　设置插入表格

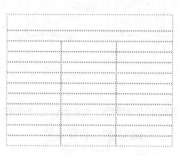

图 11-61　插入嵌套表格

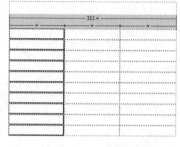

图 11-62　选择单元格

（8）在"属性"面板中单击"合并所选单元格，使用跨度"按钮 合并所选单元格，合并后的效果如图 11-63 所示。

（9）使用同样的方法将第 3 列单元格进行合并，效果如图 11-64 所示。

（10）选择"插入/图像"命令，在弹出的对话框中将"03.png"图像插入到表格中的第 1 行，如图 11-65 所示。

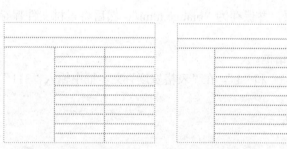

图 11-63　合并单元格　　　图 11-64　完成单元格的合并

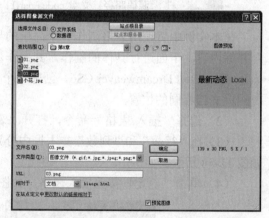

图 11-65　导入首行图片

（11）将鼠标光标定位到表格的第 2 行，选择"插入/图像"命令，在弹出的对话框中选择插入"02.png"图像，如图 11-66 所示。

（12）将鼠标光标定位到合并单元格中第 1 行的单元格，选择"插入/图像"命令，在弹出的对话框中选择插入"01.png"图像，如图 11-67 所示。

（13）将鼠标光标定位到插入图片的第 2 行，使用相同的方法将"小花.jpg"图像插入到单元格，并将输入状态切换到全角，按"空格"键占位，并输入相应文本，如图 11-68 所示。

（14）将鼠标光标定位到其下一行，选择"插入/HTML/水平线"命令，插入水平线，如图 11-69 所示。

图 11-66　插入图片 02.png

图 11-67　插入图片 01.png

图 11-68　插入图片并输入文本

（15）选择插入的水平线，在编辑界面中单击"代码"标签切换到代码编辑状态，这时可见水平线代码为"<hr />"，修改水平线代码为"<hr style="border: 1px dashed #ccc; width: 100%; " />"，效果如图 11-70 所示。

（16）使用相同的方法在其下的单元格中输入相应的文本，并输入水平线，如图 11-71 所示。

图 11-69　插入水平线

图 11-70　编辑水平线

图 11-71　完成文本的编辑

（17）将光标插入点移到表格边框线上，当边框线为红色且鼠标光标变为⊞形状时，单击选择整个表格。

（18）选择插入的水平线，在编辑界面中单击"代码"标签切换到代码编辑状态，修改表框第 1 行代码为"<table cellspacing="0" cellpadding="0" rules="none" width="200" bordercolor="#3CF" border="1">"，效果如图 11-72 所示。

（19）将鼠标光标移动到表格中的第 1 个单元格，按住鼠标左键不放向下拖动选择所有单元格，如图 11-73 所示。

图 11-72　编辑表格边框

图 11-73　选择所有单元格

（20）在"属性"面板中单击"背景颜色"后面的列表框，在弹出的颜色列表中单击 ⬤ 按钮，在弹出的颜色面板中选择一种颜色作为背景色，完成颜色的选择后单击"添加到自定义颜色"按钮，如图 11-74 所示。

（21）单击"确定"按钮完成设置，按"F12"键查看效果，如图 11-75 所示。

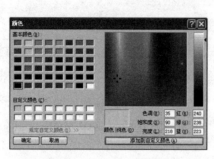

图 11-74　设置背景颜色

图 11-75　完成编辑

第12章　特效和多媒体

多媒体是网页中的重要组成元素之一，站点通过多媒体向用户展现了丰富多彩的效果。本章将详细介绍在页面中插入多媒体效果的方法，并通过具体的实例来介绍其具体的使用流程，为读者步入后面知识的学习打下坚实的基础。

12.1　设置背景音乐

知识点讲解：光盘\视频讲解\第12章\设置背景音乐.avi

在现实的网页设计应用中，需要使用音乐来提高页面的媒体娱乐性效果，例如为网页设置一个背景音乐。本节将详细讲解设置背景音乐的基本知识。

12.1.1　代码指定方式

代码指定方式是指直接在页面的 HTML 代码内设置背景音乐。现实中通常使用<bgsound>标记来实现。<bgsound>标记的语法格式如下所示。

```
<bgsound src="值" loop="值" delay="值" volume="值" balance="值" >
```

上述各个属性值的具体说明如下所示。

- ☑ src：背景音乐的地址，可以是当前服务器上的音乐文件，也可以是第三方网络上的音乐文件。
- ☑ loop：设置播放次数，如果设置为-1，则表示循环播放。
- ☑ delay：设置播放音乐的延时。
- ☑ volume：设置背景音乐在播放时的音量。
- ☑ balance：设置背景音乐在播放时左右均衡。

实例069：讲解<bgsound>标记的使用方法
源码路径：光盘\codes\part12\1.html

本实例的具体实现流程如下所示。

（1）在 Dreamweaver CS6 中新建一个空白页面，单击"代码"标签打开其代码界面，如图 12-1 所示。

（2）在<body>标记后输入字符"<"后，自动弹出"代码提示"对话框，如图 12-2 所示。

（3）双击选中的"bgsound"选项，将其插入到页面代码中，如图 12-3 所示。

（4）依次按照"代码提示"对话框信息，将<bgsound>标记的其他属性值插入到代码中，如图 12-4 所示。

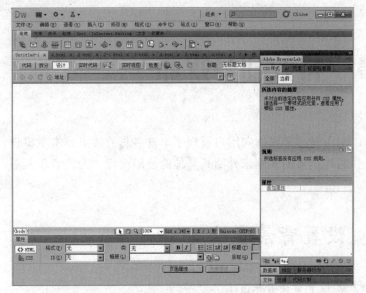

图 12-1 代码界面

图 12-2 "代码提示"对话框

图 12-3 代码界面

图 12-4 设置其他属性

此时，整个实例的实现过程介绍完毕，执行网页后会自动播放指定的背景音乐，效果如图 12-5 所示。

图 12-5 执行效果

在上述实例中，播放的音乐路径是"11.rm"，其实可以设置播放其他音乐，既可以是本地的音乐文件，也可以是网络中的，当播放网络中的音乐文件时，必须是"http://"格式，例如下面的代码。

```
<body>
<bgsound src="http://www.xxx123.124343.mp3" autostart=true loop=infinite>
</body>
</html>
```

通过上面的代码，可以使用地址为"http://www.xxx123.124343.mp3"的文件作为背景音乐。

注意： 背景音乐会给网页带来多媒体效果，但是背景音乐也会影响网页的速度。特别是一些大型音乐，当网页打开很长时间后，才会自动播放。在此建议读者设置背景音乐时，要事先转换音乐文件的格式，音乐文件越小越好，不要直接使用MP3格式文件。

12.1.2　使用媒体插件方式实现

媒体插件方式是指利用第三方媒体插件实现页面的背景音乐效果，此功能在 Dreamweaver 工具栏中可以直接实现。在编码时可以使用<embed>标记在网页中插入媒体插件。<embed>标记的语法格式如下所示。

```
<embed src="值" autostart="true" controls="值" loop="true">
</embed>
```

其中，"src"指背景音乐的地址；"autostart"用于设置是否自动播放；"loop"用于设置是否循环播放，"controls"用于设置控制面板的外观显示方式。

controls 的常用属性值如表 12-1 所示。

表 12-1　controls 属性值列表

取　值	描　述
console	设置为一般正常面板，是默认值
smallconsole	设置为较小的面板
playbutton	设置只显示播放按钮
pausecutton	设置只显示暂停按钮
stopbutton	设置只显示停止按钮
volumelever	设置只显示音量调节按钮

实例 070： 讲解使用<embed>标记的方法
源码路径： 光盘\codes\part12\2.html

本实例的具体实现流程如下所示。

（1）在 Dreamweaver CS6 中新建一个空白页面，单击"设计"标签打开其设计界面，如图 12-6 所示。

（2）在菜单栏中选择"插入/媒体/插件"命令，弹出"选择文件"对话框，如图 12-7 所示。

（3）在"选择文件"对话框中选择背景音乐文件的路径地址，如图 12-8 所示。

（4）单击"确定"按钮返回设计界面，在"属性"面板中设置控制面板的外观大小，如图 12-9 所示。

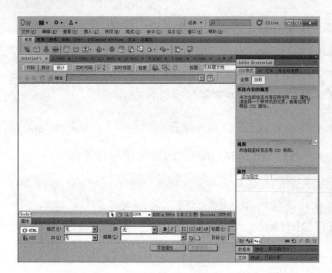

图 12-6　设计界面

图 12-7　"选择文件"对话框

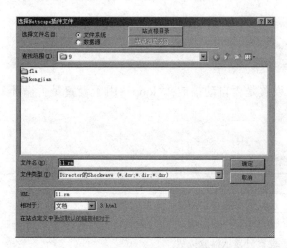

图 12-8　选择文件

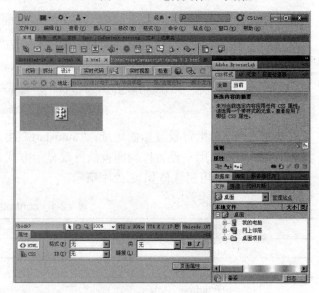

图 12-9　设置大小

此时，整个实例的实现过程介绍完毕，执行后的效果如图 12-10 所示。

图 12-10　执行效果

在上述实例中，播放的音乐路径是"11.rm"，其实可以嵌入其他音乐，既可以是本地的音乐文件，也可以是网络中的，当播放网络中的音乐文件时，必须是"http://"格式，例如下面的代码。

```
<body>
<embed src="http://www.xxx123.124343.mp3" width="200" height="80" autostart="true" loop="true" controls=
"ControlPanel">
</body>
```

通过上面的代码，可以使用地址为"http://www.xxx123.124343.mp3"的文件作为背景音乐。

虽然 Dreamweaver CS6 设置背景音乐方法的最大好处是简单易行，但是需要注意如下两点。

（1）因为目的是设置页面的背景音乐，所以建议设置控制面板的大小值为 0，这样将不会在页面中显示音乐的播放器界面。

（2）如果测试机器上没有安装 Dreamweaver 的插件包，则上述功能将不能实现。

注意： 解决不能显示Flash的问题

当将Flash的参数wmode修改为transparent 之后，有时发现当按"F12"键之后显示的是空白页。在没有修改之前Flash动画是可以播放的，改为透明之后成为了空白页。当遇到这个问题时可以进行下面的检查设置。

（1）检查一下SWF路径是否由于误操作而出错，如果页面中加载了SWF文件，但路径错误，只能显示一个空白。

（2）检查一下参数格式是否有错，下面是正确的格式。

<param name="wmode" value="transparent" />

（3）Dreamweaver分不同的版本，在IE等浏览器上，当鼠标指针移过Flash插件时会默认显示一个虚框，Dreamweaver的高级版本会自动生成一个脚本（在操作过程中会有提示称为"对象标签辅助功能属性"）用于取消这个虚框来增加页面的美感度。但这个脚本会对后加入的自定义的参数产生影响，使之无效，特别是向页面中的SWF传参更加明显。

12.2　插入 Flash

知识点讲解：光盘\视频讲解\第 12 章\插入 Flash.avi

Flash 在网页中有着十分重要的作用，通过 Flash 可以向浏览者提供丰富的动态显示效果。在网页中可以通过<embed>标记插入 Flash，其语法格式如下所示。

```
<object classid="clsid:D27CDB6E-AE6D-11cf-96B8-444553540000" codebase="http://download.macromedia.
com/pub/shockwave/cabs/Flash/swFlash.cab#version=6,0,29,0" width="700" height="500">
    <param name="movie" value=http://www.88wan.com/sadfasfd/top.swf>
    <param name="wmode" value="transparent">
    <embed src=" 地址" type="application/x-shockwave-Flash">
    </embed>
</object>
```

其中，<object>标记的功能是设置 Flash 的注册信息；"width"设置 Flash 的宽度；"height"设置

Flash 的高度；"wmode"设置 Flash 背景为透明格式显示；"src"指定 Flash 文件的位置路径。

实例 071：向网页中插入 Flash

源码路径：光盘\codes\part12\3.html

本实例的具体实现流程如下所示。

（1）在 Dreamweaver CS6 中新建一个空白页面，单击"设计"标签打开其设计界面，如图 12-11 所示。

（2）在菜单栏中选择"插入/媒体/Flash"命令，弹出"选择 Flash 文件"对话框，如图 12-12 所示。

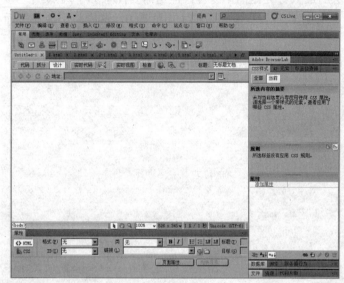

图 12-11　设计界面

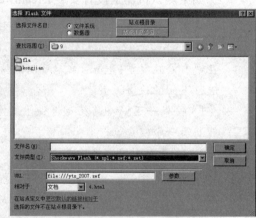

图 12-12　"选择 Flash 文件"对话框

（3）在"查找范围"下拉列表框中选择"fla"文件夹，然后选择其中的"ytx_2007.swf"文件，如图 12-13 所示。

（4）单击"确定"按钮后，在弹出的"对象标签辅助功能属性"对话框中设置 Flash 的"标题"为"12"，如图 12-14 所示。

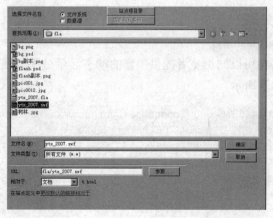

图 12-13　选择文件

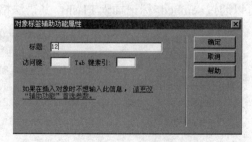

图 12-14　设置标题

（5）单击"确定"按钮返回设计界面，在"属性"面板中选中"循环"和"自动播放"复选框，如图 12-15 所示。

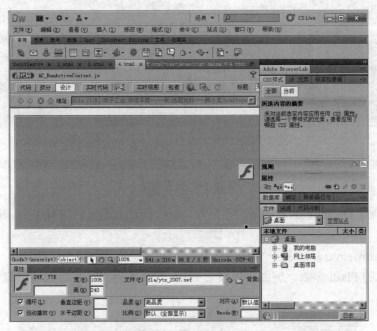

图 12-15　设置 Flash

（6）单击"属性"面板中的 ▶ 播放 按钮，可以查看预览效果，如图 12-16 所示。

图 12-16　预览效果

此时，整个实例的实现过程介绍完毕，执行后的效果如图 12-17 所示。

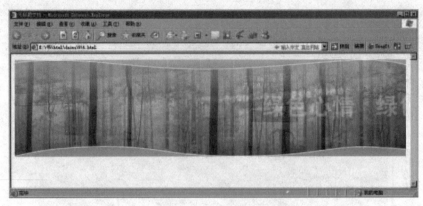

图 12-17　执行效果

另外，还可以通过 Dreamweaver CS6 的"属性"面板设置上述实例网页中 Flash 的其他属性值。其操作步骤如下所示。

（1）使用 Dreamweaver CS6 打开文件 3.html。

（2）设置插入的 Flash 参数，例如可以设置 Flash 的品质为"低品质"，背景颜色为"#000099"。如图 12-18 所示。

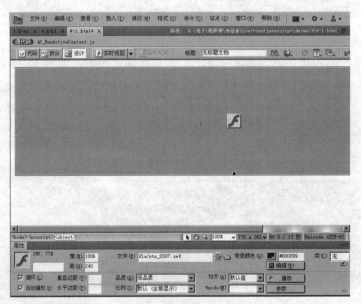

图 12-18　设置 Flsh 属性

12.3　插入 Applet

知识点讲解：光盘\视频讲解\第 12 章\插入 Applet.avi

Applet 是 Java 的一种小程序，通过使用该 Applet 的 HTML 文件，由支持 Java 的网页浏览器下载运行。也可以通过 Java 开发工具的 appletviewer 来运行。所以说，Applet 程序离不开使用它的 HTML 文件。网页通过 Applet 可以实现特定的应用效果。在 HTML 文件增加 Applet 有关的内容后，可以使网页更加富有生气。例如，添加声音、动画等吸引人的特征，并不会改变 HTML 文件中与 Applet 无关的元素。在 HTML 文件中使用 Applet 时，至少需要包含如下 3 点信息。

☑　字节码文件名：即编译后的 Java 文件，以.class 为后缀。

☑　字节码文件的地址。

☑　在网页上显示 Applet 的方式。

在网页中可以通过<applet>标记实现对 Applet 的调用，该标记的语法格式如下所示。

```
<applet 属性="值">
  <param >
  ...
<param >
```

Applet 常用属性的具体说明如下所示。

☑　width 和 height：指定 Applet 的宽度和高度。

☑　alt：指定当浏览器不支持 Java Applet 或者已禁用 Java 时，显示的替代内容（通常为一个图像）。如果输入了文本，Dreamweaver 会插入这些文本并将它们作为 Applet 的 alt 属性的值。如果选择的是一个图像，Dreamweaver 将在开始和结束的<applet>标记之间插入<img>标记。

☑　align：确定对象在页面上的对齐方式。

☑　codebase：基址属性，此标识包含选定 Applet 的文件夹。当选择了一个 Applet 后，此文本框被自动填充。

☑　code：指定包含该 Applet 的 Java 代码的文件。单击文件夹图标以浏览到某一文件，或者输入文件名。

☑　name：名称，指定用来标识 Applet 以撰写脚本的名称。在属性检查器最左侧的未标记文本框中输入名称。

☑　hspace 和 vspace：水平边距和垂直边距，以像素为单位指定 Applet 上、下、左、右的空白量。

☑　param：用于输入要传递给 Applet 的其他参数的对话框，通过单击"属性"面板中的"参数"按钮实现。具体设置界面如图 12-19 所示。

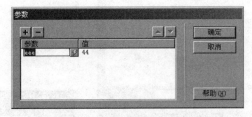

图 12-19　参数设置

　　实例 072：向页面中插入 Applet
　　　　　　　　源码路径：光盘\codes\part12\4.html

本实例的具体实现流程如下所示。

（1）准备 Applet 文件 My_caculator.class，保存在"9\"文件夹中。

（2）在 Dreamweaver CS6 中新建一个空白页面，单击"设计"标签打开其设计界面，如图 12-20 所示。

（3）在菜单栏中选择"插入/媒体/Applet"命令，如图 12-21 所示。

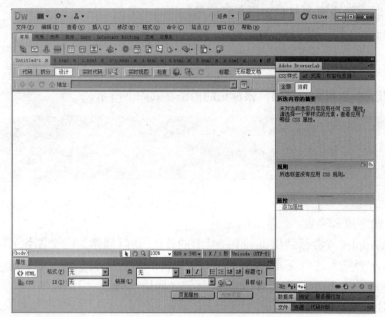

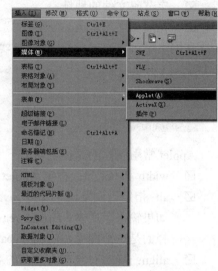

图 12-20　设计界面　　　　　　　　　　　　图 12-21　选择"Applet"命令

（4）在弹出的"选择文件"对话框中选择插入的 Applet 文件，如图 12-22 所示。

（5）单击"确定"按钮后，在弹出的"Applet 标签辅助功能属性"对话框中设置替换文本和标题，如图 12-23 所示。

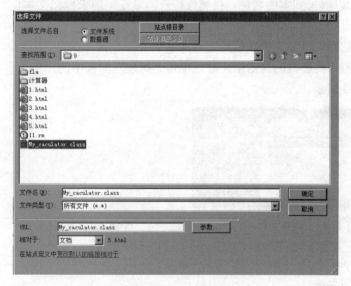

图 12-22　选择文件　　　　　　　　　　　　图 12-23　设置替换文本和标题

（6）单击"确定"按钮返回设计界面，在"属性"面板中设置对象的高度和宽度，如图 12-24 所示。

（7）在"属性"面板中设置对象的对齐方式为"默认值"，替换元素为文本"123"，如图 12-25 所示。

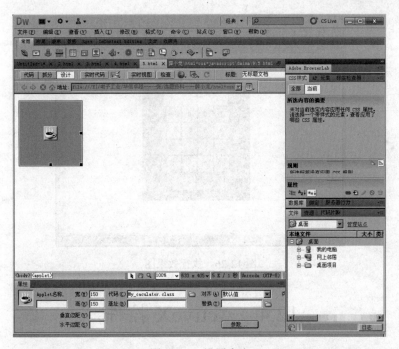

图 12-24　设置大小

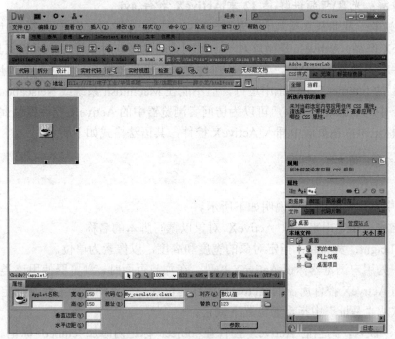

图 12-25　设置对齐方式和替换元素

此时，整个实例的实现过程介绍完毕。在上述实例中，首先使用 Applet 编写了一个计算器程序，然后使用 Dreamweaver 将此 Applet 应用到了 HTML 页面中。如果要指定在 Netscape Navigator（已禁用 Java）和 Lynx（基于文本的浏览器）中均可查看替代内容，请选择一个图像，然后在代码检查器中手动将 alt 属性添加到<img>标记中。执行后的效果如图 12-26 所示。

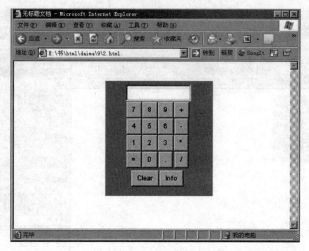

图 12-26　执行效果图

12.4　ActiveX 控件

知识点讲解：光盘\视频讲解\第 12 章\ActiveX 控件.avi

ActiveX 是微软的一款非凡产品，功能强大到可以开发出音频和视频播放器，这里只是讲解怎么去使用现成的 ActiveX 产品。ActiveX 是微软对于一系列策略性面向对象程序技术和工具的称呼，其中最主要的技术是组件对象模型（COM）。ActiveX 控件可以充当浏览器插件的可重复使用的组件，它可以在 Windows 系统上的 Internet Explorer 中运行，但不能在 Macintosh 系统或 Netscape Navigator 中运行。使用 Dreamweaver 中的 ActiveX 对象，可以为访问者浏览器中的 ActiveX 控件提供属性和参数。

通过<object>标记可以在页面中插入 ActiveX 控件，其语法格式如下所示。

```
<object 属性="属性值">
</object>
```

ActiveX 控件中常用属性的具体说明如下所示。

☑　name：名称，指定用来标识 ActiveX 对象以撰写脚本的名称。

☑　width 和 height：宽和高，指定对象的宽度和高度，以像素为单位。

☑　ClassID：为用户浏览器标识 ActiveX 控件。在加载页面时，浏览器使用该类 ID 来确定与该页面关联的 ActiveX 控件所需的 ActiveX 控件的位置。如果浏览器未找到指定的 ActiveX 控件，则将尝试从"基址"中指定的位置下载它。

☑　<embed>：嵌入，为当前 ActiveX 控件在<object>标记内添加<embed>标记。如果此控件具有 Netscape Navigator 插件等效项，则通过<embed>标记激活该插件。Dreamweaver 将作为 ActiveX 属性输入的值分配给它们的 Netscape Navigator 插件等效项。

☑　align：对齐，确定对象在页面上的对齐方式。

☑　<param>：参数，通过特别参数可以实现控件的特殊功能。

☑　codebase：基址，指定包含该 ActiveX 控件的 URL。如果在访问者的系统中尚未安装该 ActiveX 控件，则 Internet Explorer 将从该位置下载它。如果没有指定"基址"参数并且当前的访问者尚未安装相应的 ActiveX 控件，则浏览器无法显示 ActiveX 对象。

☑ <img>：替换图像，指定当浏览器不支持<object>标记时要显示的图像。只有在取消选中"嵌入"复选框后此选项才可用。

☑ Data：数据，为要加载的 ActiveX 控件指定数据文件。

实例 073：在页面中插入 ActiveX 控件
源码路径：光盘\codes\part12\5.html

本实例的具体实现流程如下所示。

（1）在 Dreamweaver CS6 中新建一个空白页面，单击"设计"标签打开其设计界面，如图 12-27 所示。

（2）在菜单栏中选择"插入/媒体/ActiveX"命令，弹出"对象标签辅助功能属性"对话框，如图 12-28 所示。

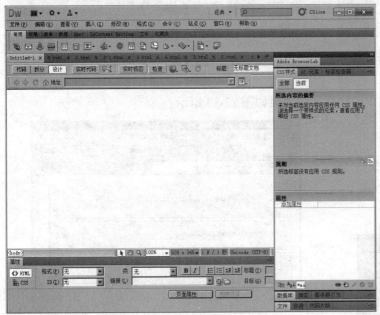

图 12-27　设计界面　　　　　　　　　　　图 12-28　"对象标签辅助功能属性"对话框

（3）在弹出的"对象标签辅助功能属性"对话框中设置"标题"为"qq"，如图 12-29 所示。

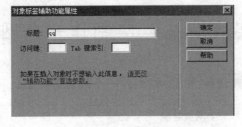

图 12-29　设置标题

（4）单击"确定"按钮返回设计界面，在"属性"面板中设置对象的高度、宽度和名称，如图 12-30 所示。

（5）在"属性"面板的 ClassID 下拉列表框中选择"RealPlayer/clsid:CFCDAA03-8BE4-11cf- B84B-0020AF BBCCFA"选项，如图 12-31 所示。

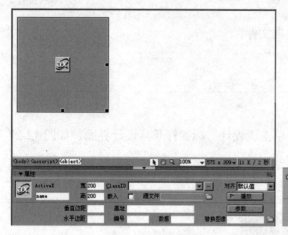

图 12-30 属性设置   图 12-31 设置"ClassID"

（6）单击"属性"面板中的"参数"按钮，在弹出的"参数"对话框中设置对象参数，如图 12-32 所示。

此时，整个实例的实现过程介绍完毕，执行后的效果如图 12-33 所示。

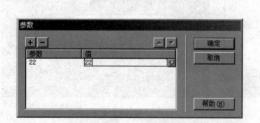

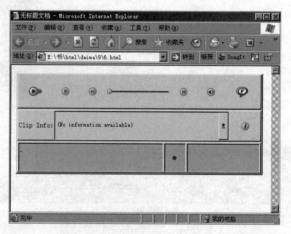

图 12-32 设置参数   图 12-33 执行效果

12.5 实战演练——制作一个网页导航

知识点讲解：光盘\视频讲解\第 12 章\制作一个网页导航.avi

实例 074：制作一个网页导航
源码路径：光盘\codes\part12\zonghe\

本实例的功能是制作一个具有 Flash 的导航页面，具体的流程如下所示。

（1）在 Dreamweaver CS6 中新建一个空白页面，单击"设计"标签打开其设计界面，如图 12-34

所示。

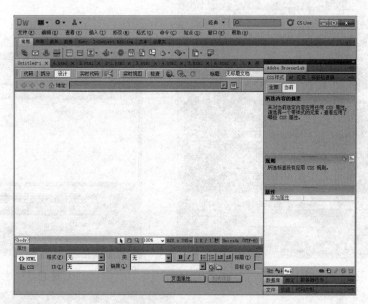

图 12-34　设计界面

（2）设置一个 3 行表格，如图 12-35 所示。

图 12-35　设置 3 行表格

（3）在各个分区分别使用"插入/图像"命令插入指定的图片，如图 12-36 所示。

（4）将鼠标光标放在第一个表格，然后在菜单栏中选择"插入/媒体/Flash"命令，弹出"选择 Flash 文件"对话框，如图 12-37 所示。

（5）在"选择 Flash 文件"对话框中选择插入的 Flash 文件，如图 12-38 所示。

（6）按照上述步骤，在下面表格也插入一个 Flash 文件，完成之后的界面效果如图 12-39 所示。

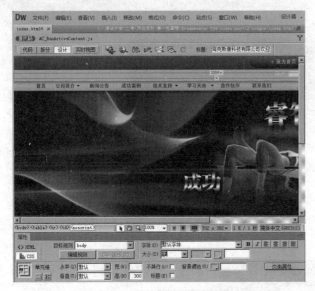

图 12-36　插入图片

图 12-37　插入 Flash

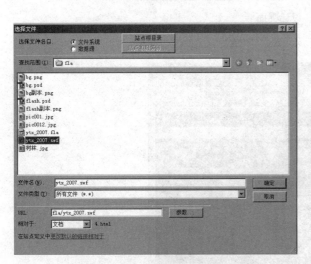

图 12-38　选择插入的文件

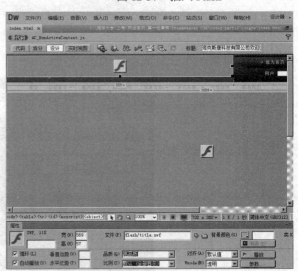

图 12-39　插入 Flash 后的效果

（7）在浏览器中执行之后的效果如图 12-40 所示。

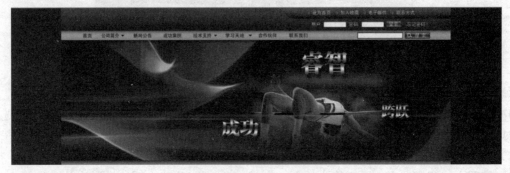

图 12-40　最终执行效果

第13章 使用框架

框架是网页中的重要组成元素之一，页面通过框架可以满足用户特定需求的显示效果。本章将介绍页面中框架处理的基本知识，并通过具体的实例来介绍其具体的使用流程，为读者步入后面知识的学习打下坚实的基础。

13.1 框架标记介绍

📹 **知识点讲解：光盘\视频讲解\第13章\框架标记介绍.avi**

在规划一个网页时，设计师们可以用框架来划分，可以将页面分为上、下两部分，也可以是左、右两部分，还可以是上、左、右3部分。通过框架页面可以将信息有序地显示在浏览者面前。框架是提供框架集内各框架的可视化表示形式，能够显示框架集的层次结构，而这种层次结构在"文档"窗口中的显示可能不够直观。如图13-1所示的效果就是一个典型的左、右两侧的框架页面。

图13-1 左、右框架页面

在页面中实现框架功能的标记有两个，分别是框架组标记"<FRAMESET>...</FRAMESET>"和框架标记<FRAME>。其中，前者的功能是划分一个整体的框架，而后者的功能是设置整体框架中的某一个框架，并声明其中框架页面的内容。上述标记的语法格式如下所示。

```
<FRAMESET>
 <FRAME  src="URL">
 <FRAME  src="URL">
  ...
</FRAMESET>
```

1. 框架组标记

使用框架组标记的语法格式如下所示。

```
<FRAMESET 属性=属性值 >
…
</FRAMESET>
```

框架组标记的常用属性及其描述如表 13-1 所示。

表 13-1　框架组的常用属性列表

属　　性	描　　述
rows	设置横向分割的框架数目
cols	设置纵向分割的框架数目
border	设置边框的宽度
bordercolor	设置边框的颜色
frameborder	设置有/无边框
framespacing	设置各窗口间的空白

其中，"rows"和"cols"的属性值单位可以是像素，也可以是百分比。

2. 框架标记

因为框架标记<FRAME>可以指定页面的内容，所以它可以将各个框架和包含其内容的那个文件联系在一起。使用框架标记的语法格式如下所示。

```
<FRAME src="文件名" name="框架名" 属性=属性值 noresize >
…
<FRAME src="文件名" name="框架名" 属性=属性值 noresize >
```

框架标记中常用属性及其描述如表 13-2 所示。

表 13-2　框架的常用属性列表

属　　性	描　　述
src	设置该框架对应的源文件
name	设置框架的名称
border	设置边框的宽度
bordercolor	设置边框的颜色
frameborder	设置有/无边框
marginwidth	设置框架内容与左右边框的空白
marginheight	设置框架内容与上下边框的空白
scrolling	设置是否加入滚动条
noresize	设置是否允许各窗口改变大小，默认设置是允许改变

其中 scrolling 的取值说明如表 13-3 所示。

表 13-3　scrolling 的取值列表

取　　值	说　　明
yes	设置加入滚动条
no	设置不加入滚动条
auto	设置自动加入滚动条

13.2　创建框架

 知识点讲解：光盘\视频讲解\第 13 章\创建框架.avi

本节将通过一个具体的实例向读者讲解创建页面框架的方法，并对各框架属性的设置方法进行详细阐述。

> 实例 075：在网页中创建一个框架
>
> 源码路径：光盘\codes\part13\1.html、2.html、3.html

本实例是一个左、右两侧显示框架页面，由如下 3 个实现文件构成。

☑　框架主页 1.html：设置框架的页面。

☑　左侧页面 2.html：显示框架的右侧内容。

☑　右侧页面 3.html：显示框架的左侧内容。

本实例的实现流程如下所示。

（1）在 Dreamweaver CS6 中新建一个空白页面，单击"设计"标签打开其设计界面，如图 13-2 所示。

（2）在菜单栏中选择"插入/HTML/框架/左对齐"命令，弹出"框架标签辅助功能属性"对话框，如图 13-3 所示。

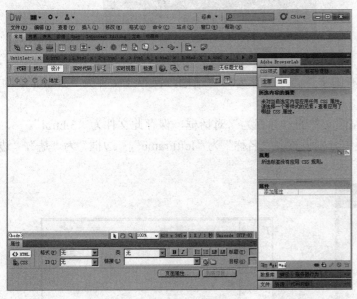

图 13-2　设计界面

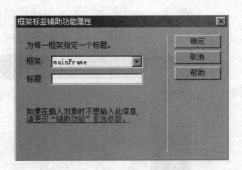

图 13-3　"框架标签辅助功能属性"对话框

（3）在弹出的"框架标签辅助功能属性"对话框中依次选择框架值和标题值，如图 13-4 所示。

（4）单击"确定"按钮后返回设计界面，在页面中将生成一个左、右两侧的框架页，如图 13-5 所示。

（5）在菜单栏中选择"文件/保存全部"命令，如图 13-6 所示。

（6）在弹出的"另存为"对话框中保存此框架文件为"1.html"，如图 13-7 所示。

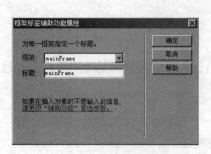

图 13-4　设置框架属性

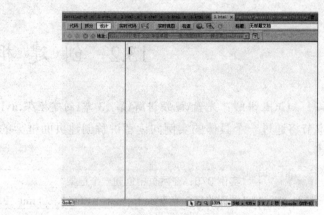

图 13-5　插入的框架页

图 13-6　页面保存

图 13-7　保存主框架页面

（7）单击"保存"按钮后弹出保存右侧文件的"另存为"对话框，保存此文件为"2.html"，如图 13-8 所示。

（8）单击"保存"按钮后弹出保存左侧文件的"另存为"对话框，保存此文件为"3.html"。

（9）选中左侧框架，在"属性"面板中分别设置其"名称"为"leftFrame"，"边框"为"是"，"边框颜色"为"#333333"，效果如图 13-9 所示。

图 13-8　保存左框架页面

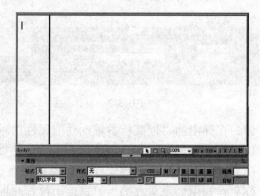

图 13-9　设置左侧页面属性

（10）选中右侧框架，在"属性"面板中分别设置其"名称"为"right"，"边框"为"是"，"边框颜色"为"#333333"，"滚动"为"是"，如图 13-10 所示。

（11）选中全部框架，在"属性"面板中分别设置其"边框"为"是"，"边框颜色"为"#333333"，效果如图 13-11 所示。

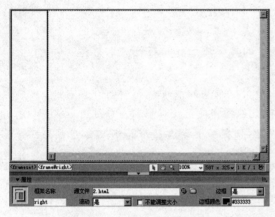

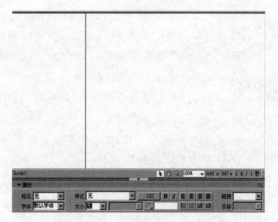

图 13-10　设置右侧页面属性　　　　　　　　　　图 13-11　设置主框架页面属性

（12）设置完毕后选择菜单栏中的"文件/另存为"命令，再选择保存方式为"保存全部"。

此时，整个实例的实现过程介绍完毕，执行后的效果如图 13-12 所示。

从上述显示效果可以看出，整体框架页通过调用左右侧页面来实现页面显示，显示的内容是左右侧页面的内容，整体框架页只是起了一个中间媒介的作用。

所有的框架标记需要放在一个起始的第三方 HTML 文件中，这个文件只是用来声明框架的定义、记录框架如何划分，以及框架的各种属性，不会显示任何资料。

在设计框架时，为了便于各部分框架的选择，需要在 Dreamweaver CS6 中设置显示其框架窗口，具体设置方法是选择菜单栏中的"窗口/框架"命令，如图 13-13 所示。

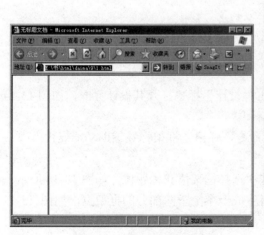

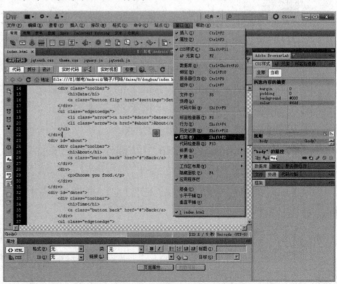

图 13-12　执行效果图　　　　　　　　　　　　图 13-13　设置窗口显示框架

注意： 超级链接目标属性和框架之间的关系

在动态站点开发应用中，通常使用框架来实现站点的后台管理功能。而对于大多数新手来说，超级链接目标页面的打开方式很容易引起混淆。例如，在框架中单击一个超级链接后，有时目标页面以一个新的独立页面显示，有时会替换当前主框架页面，有时只会替换子框架页面。

上述问题是因为框架内链接属性的设置方式引起的，要解决上述问题，则必须好好理解超级链接的目标属性。超级链接有如下4种常用的目标属性。

☑ _blank：是最常见的链接方式，表示超级链接的目标地址在新建窗口中打开。

☑ _self：表示相同窗口，单击链接后，地址栏不变。

☑ _top：表示整页窗口，即此选项将使链接在整个框架集的最外端窗口打开。

☑ _parent：表示在父窗口中打开目标链接页，即此选项将使链接在当前窗口的上一级窗口打开。

如果应用框架后，目标类型将会出现另外几种。例如有一个左右显示的框架页，则在目标属性中会出现如下两种新属性。

☑ mainFrame：指的是主框架，单击链接后目标内容将在右边出现。

☑ leftFrame：指左边，单击链接后目标内容在左边出现。

当然如果是上下结构的框架，则就会出现mainFrame和topeFrame。

13.3　设置框架大小

 知识点讲解： 光盘\视频讲解\第13章\设置框架大小.avi

根据系统的需求，我们可以设置页面中的框架大小，直至调整到最佳大小模式为止。本节将通过一个具体实例的实现过程讲解设置框架大小的基本流程。

实例076： 创建一个"对齐上缘"的框架页面
源码路径： 光盘\codes\part13\5.html、6.html、7.html

本实例是一个上下两侧显示框架的页面，由如下3个实现文件构成。

☑ 框架主页 5.html：设置框架的页面。

☑ 左侧页面 6.html：显示框架的右侧内容。

☑ 右侧页面 7.html：显示框架的左侧内容。

本实例的具体实现流程如下所示。

（1）在 Dreamweaver CS6 中新建一个空白页面，单击"设计"标签打开其设计界面，如图 13-14 所示。

（2）在菜单栏中选择"插入/HTML/框架/对齐上缘"命令，弹出"框架标签辅助功能属性"对话框，如图 13-15 所示。

（3）在弹出的"框架标签辅助功能属性"对话框中依次选择框架值和标题值，如图 13-16 所示。

（4）单击"确定"按钮后返回设计界面，在页面中将生成一个上下两部分的框架页，如图 13-17 所示。

（5）在菜单栏中选择"文件/框架另存为"命令，如图 13-18 所示。

（6）在弹出的"另存为"对话框中保存此框架文件为"5.html"，如图 13-19 所示。

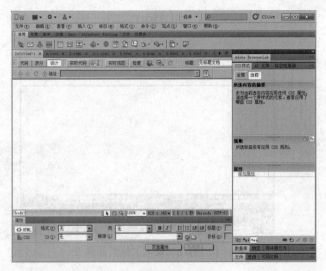

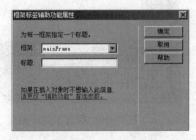

图 13-14　设计界面　　　　　　　　　　　图 13-15　"框架标签辅助功能属性"对话框

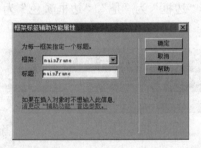

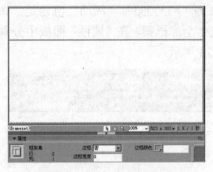

图 13-16　设置框架属性　　　　　　　　　　　图 13-17　插入的框架页

图 13-18　页面保存　　　　　　　　　　　图 13-19　保存主框架页面

（7）单击"保存"按钮后弹出保存下侧文件的"另存为"对话框，保存此文件为"6.html"，如图 13-20 所示。

（8）单击"保存"按钮后弹出保存上侧文件的"另存为"对话框，保存此文件为"7.html"。

（9）选中上侧框架，在"属性"面板中分别设置其"名称"为"topFrame"，"边框"为"是"，"边

189

框颜色"为"#333333",如图 13-21 所示。

图 13-20　保存下侧框架页

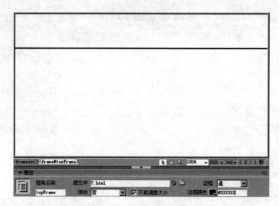

图 13-21　设置上侧页面属性

（10）选中下侧框架，在"属性"面板中分别设置其"名称"为"mainframe"，"边框"为"是"，"边框颜色"为"#333333"，"滚动"值为是，如图 13-22 所示。

（11）选中全部框架，在"属性"面板中分别设置其"边框"为"是"，"边框颜色"为"#333333"，效果如图 13-23 所示。

图 13-22　设置下侧页面属性

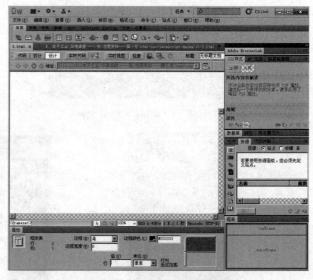

图 13-23　设置主框架页面属性

（12）选中全部框架后，在"属性"面板的"行值"文本框中输入 100，如图 13-24 所示。

（13）设置完毕后选择菜单栏中的"文件/另存为"命令，再选择保存方式为"保存全部"，效果如图 13-25 所示。

此时，整个实例的实现过程介绍完毕。通过上述步骤，创建了一个上、下两列显示的框架页面，通过"rows="100""设置了框架的大小。当为左、右侧框架时，框架大小通过列值 cols 来控制；当为上、下侧框架时，框架大小通过行值 rows 来控制。执行后的效果如图 13-26 所示。

通过上述实例，创建了一个分为上、下两部分的框架页面。同理，可以在菜单栏中选择"插入/HTML/框架/对齐下缘"命令，然后按照上述流程创建一个"对齐下缘"样式的框架，如图 13-27 所示。

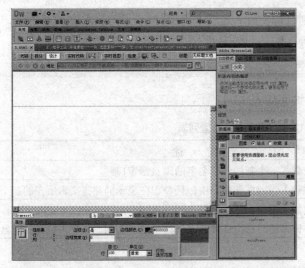

图 13-24　输入边框的大小　　　　　　　　　　　图 13-25　生成的文件

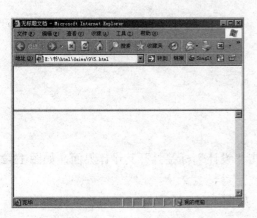
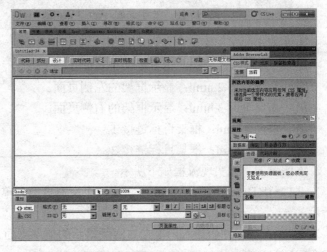

图 13-26　实例运行效果图　　　　　　　　　图 13-27　"对齐下缘"样式的框架

<FRAME>标记的个数应等于在<FRAMESET>标记中所定义的框架数，并且在显示标记的内容时，是按照在<FRAMESET>书写的顺序来显示的。如果<FRAME>标记数目少于<FRAMESET>中定义的框架数量，则多余的框架为空。由于<FRAMESET>与<BODY>标记的作用相同，所以在 HTML 文件中一般不能同时出现，否则可能会导致无法正常显示框架。

13.4　为框架创建链接

知识点讲解：光盘\视频讲解\第 13 章\为框架创建链接.avi

根据系统的特殊需求，需要对页面中的框架进行链接处理，实现框架页面间的相互交互。在常见的应用中，通常在一个框架中显示所有网页内容的目录，通过单击其中一个目录链接后会在另一个框架中显示相应内容。这些目录是热点文本，需要在框架之间建立超级链接，并指明显示的目标文件的框架。使用<A>标记的属性 target 可以控制目标文件在哪个框架内显示。当单击热点文本时，目标文件就会出现在 target 指定的框架内。属性 target 的值可以是框架名，其语法格式如下所示。

```
<A  href="目标文件名"  target="目标类型">  热点文本  </A>
```

框架链接的目标类型有 4 种，其具体说明如表 13-4 所示。

表 13-4 链接目标类型列表

取　　值	描　　述
= _blank	设置链接的目标文件被载入一个新的没有名字的浏览器窗口
= _self	设置链接的目标文件被载入当前框架窗口中，代替正在显示的热点文本所在的那个文件
= _top	设置链接的目标文件被载入整个浏览器窗口
= _parent	设置当框架有嵌套时，链接的目标文件被载入父框架中。否则，被载入整个浏览器窗口

实例 077：使用 Dreamweaver CS6 创建框架链接

源码路径：光盘\codes\part13\lianjie\

本实例由如下 5 个页面文件构成。

☑　框架主页 1.html：设置框架主页面。

☑　左侧页面 2.html：显示框架的左侧页面。

☑　右侧页面 3.html：显示框架的右侧页面。

☑　页面 4.html：框架目标链接 1。

☑　页面 5.html：框架目标链接 2。

本实例的具体实现流程如下所示。

（1）在 Dreamweaver CS6 中新建一个空白页面，单击"设计"标签打开其设计界面，如图 13-28 所示。

（2）在设计界面插入一个左右两侧显示的框架页面，如图 13-29 所示。

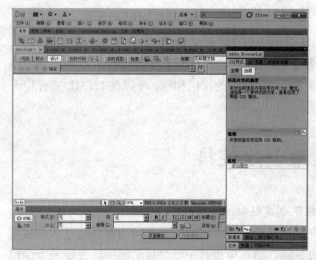

图 13-28　设计界面

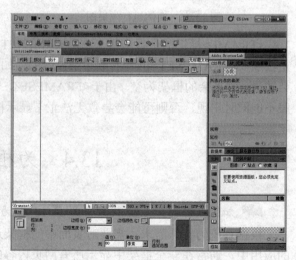

图 13-29　插入框架

（3）在设计界面依次设置各框架页面的属性，如图 13-30 所示。

（4）在左侧框架页面中依次输入标题和两段导航链接文本，并设置文本的字体属性，如图 13-31 所示。

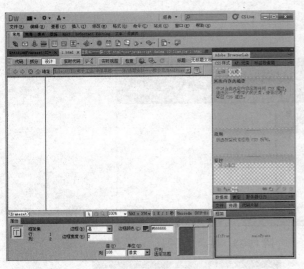

图 13-30　设置页面属性

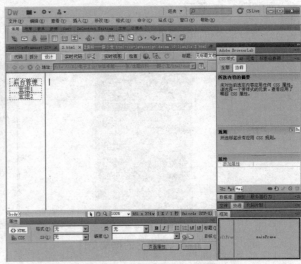

图 13-31　输入文本并设置属性

（5）选中首行导航链接文本，在"属性"面板的"链接"文本框中输入目标链接文件路径"4.html"，在"目标"的下拉列表框中选择"_blank"选项，如图 13-32 所示。

（6）选中次行导航链接文本，在"属性"面板的"链接"文本框中输入目标链接文件路径"5.html"，在"目标"的下拉列表框中选择"mainFrame"选项，如图 13-33 所示。

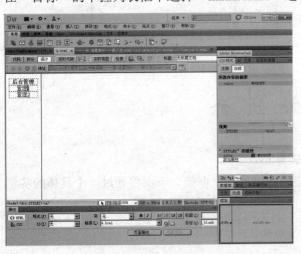

图 13-32　设置首行链接属性

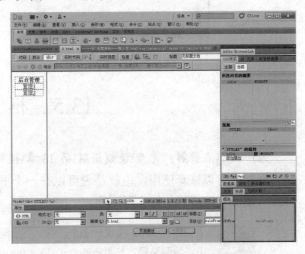

图 13-33　设置次行链接属性

（7）在菜单栏中选择"文件/另存为"命令，再选择保存方式为"保存全部"将文件保存，效果如图 13-34 所示。

此时，整个实例的实现过程介绍完毕，执行后的效果如图 13-35 所示。

因为使用了左右两侧显示的框架页，所以引入了 mainFrame 和 leftFrame 两种类型的链接方式。在实例中，前者的功能是设置链接文件在另一侧即右侧显示；而后者的功能是设置链接文件在当前侧，即左侧显示。在设置超级链接时一定要注意链接方式，请读者运行后看"管理 1"和"管理 2"超级链接的区别。因为设置的首行链接方式是"_blank"，所以单击此链接后目标文件将在新的窗口显示，如图 13-36 所示，因为设置的次行链接方式是"mainFrame"，所以单击此链接后目标文件将在右侧窗口显示，如图 13-37 所示。

图 13-34　保存后的框架文件　　　　　　　图 13-35　显示效果图

图 13-36　首行目标链接文件显示　　　　　图 13-37　次行目标链接文件显示

13.5　框架嵌套

 知识点讲解：光盘\视频讲解\第 13 章\框架嵌套.avi

框架也可以嵌套使用，也就是说可以在一个框架中使用另一个框架。下面将通过一个具体的实例讲解框架嵌套应用的具体实现流程。

> **实例 078**：实现一个左、右、下三层框架嵌套显示的导航页面
> 源码路径：光盘\codes\part13\qiantao\

本实例由如下 6 个页面文件构成。

☑　框架主页 1.html：设置框架主页面。
☑　上方左侧页面 4.html：显示框架的上方左侧的导航链接文本。
☑　上方右侧页面 3.html：显示框架的右侧内容。
☑　页面 2.html：是下方的框架页面，功能是显示底部版权信息。

☑ 页面 5.html：框架目标链接文件 1。

☑ 页面 6.html：框架目标链接文件 2。

本实例的具体实现流程如下所示。

（1）在 Dreamweaver CS6 中新建一个空白页面，单击"设计"标签打开其设计界面，如图 13-38 所示。

（2）在菜单栏中选择"插入/HTML/框架/下方及左侧嵌套"命令，弹出"框架标签辅助功能属性"对话框，如图 13-39 所示。

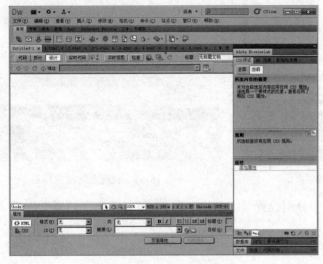

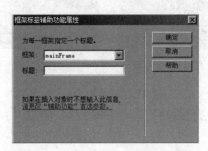

图 13-38　设计界面　　　　　　　　　　　　　图 13-39　"框架标签辅助功能属性"对话框

（3）在"框架标签辅助功能属性"对话框中依次选择框架值和标题值，如图 13-40 所示。

（4）单击"确定"按钮后返回设计界面，在页面中生成一个左、右、下 3 侧的框架页，如图 13-41 所示。

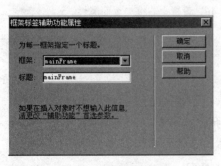

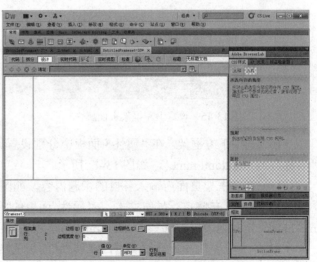

图 13-40　设置框架属性　　　　　　　　　　　图 13-41　插入的框架页

（5）在菜单栏中选择"文件/保存全部"命令，如图 13-42 所示。

（6）在依次弹出的"另存为"对话框中依次输入框架文件名称"1.html"、"2.html"、"3.html"和"4.html"，如图 13-43 所示。

（7）选中总体框架，在"属性"面板中分别设置其"边框颜色"为"#666666"，"边框"为"是"，如图 13-44 所示。

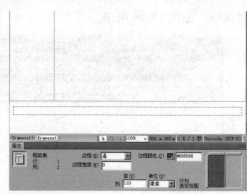

图 13-42　页面保存　　　　图 13-43　保存主框架页面　　　　图 13-44　设置总体框架属性

（8）选中上左侧框架，在"属性"面板中分别设置其"名称"为"leftFrame"，"边框"为"是"，"边框颜色"为"#999999"，如图 13-45 所示。

（9）选中上右侧框架，在"属性"面板中分别设置其"名称"为"mainframe"，"边框"为"是"，"边框颜色"为"#333333"，如图 13-46 所示。

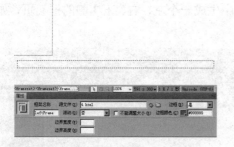

图 13-45　设置上左框架页面属性　　　　图 13-46　设置上右框架页面属性

（10）选中下方框架，在"属性"面板中分别设置其"边框"为"是"，"边框颜色"为"#666666"，"名称"为"bottomFrame"，如图 13-47 所示。

（11）在各框架页面内输入各自的主题内容，如图 13-48 所示。

（12）选中上左侧首行导航文本，在"属性"面板的"链接"文本框中输入目标链接文件路径"5.html"，在"目标"下拉列表框中选择"mainFrame"选项，如图 13-49 所示。

（13）选中上左侧次行导航文本，在"属性"面板的"链接"文本框中输入目标链接文件路径"6.html"，在"目标"下拉列表框中选择"bottomFrame"选项，如图 13-50 所示。

（14）设置完毕后选择菜单栏中的"文件/另存为"命令，再选择保存方式为"保存全部"，效果如图 13-51 所示。

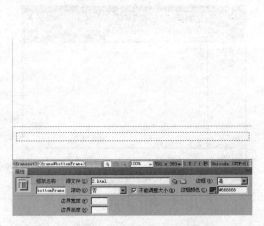

图 13-47　设置下方框架页面属性

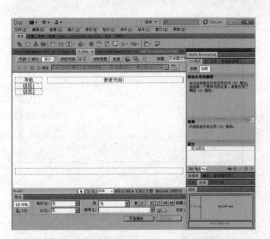

图 13-48　输入各框架页面内容

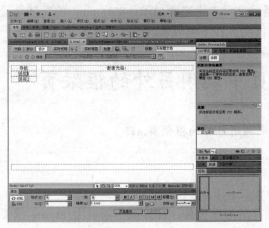

图 13-49　设置上左首行文本链接

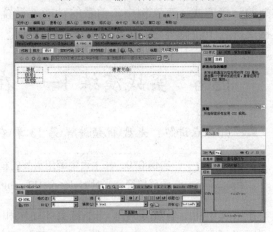

13-50　设置上左次行文本链接

此时，整个实例的实现过程介绍完毕，执行后的效果如图 13-52 所示。

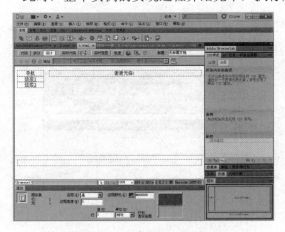

图 13-51　保存全部框架文件

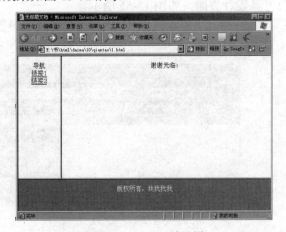

图 13-52　显示效果图

在上述实例中，因为设置的首行链接方式是"mainFrame"，所以单击此链接后目标文件将在上右窗口中显示，效果如图 13-53 所示。因为设置的次行链接方式是"bottomFrame"，所以单击此链接后目标文件将在下侧窗口显示，效果如图 13-54 所示。

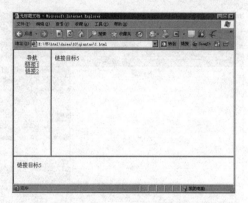

图 13-53　首行目标链接文件显示

图 13-54　次行目标链接文件显示

因为使用了上、左、右 3 侧显示的框架页，所以引入了 mainFrame、leftFrame 和 bottomFrame 3 种类型的链接方式。在实例中，前者的功能是设置目标链接文件在上右侧显示；leftFrame 的功能是设置链接文件在上左侧显示；bottomFrame 的功能是设置链接文件在下侧显示。

13.6　实战演练 1——在主页中调用另外的框架页

知识点讲解：光盘\视频讲解\第 13 章\在主页中调用另外的框架页.avi

实例 079：在主页中调用另外的框架页
源码路径：光盘\codes\part13\zonghe1\

在本实例中，首先实现了一个带有 Flash 和背景图片的导航文件，在导航下面使用 iframe 框架命令调用了子页面 3.htm。本实例的具体实现流程如下所示。

（1）首先制作主页子页面 3.htm，在 Dreamweaver CS6 中新建一个空白页面，单击"设计"标签打开其设计界面，如图 13-55 所示。

（2）在工具栏中选择"插入/表格"命令，设置首航表格为 6 列，并分别在里面输入文本，如图 13-56 所示。

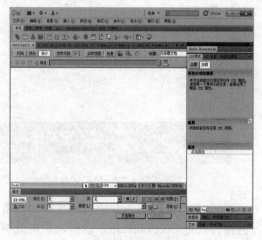

图 13-55　设计界面

图 13-56　为分块设置文本

（3）然后在第二行表格中分别插入图片，并设置对应的文本，如图 13-57 所示。

（4）此时在浏览器中执行 3.htm 的效果如图 13-58 所示。

　　　图 13-57　插入图片和文字　　　　　　　　　　　图 13-58　子页的执行效果

（5）开始制作主页，首先在导航中插入图片和 Flash，如图 13-59 所示。

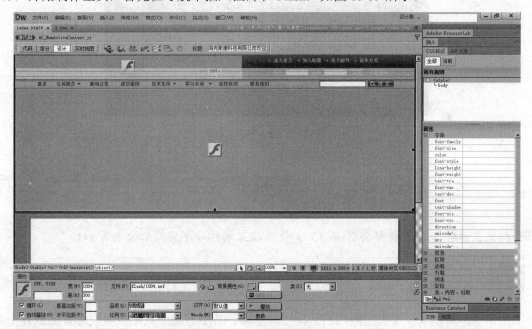

图 13-59　在导航中插入图片和 Flash

（6）在导航下方插入如下所示的命令，调用子页面文件 3.htm，效果如图 13-60 所示。

```
<iframe height="190" src="biaoqian/3.htm" scrolling="no" width="924" align="middle" frameborder="0" vspace="0">
</iframe>
```

最终在浏览器中的执行效果如图 13-61 所示。

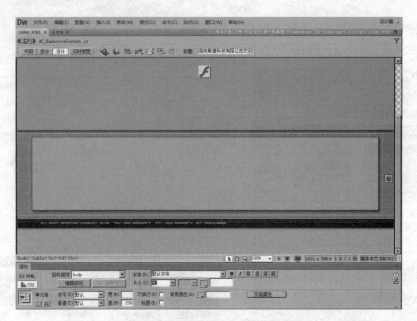

图 13-60　用框架命令调用子页面

图 13-61　最终执行效果

13.7　实战演练2——使用框架制作一个网站后台主页

 知识点讲解：光盘\视频讲解\第 13 章\使用框架制作一个网站后台主页.avi

实例 080：使用框架制作一个网站后台主页

源码路径：光盘\codes\part13\zonghe2\

在本实例中，实现了一个典型网站的后台管理主页。其中左侧分页中以导航样式显示各个功能的链接，在右侧分页中显示链接功能对应的实现页面。本实例的具体实现流程如下所示。

（1）首先在 Dreamweaver CS6 中实现一个左右分栏的框架页面 adminlogin.html，如图 13-62 所示。

（2）在 Dreamweaver CS6 中新建左侧框架页面 left.html，使用表格命令插入多个功能链接，并为子表格设置背景图片，如图 13-63 所示。

（3）在 Dreamweaver CS6 中新建右侧框架页面 adminlogin.html，此页面比较简单，只是插入了简单的文本，如图 13-64 所示。

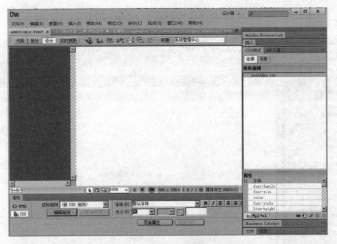

图 13-62　左右分栏的框架页面

图 13-63　插入表格、文字和背景图片

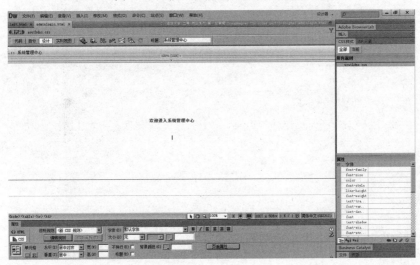

图 13-64　插入文本

此时，整个实例介绍完毕，在浏览器中的最终执行效果如图 13-65 所示。

图 13-65　最终执行效果

第14章 使用表单

表单是网页中的重要组成元素之一，页面通过表单可以实现动态数据的传输和交换效果。本章将介绍页面中表单处理的基本知识，并通过具体的实例来介绍其具体的使用流程，为读者步入后面知识的学习打下坚实的基础。

14.1 表单标记

📀 知识点讲解：光盘\视频讲解\第 14 章\表单标记.avi

表单不仅是为了显示一些信息，还具有深层的意义，那就是为实现动态网页做好准备。网页中的表单就像美女衣服上的口袋一样，在设计口袋时以追求美观、大方为目的，并且要求体现出整件衣服的最佳风格，这样可以起一个良好的点缀作用。但是衣服口袋最主要的目的只有一个，那就是装东西。

在设计网页时为了满足动态数据的交互需求，需要使用表单来处理这些数据。通过页面表单可以将数据进行传递处理，实现页面间的数据交互。例如，通过会员注册表单可以将会员信息在站点内保存，通过登录表单可以对用户数据进行验证。从总体上说，现实中常用的创建表单字段标记有如下 3 类。

☑ Textarea：定义一个终端用户可以输入多行文本的字段。
☑ Select：允许终端用户在一个滚动框或弹出菜单中的一些选项中作出选择。
☑ Input：提供所有其他类型的输入，如单行文本、单选按钮、提交按钮等。

14.2 使用<form>标记

📀 知识点讲解：光盘\视频讲解\第 14 章\使用<form>标记.avi

<form>标记出现在任何一个表单窗体的开始，其功能是设置表单的基础数据。此标记的语法格式如下所示。

```
<form action="" method="post" enctype="application/x-www-form-urlencoded" name="form1" target="_parent">
```

其中，"name"是表单的名字；"method"是数据的传送方式；"action"是处理表单数据的页面文件；"enctype"是传输数据的 MIME 类型；"target"是处理文件的打开方式。

有如下两种传输数据的 MIME 类型。

☑ application/x-www-form-urlencode：默认方式，通常和 post 一起使用。
☑ multipart/form-data：上传文件或图片时的专用类型。

在表单中有如下两种传送数据的方式。

☑ post：从发送表单内直接传输数据。
☑ get：将发送表单数据附加到 URL 的尾部。

实例 081：在网页中创建一个表单

源码路径：光盘\codes\part14\1.html

本实例的具体实现流程如下所示。

（1）在 Dreamweaver CS6 中新建一个空白页面，单击"设计"标签打开其设计界面，如图 14-1 所示。

（2）在菜单栏中选择"插入/表单/表单"命令插入一个表单，如图 14-2 所示。

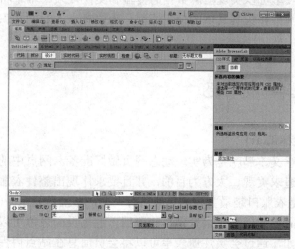

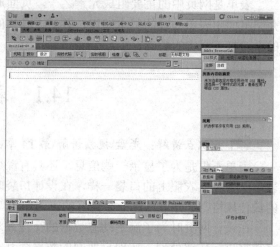

图 14-1　设计界面

图 14-2　插入表单

（3）选中插入的表单，然后在"属性"面板的"方法"下拉列表框中选择"POST"方式，如图 14-3 所示。

（4）在"属性"面板的"编码类型"下拉列表框中单击选择"application/x-www-form-urlencoded"方式，如图 14-4 所示。

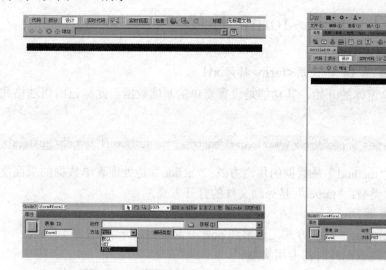

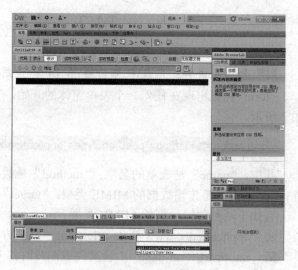

图 14-3　设置传输方式

图 14-4　设置"MIME"类型

（5）在"属性"面板的"目标"下拉列表框中选择"_parent"方式，如图 14-5 所示。

此时，整个实例的实现过程介绍完毕，执行后的效果如图 14-6 所示。

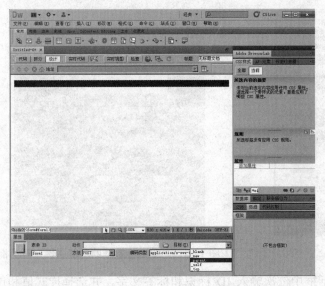

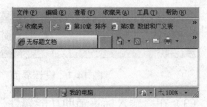

图 14-5 设置 "_parent" 方式   图 14-6 执行效果

建议读者不要使用 GET 方法发送长表单。因为 URL 的长度限制在 8192 个字符以内，如果发送的数据量太大，数据将被截断，从而会导致意外的或失败的处理结果。另外，如果要收集机密用户名和密码、信用卡号或其他机密信息，POST 方法可能比 GET 方法更安全。但是，由 GET 方法发送的信息是未经加密的，容易被黑客获取。若要确保安全性，请通过安全的连接与安全的服务器相连。

14.3 使用文本域

 知识点讲解：光盘\视频讲解\第 14 章\使用文本域.avi

文本域的功能是收集页面的信息，它包含了获取信息所需的所有选项。例如，在会员登录中需要输入用户名文本字段和登录口令字段。文本域功能是通过<input>标记实现的，此标记的语法格式如下所示。

```
<label>我们的数据
  <input type="类型" name="文本域" id="标识" >
</label>
```

其中，"type" 是文本域内的数据类型；"name" 是文本域的名字；"id" 是文本域的标识。

实例 082：在表单中创建文本域

源码路径：光盘\codes\part14\2.html

本实例的具体实现流程如下所示。

（1）在 Dreamweaver CS6 中新建一个空白页面，单击 "设计" 标签打开其设计界面，如图 14-7 所示。

（2）在菜单栏中选择 "插入/表单/文本域" 命令，弹出 "输入标签辅助功能属性" 对话框，如图 14-8 所示。

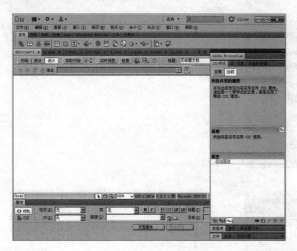
图 14-7　设计界面

图 14-8　"输入标签辅助功能属性"对话框

（3）在"输入标签辅助功能属性"对话框中依次输入 ID 标识和标签文字，并选择样式值和位置值，如图 14-9 所示。

（4）选中 form 区域，在其"属性"面板中依次设置 form 的属性值，如图 14-10 所示。

图 14-9　设置功能属性

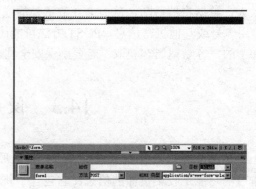
图 14-10　设置 form 的属性值

（5）选中插入的文本域，在"属性"面板中设置"字符宽度"为"20"，如图 14-11 所示。

（6）在"属性"面板中依次设置"类型"为"单行"，"初始值"为"我"，如图 14-12 所示。

图 14-11　设置"字符宽度"

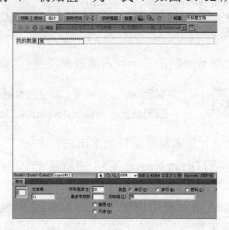
图 14-12　设置文本域属性值

此时，整个实例的实现过程介绍完毕，执行后的效果如图 14-13 所示。

图 14-13 执行效果

14.4 使用文本区域

 知识点讲解：光盘\视频讲解\第 14 章\使用文本区域.avi

文本区域的功能是收集页面的多行文本信息，它也包含了获取信息所需的所有选项。例如，留言本内容和商品评论等。在文本区域内可以输入多行文本信息。文本区域功能是通过<textarea>标记实现的，此标记的语法格式如下所示。

```
<label>我们的数据
    <textarea name="文本域" id="值" cols="宽度" rows="行数"></textarea>
</label>
```

其中，"name"是文本区域的名字；"cols"是文本区域内每行显示的字符数；"rows"是文本区域内每行显示的字符行数；"id"是文本区域的标识。

实例 083：创建一个文本域表单
源码路径：光盘\codes\part14\3.html

本实例的具体实现流程如下所示。

（1）在 Dreamweaver CS6 中新建一个空白页面，单击"设计"标签打开其设计界面，如图 14-14 所示。

（2）在菜单栏中选择"插入/表单/文本区域"命令，如图 14-15 所示。

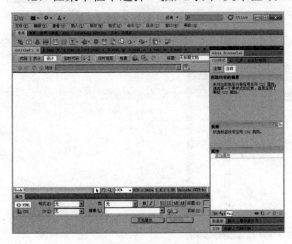

图 14-14 设计界面

图 14-15 插入文本区域

（3）在弹出的对话框中依次输入 ID 标识和标签文字，并选择样式值和位置值，如图 14-16 所示。

（4）选中 form 区域，在其"属性"面板中依次设置 form 的属性值，如图 14-17 所示。

图 14-16 设置功能属性

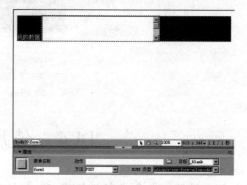

图 14-17 设置 form 的属性值

（5）选中插入的文本区域，在"属性"面板中设置"字符宽度"为"45"，如图 14-18 所示。

（6）在"属性"面板中依次设置"类型"为"多行"，"初始值"为"我"，"行数"为 20，如图 14-19 所示。

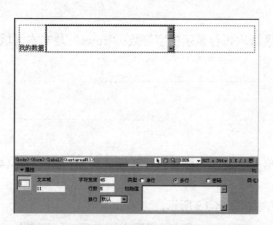

图 14-18 设置字符宽度

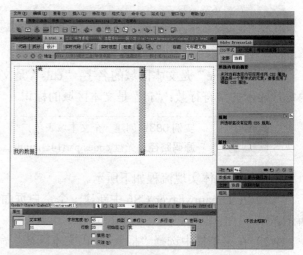

图 14-19 设置文本区域属性值

此时，整个实例的实现过程介绍完毕，执行后的效果如图 14-20 所示。

图 14-20 执行效果

14.5　使用按钮

 知识点讲解：光盘\视频讲解\第 14 章\使用按钮.avi

按钮是表单交互中的重要元素之一。当用户在表单内输入数据后，可以通过单击按钮来激活处理程序，实现对数据的处理。在网页中加入按钮的方法有多种，最常用的语法格式如下所示。

```
<label>我们的数据
  <input type="类型" name="名称" id="标识" value="值">
</label>
```

其中，"name"是按钮的名字；"type"是按钮的类型；"value"是在按钮上显示的文本；"id"是按钮的标识。

按钮有如下 3 种常用的 type 类型。

☑　button：按钮的通用表示方法，表示一个按钮。

☑　submit：设置为提交按钮，单击后数据将被处理。

☑　reset：设置为重设按钮，单击后将表单数据清除。

实例 084：在网页中使用按钮

源码路径：光盘\codes\part14\4.html

本实例的具体实现流程如下所示。

（1）在 Dreamweaver CS6 中新建一个空白页面，单击"设计"标签打开其设计界面，如图 14-21 所示。

（2）在菜单栏中选择"插入/表单/文本区域"命令，弹出"输入标签辅助功能属性"对话框，如图 14-22 所示。

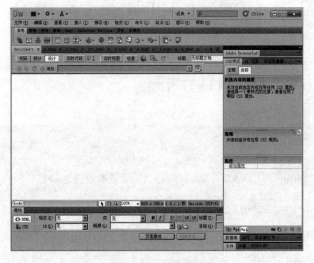

图 14-21　设计界面

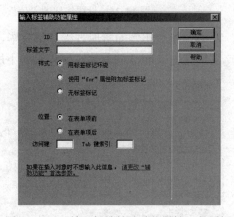

图 14-22　"输入标签辅助功能属性"对话框

（3）在"输入标签辅助功能属性"对话框中依次输入 ID 标识和标签文字，并选择样式值和位置值，如图 14-23 所示。

（4）选中 form 区域，在其"属性"面板中依次设置 form 的属性值，如图 14-24 所示。

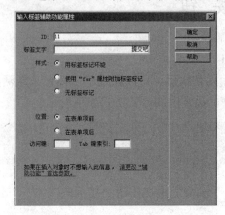

图 14-23　设置功能属性

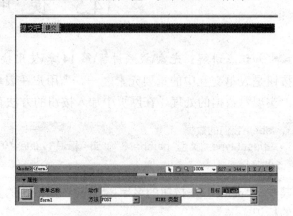

图 14-24　设置 form 的属性值

（5）选中插入的按钮，在"值"文本框内输入"我是一个按钮"，如图 14-25 所示。

（6）在"属性"面板中设置"动作"为"重设表单"，如图 14-26 所示。

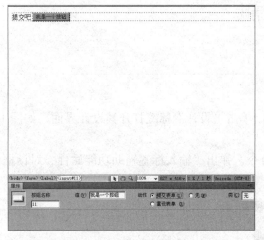

图 14-25　设置按钮的"值"

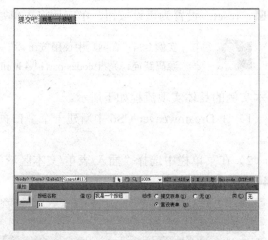

图 14-26　设置为"重设表单"

此时，整个实例的实现过程介绍完毕，执行后的效果如图 14-27 所示。

实例文件 4.html 的具体实现代码如下所示。

```
<html>
..............................
<body>
<form action="" method="post" name="form1" target="_blank">          <!--设置表单属性-->
  <label>提交吧
  <input type="reset" name="11" id="11" value="我是一个按钮">          <!--设置按钮属性-->
  </label>
</form>
</body>
</html>
```

按"F12"键查看浏览效果，如图 14-27 所示。

图 14-27　执行效果图

14.6　使用单选按钮和复选框

 知识点讲解：光盘\视频讲解\第 14 章\使用单选按钮和复选框.avi

单选按钮和复选框是表单交互过程中的重要元素之一。在页面中通过提供单选按钮和复选框，使用户可以选择页面中的某些数据，帮助用户快速地传送数据。例如注册会员时，在性别一栏中会让我们选择性别是男还是女。

单选按钮是指在选择时只有一项相关设置，其语法格式如下所示。

```
<label>我们的数据
    <input type="radio" name="名字" id="标识" value="值">
</label>
```

其中，"name"是单选按钮的名字；"type="radio""表示按钮的类型是单选按钮；"value"是在按钮上传送的数据值；"id"是按钮的标识。

复选框是指能够同时提供多项相关设置，用户可以随意选择，其语法格式如下所示。

```
<label>我们的数据
    <input type="checkbox" name="名字" id="标识" value="值" >
</label>
```

其中，"name"是复选框的名字；"type=" checkbox ""表示按钮的类型是复选框；"value"是在复选框上传送的数据值；"id"是按钮的标识。

> 实例 085：在网页中插入单选按钮和复选框
> 源码路径：光盘\codes\part14\5.html

本实例的具体实现流程如下所示。

（1）在 Dreamweaver CS6 中新建一个空白页面，单击"设计"标签打开其设计界面，如图 14-28 所示。

（2）在菜单栏中选择"插入/表单/单选按钮"命令，弹出"输入标签辅助功能属性"对话框，如图 14-29 所示。

（3）在"输入标签辅助功能属性"对话框中依次输入 ID 标识和标签文字，并选择样式值和位置值，如图 14-30 所示。

（4）单击"确定"按钮返回设计界面，然后按照上述方法再次插入一个单选按钮，如图 14-31 所示。

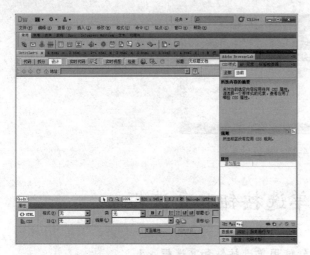

图 14-28　设计界面

图 14-29　"输入标签辅助功能属性"对话框

图 14-30　设置第一个单选按钮的功能属性

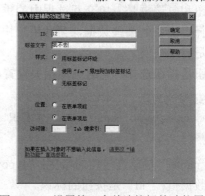

图 14-31　设置第二个单选按钮的功能属性

（5）在菜单栏中选择"插入/表单/复选框"命令，如图 14-32 所示。

（6）在弹出的"输入标签辅助功能属性"对话框中依次输入 ID 标识和标签文字，并选择样式值和位置值，如图 14-33 所示。

（7）单击"确定"按钮返回设计界面，然后按照上述方法再次插入一个复选框，如图 14-34 所示。

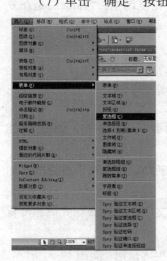

图 14-32　插入复选框

图 14-33　设置第一个复选框的功能属性

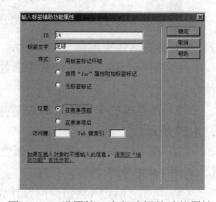

图 14-34　设置第二个复选框的功能属性

（8）选中插入的第一个单选按钮，在"属性"面板中设置"初始状态"为"已勾选"，如图 14-35 所示。

（9）选中插入的第二个单选按钮，在"属性"面板中设置"初始状态"为"未勾选"，如图 14-36 所示。

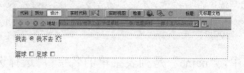

图 14-35　设置第一个单选按钮属性　　　　　图 14-36　设置第二个单选按钮属性

（10）选中插入的第一个复选框，在"属性"面板中设置"选定值"为"lanqiu"，如图 14-37 所示。
（11）选中插入的第二个复选框，在"属性"面板中设置"选定值"为"zuqiu"，如图 14-38 所示。

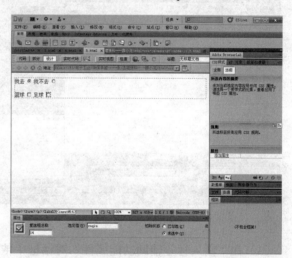

图 14-37　设置第一个复选框属性　　　　　图 14-38　设置第二个复选框属性

14.7　使用列表菜单

知识点讲解：光盘\视频讲解\第 14 章\使用列表菜单.avi

列表和菜单是页面表单交互过程中的重要元素之一。它能够在页面中提供下拉样式的表单效果，并且在下拉列表框内可以提供多个选项，帮助用户快速地实现数据传送处理。其语法格式如下所示。

```
<label>我们的数据
    <select name="11" id="11">
        <option value="值">选择选项 1</option>
        <option value="值">选择选项 2</option>
        …
    </select>
</label>
```

其中，"name"是列表菜单的名字；"选择选项"表示列表菜单中某选项的名称；"value"是在菜单上传送的数据值；"id"是菜单的标识。

 实例 086：在网页中创建列表菜单
源码路径：光盘\codes\part14\6.html

本实例的具体实现流程如下所示。

（1）在 Dreamweaver CS6 中新建一个空白页面，单击"设计"标签打开其设计界面，如图 14-39 所示。

（2）在菜单栏中选择"插入/表单/列表菜单"命令，弹出"输入标签辅助功能属性"对话框，如图 14-40 所示。

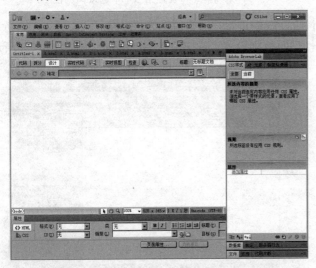

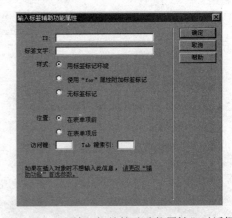

图 14-39　设计界面　　　　　　　　图 14-40　"输入标签辅助功能属性"对话框

（3）在"输入标签辅助功能属性"对话框中依次输入 ID 标识和标签文字，并选择样式值和位置值，如图 14-41 所示。

（4）单击"确定"按钮返回设计界面，然后选中插入的菜单列表，并在"属性"面板中设置"类型"为"菜单"，如图 14-42 所示。

（5）单击"属性"面板中的"列表值"按钮，弹出"列表值"对话框，如图 14-43 所示。

（6）单击"列表值"对话框中的 ➕ 图标，在"项目标签"中输入选项 1 的名称"足球"，如图 14-44 所示。

（7）继续单击"列表值"对话框中的 ➕ 图标，在"项目标签"中输入选项 2 的名称"篮球"，如图 14-45 所示。

图 14-41 设置菜单/列表的功能属性

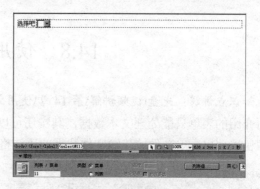

图 14-42 设置菜单属性

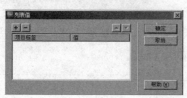

图 14-43 "列表值"对话框

图 14-44 输入选项名

（8）单击"确定"按钮返回设计界面，然后设置"属性"面板中的"初始化选定"值为"足球"，如图 14-46 所示。

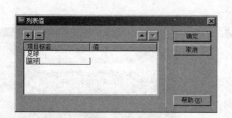

图 14-45 输入选项名

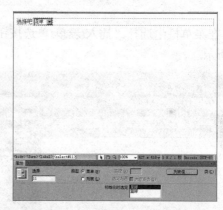

图 14-46 设置初始化选定值

此时，整个实例的实现过程介绍完毕，执行后的效果如图 14-47 所示。

在上述实例的列表框中设置了两个选项。读者可以在上述实例的基础上继续添加或删除指定的选项，方法是单击 Dreamweaver CS6"属性"面板中的 列表值... 按钮，在弹出的"列表值"对话框中添加或删除列表项，如图 14-48 所示。

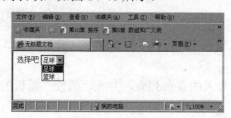

图 14-47 执行效果

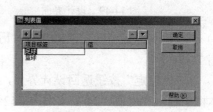

图 14-48 "列表值"对话框

14.8 使用文件域

 知识点讲解：光盘\视频讲解\第 14 章\使用文件域.avi

前面介绍的表单只能处理文本数据，其实还可以使用表单传输文件数据，例如传输一个文件夹或一个压缩包。使用表单文件域传输文件数据的语法格式如下所示。

```
<label>我们的数据
    <input name="名" type="file" id="标识" size="宽度" maxlength="最多字符数">
</label>
```

其中，"name"是文件域的名字；"type="file""表示表单数据类型是文件；"size"是表单上的字符宽度值；"id"是文件域的标识；"maxlength"设置最多的字符数。

实例 087：在网页中创建文件域

源码路径：光盘\codes\part14\7.html

本实例的具体实现流程如下所示。

（1）在 Dreamweaver CS6 中新建一个空白页面，单击"设计"标签打开其设计界面，如图 14-49 所示。

（2）在菜单栏中选择"插入/表单/单选按钮"命令，弹出"输入标签辅助功能属性"对话框，如图 14-50 所示。

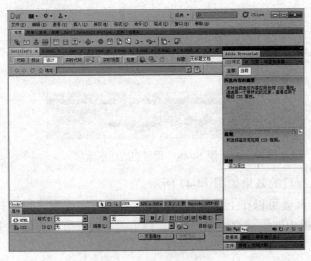

图 14-49 设计界面

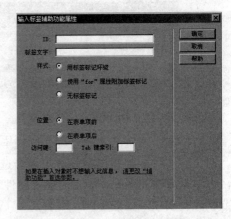

图 14-50 "输入标签辅助功能属性"对话框

（3）在"输入标签辅助功能属性"对话框中依次输入 ID 标识和标签文字，并选择样式值和位置值，如图 14-51 所示。

（4）单击"确定"按钮返回设计界面，然后选中插入的菜单列表，并在"属性"面板的"字符宽度"文本框中输入宽度值"24"，如图 14-52 所示。

（5）在"属性"面板的"最多字符数"文本框中输入数值"50"，如图 14-53 所示。

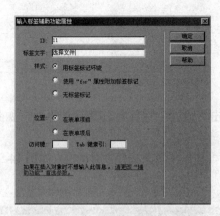

图 14-51　设置文件域的功能属性

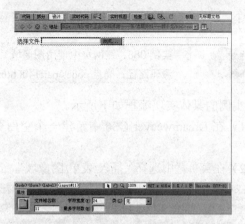

图 14-52　设置字符宽度

此时，整个实例的实现过程介绍完毕，执行后的效果如图 14-54 所示。

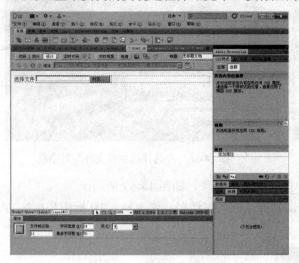

图 14-53　设置最多字符数

图 14-54　执行效果

14.9　使用图像域

知识点讲解：光盘\视频讲解\第 14 章\使用图像域.avi

为了使页面更加美观大方，我们可以在表单中插入一个图像。就像衣服口袋一样，虽然目的是为了装化妆品和木糖醇之类的东西，但是为了美观一点，我们可以用一些漂亮图案来装扮口袋。其语法格式如下所示。

```
<label>我们的数据
    <input name="名字" type="image" id="标识" src="文本" alt="显示" align="middle" height="值"    width="值">
</label>
```

其中，"name"是图像域的名字；"type=" image""表示表单数据类型是图像；"align"是图像对齐方式；"id"是文件域的标识；"src"设置当图片不能显示时的显示数据；"height"和"width"设置图像的大小；"alt"设置当鼠标滑动到图像上时显示的文本。

实例 088：在网页中使用图像域

源码路径： 光盘\codes\part14\8.html

本实例的具体实现流程如下所示。

（1）在 Dreamweaver CS6 中新建一个空白页面，单击"设计"标签打开其设计界面，如图 14-55 所示。

（2）在菜单栏中选择"插入/表单/图像域"命令，弹出"选择图像源文件"对话框，如图 14-56 所示。

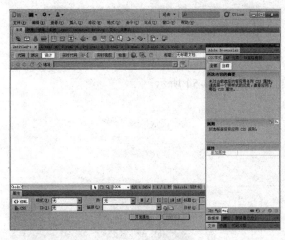

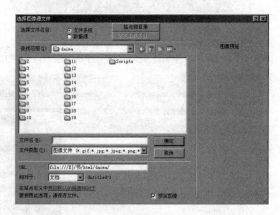

图 14-55 设计界面   　　　　　　图 14-56 "选择图像源文件"对话框

（3）在弹出的"选择图像源文件"对话框中选择插入的图片，如图 14-57 所示。

（4）单击"确定"按钮后弹出"输入标签辅助功能属性"对话框，依次输入 ID 标识和标签文字，并选择样式值和位置值，如图 14-58 所示。

图 14-57 选择插入的图片   　　　　　图 14-58 设置功能属性

（5）单击"确定"按钮返回设计界面，然后选中插入的菜单列表，并在"属性"面板的"替换"文本框中输入替换值"没有了"，如图 14-59 所示。

（6）在"属性"面板中设置"对齐"为默认值，如图 14-60 所示。

此时，整个实例的实现过程介绍完毕，执行后的效果如图 14-61 所示。

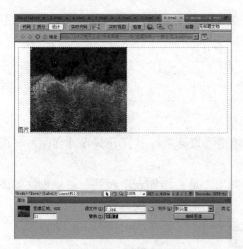

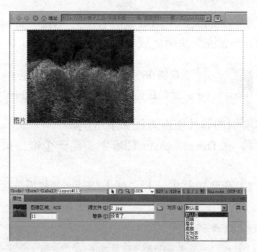

图 14-59 设置替换值　　　　　　　　　　图 14-60 设置对齐值

图像域是指可以用在提交按钮上的图片，这幅图片具有按钮的功能。使用默认的按钮形式往往会让人觉得单调。如果网页使用了较为丰富的色彩或稍微复杂的设计，再使用表单默认的按钮形式可能会破坏整体的美感。这时可以使用图像域，创建和网页整体效果相统一的图像提交按钮。读者可以通过 Dreamweaver 来替换上面的图片，方法是单击 Dreamweaver CS6 的"属性"面板中"源文件"后的 📁 按钮，在弹出的"选择图像源文件"对话框中选择图片即可，如图 14-62 所示。

图 14-61 执行效果　　　　　　　　　　图 14-62 "选择图像源文件"对话框

14.10　使用隐藏域

📹 知识点讲解：光盘\视频讲解\第 14 章\使用隐藏域.avi

有时为了满足特定的功能需求，需要将特定的传送表单隐藏起来进行数据传输。例如最常见的登录密码，在登录表单时输入一串密码，显示的却是一串星号。隐藏域的目的是将页面中的指定表单设置为不可见状态，以实现特殊的数据传输处理。其语法格式如下所示。

```
<label>我们的数据
    <input name="名" type="hidden" id="标识" value="值">
</label>
```

其中，"name"是隐藏域的名字；"type="hidden""表示表单数据类型是隐藏状态；"id"是隐藏域的标识；"value"是隐藏域表单传送的数据。

实例 089：在网页中使用隐藏域

源码路径：光盘\codes\part14\9.html

本实例的具体实现流程如下所示。

（1）在 Dreamweaver CS6 中新建一个空白页面，单击"设计"标签打开其设计界面，如图 14-63 所示。

（2）在菜单栏中选择"插入/表单/隐藏域"命令，弹出"是否添加表单标签"对话框，如图 14-64 所示。

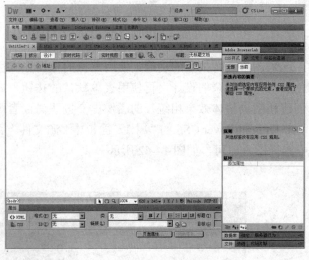

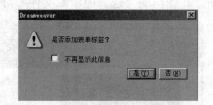

图 14-63 设计界面　　　　　图 14-64 "是否添加表单标签"对话框

（3）单击"是"按钮，在设计界面选中插入的隐藏域，然后在"属性"面板的"隐藏区域"文本框中输入隐藏域的名字"mm"，如图 14-65 所示。

（4）在"属性"面板的"值"文本框中输入隐藏域传递的数据值"123"，如图 14-66 所示。

图 14-65 设置名字　　　　　图 14-66 设置值

此时，整个实例的实现过程介绍完毕，执行后的效果如图 14-67 所示。从执行效果中可以看出，在页面中不会显示隐藏域表单，从而实现了数据的隐蔽传输。

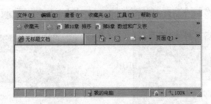

图 14-67　执行效果

14.11　使用单选按钮组

知识点讲解：光盘\视频讲解\第 14 章\使用单选按钮组.avi

单选按钮组实质上是 14.6 节中介绍的单选按钮的集合。在 Dreamweaver CS6 中，可以通过单选按钮组在页面中同时创建多个选项的单选按钮。其语法格式如下所示。

```
<label>我们的数据
    <input type="radio" name="名" value="值" id="标识">
    …
    <input type="radio" name="名" value="值" id="标识">
</label>
```

其中，"name"是按钮的名字；"type="radio""表示表单数据类型是单选按钮；"id"是按钮选项的标识；"value"是按钮选项传送的数据。

实例 090：在网页中使用单选按钮组
源码路径：光盘\codes\part14\10.html

本实例的具体实现流程如下所示。

（1）在 Dreamweaver CS6 中新建一个空白页面，单击"设计"标签打开其设计界面，如图 14-68 所示。

（2）在菜单栏中选择"插入/表单/单选按钮组"命令，弹出"单选按钮组"对话框，如图 14-69 所示。

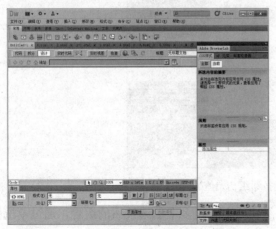

图 14-68　设计界面

图 14-69　"单选按钮组"对话框

（3）在"单选按钮组"对话框的"名称"文本框中输入名称"mm"，如图 14-70 所示。

（4）单击 ➕ 图标后输入按钮的标签值和传输值，如图 14-71 所示。

 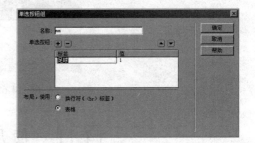

图 14-70　设置名称　　　　　　　　　　　图 14-71　设置按钮选项

（5）继续单击 ➕ 图标，依次输入两个按钮的标签值和传输值，如图 14-72 所示。

（6）在"单选按钮组"对话框的"布局，使用"栏中选中"表格"单选按钮，如图 14-73 所示。

 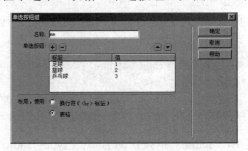

图 14-72　继续设置按钮选项　　　　　　　　图 14-73　设置使用表格

（7）单击"确定"按钮返回设计界面，然后选中选项 1 按钮，并在"属性"面板的"初始状态"栏中选中"已勾选"单选按钮，效果如图 14-74 所示。

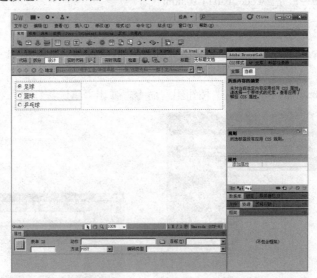

图 14-74　设置按钮组初始值

从图 14-74 的执行效果中可以看出，单选按钮组实质上就是多个单选按钮的组合，通过单选按钮组可以在页面中迅速地创建多个单选按钮，从而大大节省了开发时间。使用 Dreamweaver CS6 可以插入和编辑验证单选按钮组构件。其具体流程如下所示。

（1）选择"插入/Spry/Spry 验证单选按钮组"命令。

（2）在"名称"文本框中输入该单选按钮组的名称。

（3）通过单击"加号"（+）或"减号"（-）按钮可向组中添加或从组中删除单选按钮。

（4）在"标签"列中，单击每个单选按钮的名称以使该域可编辑，并为每个单选按钮分配唯一的名称。

（5）在"值"列中，单击每个值以使该域可编辑，并为每个单选按钮分配唯一的值。

（6）（可选）单击某单选按钮或其值以选择特定行，然后单击向上或向下箭头以将该行向上或向下移动。

（7）选择单选按钮组的布局类型。

☑　换行符：使用换行符（
标记）将每个单选按钮放置在单独的行中。

☑　表格：使用单独的表格行（<tr>标记）将每个单选按钮放置在单独的行中。

（8）单击"确定"按钮。

14.12　实战演练——"注册会员"网页制作

 知识点讲解：光盘\视频讲解\第 14 章\"注册会员"网页制作.avi

实例 091：制作一个会员注册页面

源码路径：光盘\codes\part14\zonghe\

在本实例的页面中添加表单元素制作一个会员注册页面，最终效果如图 14-75 所示。

图 14-75　"注册会员"表单网页

下面进行具体的制作，其操作步骤如下：

（1）使用 Dreamweaver CS6 打开素材网页"xiaoshuo.html"，如图 14-76 所示。

（2）通过键盘中的方向键将光标插入点定位到表格右下方，打开"插入"面板，在其下的下拉列表框中选择"表单"选项，并单击插入栏中的　按钮添加一个表单，如图 14-77 所示。

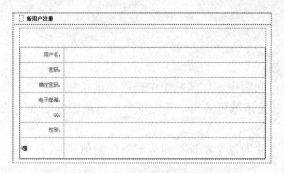

图 14-76　打开的网页

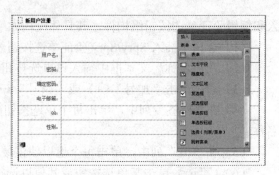

图 14-77　插入表单

（3）为了让表格中的对象能在表单中正常使用，下面需要将表格导入到表单中，首先保持光标插入点在表单域中，在"属性"面板的"表单 ID"文本框中输入表单的名称"frmreg"，在"动作"文本框中输入处理该表单的程序"addresume.asp"，在"目标"下拉列表框中选择"_self"选项，如图 14-78 所示。

图 14-78　设置表单属性

（4）将鼠标光标移动到表格左上角靠近垂直标尺的位置，当其变为形状时，按住鼠标左键不放向下拖动到表格尾选中所有表格，如图 14-79 所示。

（5）按"Ctrl+X"快捷键剪切表格，再将光标插入点定位到表单域中，按"Ctrl+V"快捷键将复制的表格粘贴到表单中，完成后的效果如图 14-80 所示。

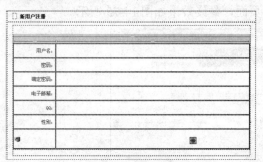

图 14-79　选中表格

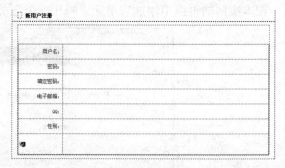

图 14-80　将表格移到表单中

（6）将光标插入点定位到文本"用户名"后面的单元格，单击"表单"列表框下方的按钮插入文本字段，在"属性"面板中进行如图 14-81 所示的设置。

图 14-81　设置用户名文本字段属性

（7）将光标插入点定位到文本"密码"后面的单元格，单击"表单"列表框下方的按钮插入文本字段，在"属性"面板中进行如图 14-82 所示的设置。

图 14-82　设置密码文本字段属性

（8）将光标插入点定位到文本"电子邮箱"后面的单元格，单击"表单"列表框下方的⬜按钮插入文本字段，在"属性"面板中进行如图 14-83 所示的设置。

图 14-83　设置电子邮件文本字段属性

（9）将光标插入点定位到文本"QQ"后面的单元格，单击"表单"列表框下方的⬜按钮插入文本字段，在"属性"面板中进行如图 14-84 所示的设置。

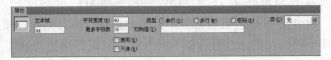

图 14-84　设置 QQ 文本字段属性

（10）将光标插入点定位到文本"性别"后面的单元格，单击"表单"列表框下方的⊞按钮插入单选按钮组，这时将弹出"单选按钮组"对话框，通过双击"标签"下方的文本框，修改文本框中文本的名称，这里分别输入"男"和"女"，如图 14-85 所示。

（11）单击"确定"按钮后返回到编辑区域，使用"Delete"键将按钮并为一行，并删除多余的文本，如图 14-86 所示。

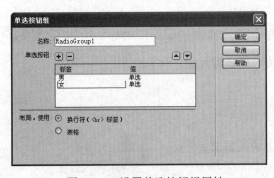

图 14-85　设置单选按钮组属性

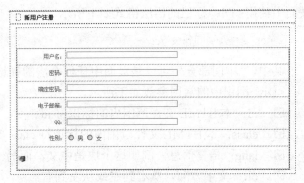

图 14-86　插入并编辑单选按钮组

（12）将光标插入点定位到表格的最后一行中，单击"表单"插入栏中的⬜按钮，插入"提交"按钮，设置其"名称"为"btn_submit"，"值"为"提交"，"动作"为"提交表单"，"样式"为"input03"。

（13）保存网页，在浏览器中预览，其最终效果如图 14-75 所示。

第15章 使用 AP Div 布局

AP Div 是 HTML 中的重要组成元素之一，网页可以通过 AP Div 实现对页面的规划和布局。本章将详细介绍在网页中使用 AP Div 标记的基本知识，并通过具体的实例来介绍其具体的使用流程，为读者步入后面知识的学习打下坚实的基础。

15.1 <Div>标记基础

📷 知识点讲解：光盘\视频讲解\第 15 章\<Div>标记基础.avi

在网页设计过程中，通过使用 Div 可以将整个页面元素进行区分处理，使之划分为不同的区域。这些不同的区域可以用作不同的目的，并且这些不同区域可以进行单独的修饰处理。

15.1.1 Div 的格式

和其他的大多数页面标记一样，<Div>标记也是一个对称双标记。<Div>的起始标签和结束标签之间所有的内容都是用来构成这个块元素的，这其中所包含元素的特性由<Div>标记的属性来控制，或通过使用样式表格来进行控制。在当前常用的 IE 和 Netscape 浏览器都支持<Div>标记。

因为 Div 元素是一个块元素，所以在其中间可以包含文本、段落、表格和章节等复杂的内容。在页面中使用<Div>标记的语法格式如下所示。

```
<div 参数>中间部分</div>
```

其中，"中间部分"可以是页面中任何合法的标记元素和修饰元素。

<Div>标记中的常用参数如下所示。

- ☑ id：本 HTML 文件范围内的标识符 id。
- ☑ class：本 HTML 文件范围内的标识符 class 类。
- ☑ lang：语言信息，例如这个块是中文，而另一个块是俄文。
- ☑ dir：文字方向，从右到左或从左到右。
- ☑ title：元素的标题。
- ☑ style：在线风格详细信息。
- ☑ align：对齐方法的定义。
- ☑ onclick 和 ondblclick 等：指鼠标和键盘键各种事件"events"发生时处理方法的定义。

15.1.2 在 Dreamweaver CS6 中使用 Div

在网页设计过程中，可以使用 Dreamweaver CS6 来修改此实例文件，选择 Div 框后，可以在

Dreamweaver CS6 的 "属性" 面板中修改其属性，如图 15-1 所示。

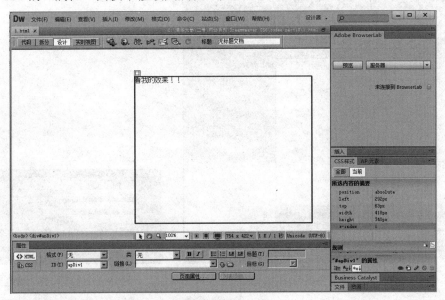

图 15-1　修改属性

在网页制作领域中，<Div>标记主要具有如下意义。

☑　Div 允许设计者随意分割一个 Web 页面，并以此来进行样式设置。

☑　Div 可以将其和可视性的技巧组合起来使用，用以分割页面的内容，并显示设计者所选择的内容。

☑　Div 可以和 CSS 相互结合进行完美的网页排版操作。

近年来，随着 CSS 标准和 Web 2.0 的推出，越来越多的站点都纷纷采用 Div 进行网页布局。所以笔者在此大胆预测，Div 在未来网页技术中将更加被人们所青睐。

15.1.3　插入 Div 标签

在网页制作过程中，可以根据具体的需要随时插入合理的 Div 标签进行页面元素规划。在设计网页时可以使用 Div 标签创建 CSS 布局块，并能够在文档中对它们进行定位。使用 Dreamweaver 能够快速在指定位置插入 Div 标签，并能够通过样式对插入的标签进行修饰。

实例 092：在网页中插入 Div 标签
源码路径：光盘\codes\part15\1.html

本实例的具体实现流程如下所示。

（1）在 Dreamweaver CS6 中新建一个空白页面，单击 "设计" 标签打开其设计界面，如图 15-2 所示。

（2）在菜单栏中选择 "插入/布局对象/Div 标签" 命令，弹出 "插入 Div 标签" 对话框，如图 15-3 所示。

（3）在 "插入 Div 标签" 对话框中设置 "类" 为 "mm"，如图 15-4 所示。

（4）单击 "确定" 按钮返回设计界面，并在插入的 Div 标签内换行输入 3 段文本，如图 15-5 所示。

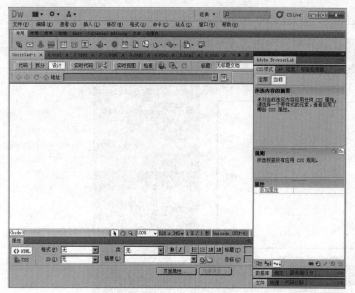

图 15-2　设计界面

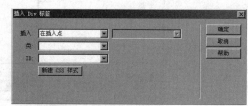

图 15-3　"插入 Div 标签"对话框

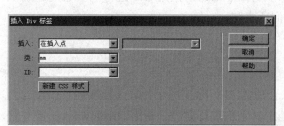

图 15-4　设置标签

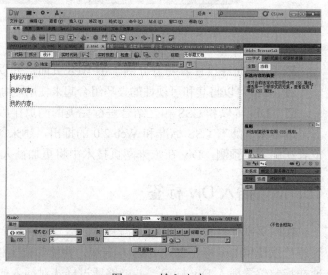

图 15-5　输入文本

在上述实例中，首先在页面中插入了一个 Div 标签，并设置"mm"类对其进行样式修饰，然后通过<p>标记输入了 3 段文本。程序执行后的效果如图 15-6 所示。

从图 15-6 的执行效果可以看出，在 Div 标签内可以插入另外的页面标记，并且可以继续使用类"mm"对 Div 标签进行修饰。

Div 标签被广泛地应用在网页布局的相关设置上，CSS 的几个重要属性提供了这方面的支持，例如 float、overflow 或是 text-align 等。适当的设计与套用样式属性可以有效率地完成网页布局的工作。

在默认的情形下，Div 标签所定义的区块在网页上会占据一列的位置，并且向右边靠齐，要改变这种默认的行为，只需定义

图 15-6　执行效果

float 样式属性即可。它主要的功能是定义对象在网页上的浮动位置，可能的属性值有两个：left 与 right，指定 Div 标签靠左或靠右对齐。指定了这个属性的 Div 标签后会自动配置在同一行并且往左边或是右边靠拢。例如下面的代码。

```
<div style=" height: 127px;background:black"></div>
<div style="width: 155px; height: 336px;float:left ;background:gray ">
</div>
<div style="width: 155px; height: 336px;float:right ;background:gray ">
</div>
```

15.1.4　插入 AP Div

AP 元素是指绝对定位元素，功能是分配有绝对位置的 HTML 页面元素。具体地说，就是网页技术中的 Div 标签或其他任何标签。AP 元素可以包含文本、图像，也可以是其他任何可放置到 HTML 文档正文中的内容。

通过 Dreamweaver CS6，可以使用 AP 元素来设计页面的布局、将 AP 元素放置到其他 AP 元素的前后。隐藏某些 AP 元素而显示其他 AP 元素，以及在屏幕上移动 AP 元素。也可以在一个 AP 元素中放置背景图像，然后在该 AP 元素的前面放置另一个包含带有透明背景文本的 AP 元素。

AP 元素通常是绝对定位的 Div 标签。可以将任何 HTML 元素作为 AP 元素进行分类，方法是为其分配一个绝对位置。所有 AP 元素都将在"AP 元素"面板中显示。

实例 093：在网页中使用 AP Div

源码路径：光盘\codes\part15\2.html

本实例的具体实现流程如下所示。

（1）在 Dreamweaver CS6 中新建一个空白页面，单击"设计"标签打开其设计界面，如图 15-7 所示。

（2）在菜单栏中选择"插入/布局对象/AP Div"命令，在页面中插入一个 AP Div，如图 15-8 所示。

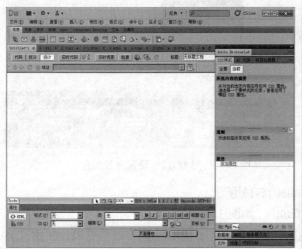

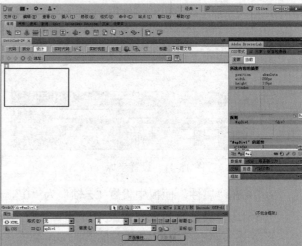

图 15-7　设计界面　　　　　　　　　　图 15-8　插入 AP Div

（3）将鼠标悬停于插入 AP Div 的上方，直到鼠标显示为"十"字形状，如图 15-9 所示。

（4）拖动插入的 AP Div，将其拖动到指定的位置，如图 15-10 所示。

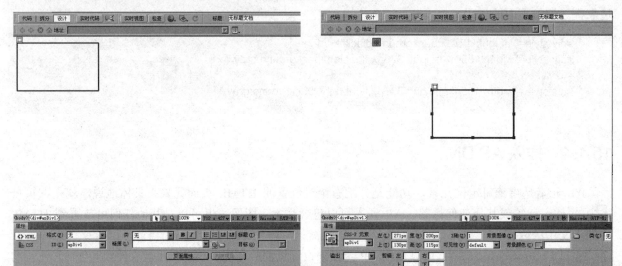

图 15-9　鼠标"十"字形状　　　　　　　　　图 15-10　拖动 AP Div

（5）在"属性"面板中设置 AP Div 的 4 个坐标值："左"为 120px，"上"为 120px，"宽"为 200px，"高"为 160px，如图 15-11 所示。

（6）在"属性"中设置 AP Div 的"背景颜色"为"#9933FF"，如图 15-12 所示。

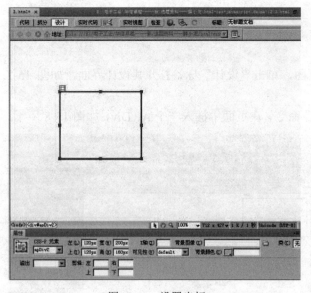

图 15-11　设置坐标　　　　　　　　　图 15-12　设置背景颜色

（7）在"属性"面板中设置"z 轴"为"0"，如图 15-13 所示。

（8）在"属性"面板中设置"可见性"为"default"，如图 15-14 所示。

在上述实例中，使用 CSS 对插入的 Div 标签进行了修饰，实现了指定位置的布局效果。实例文件执行后的效果如图 15-15 所示。

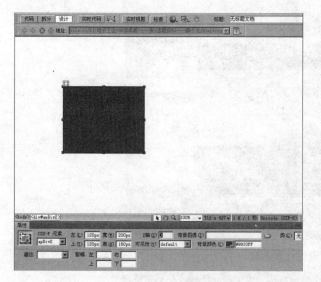

图 15-13　设置 z 轴

图 15-14　设置可见性

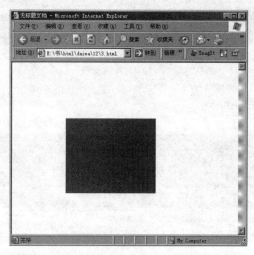

图 15-15　实例执行效果图

15.1.5　实战演练——使用 AP Div 排版

实例 094：在网页中使用 AP Div 排版

源码路径：光盘\codes\part15\zonghe1

本实例的功能是在页面中使用 AP Div 排版实现排版功能。本实例的具体实现流程如下所示。

（1）在 Dreamweaver CS6 中新建一个空白页面，单击"设计"标签打开其设计界面，然后设置一个背景图像，如图 15-16 所示。

（2）在菜单栏中选择"插入/布局对象/AP Div"命令，在页面中插入一个 AP Div，并在"属性"面板中设置这块区域的"宽"为"974px"，"高"为"358px"，如图 15-17 所示。

（3）在这块 AP Div 区域中插入一幅指定的图片，如图 15-18 所示。

图 15-16　设置背景图像

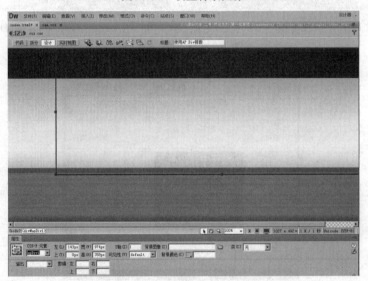

图 15-17　插入一个指定大小的 AP Div 区域

图 15-18　在 AP Div 区域插入图片

（4）按照上述步骤在页面中间再次插入两个 AP Div 区域，并在里面分别插入图片，如图 15-19 所示。

图 15-19　在 AP Div 区域插入图片

（5）按照上述步骤在页面底部再次插入一个 AP Div 区域，并在里面输入表示版权信息的文本，如图 15-20 所示。

图 15-20　在 AP Div 区域输入文本

（6）在浏览器中的最终执行效果如图 15-21 所示。

图 15-21　最终执行效果

15.2　插入 Spry 构件

📹 知识点讲解：光盘\视频讲解\第 15 章\插入 Spry 构件.avi

Spry 框架是一个 JavaScript 库，Web 设计人员可以使用它构建向站点访问者提供更丰富体验的 Web 页。有了 Spry 之后，就可以使用 HTML、CSS 和极少量的 JavaScript 将 XML 数据合并到 HTML 文档中创建构件（如折叠构件和菜单栏），向各种页面元素中添加不同种类的效果。在具体设计上，Spry 框架的标记非常简单且便于那些具有 HTML、CSS 和 JavaScript 基础知识的用户使用。Spry 框架主要面向专业 Web 设计人员或高级非专业 Web 设计人员。它不应当用作企业级 Web 开发的完整 Web 应用框架（尽管它可以与其他企业级页面一起使用）。Spry 可以使用 XML 和 JSON 两种格式的数据源。

在 Dreamweaver CS6 中，选择菜单栏中的"插入/Spry"命令可以在页面中迅速插入 Spry。其 Spry 类型命令如图 15-22 所示。

15.2.1　插入 Spry 菜单栏

图 15-22　插入 Spry 命令

使用 Dreamweaver CS6 在网页中插入 Spry 菜单栏的基本流程如下所示。

（1）使用 Dreamweaver CS6 新建一个 HTML 网页，然后选择菜单栏中的"插入/Spry/Spry 菜单栏"命令，弹出"Spry 菜单栏"对话框，如图 15-23 所示。

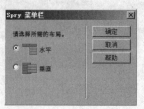

图 15-23　"Spry 菜单栏"对话框

（2）选择一种布局方式，然后单击"确定"按钮后即可在页面中插入一个 Spry 菜单栏。例如选择"垂直"模式后的效果如图 15-24 所示。

（3）在 Dreamweaver CS6 下方的"属性"面板中可以设置 Spry 菜单栏的属性，如图 15-25 所示。

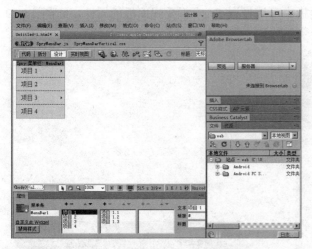

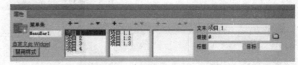

图 15-24　选择"垂直"模式后的效果　　　　　　　图 15-25　"属性"面板

15.2.2　插入 Spry 选项卡式面板

使用 Dreamweaver CS6 在网页中插入 Spry 选项卡式面板的基本流程如下所示。

（1）使用 Dreamweaver CS6 新建一个 HTML 网页，然后选择菜单栏中的"插入/Spry/Spry 选项卡式面板"命令，此时会在页面中插入一个 Spry 选项卡式面板，如图 15-26 所示。

（2）在 Dreamweaver CS6 下方的"属性"面板中可以设置 Spry 选项卡式面板的属性，如图 15-27 所示。

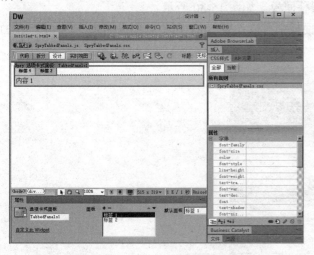

图 15-26　插入 Spry 选项卡式面板后的效果　　　　　图 15-27　"属性"面板

15.2.3　插入 Spry 折叠式

使用 Dreamweaver CS6 在网页中插入 Spry 折叠式的基本流程如下所示。

（1）使用 Dreamweaver CS6 新建一个 HTML 网页，然后选择菜单栏中的"插入/Spry/Spry 折叠式"

命令，此时会在页面中插入一个 Spry 折叠式面板，如图 15-28 所示。

（2）在 Dreamweaver CS6 下方的"属性"面板中可以设置 Spry 折叠式面板的属性，如图 15-29 所示。

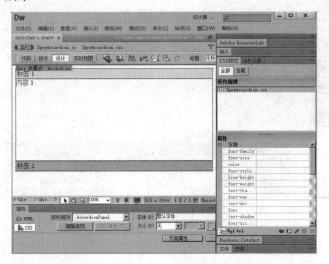

图 15-28　插入"Spry 折叠式"后的效果

图 15-29　"属性"面板

15.2.4　插入 Spry 可折叠面板

使用 Dreamweaver CS6 在网页中插入 Spry 可折叠面板的基本流程如下所示。

（1）使用 Dreamweaver CS6 新建一个 HTML 网页，然后选择菜单栏中的"插入/Spry/Spry 可折叠面板"命令，此时会在页面中插入一个 Spry 可折叠面板，如图 15-30 所示。

（2）在 Dreamweaver CS6 下方的"属性"面板中可以设置 Spry 可折叠面板的属性，如图 15-31 所示。

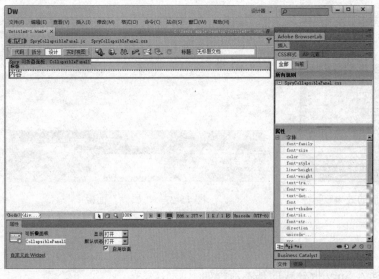

图 15-30　插入"Spry 折叠式"后的效果

图 15-31　"属性"面板

15.2.5　插入 Spry 工具提示

使用 Dreamweaver CS6 在网页中插入 Spry 工具提示的基本流程如下所示。

（1）使用 Dreamweaver CS6 新建一个 HTML 网页，然后选择菜单栏中的"插入/Spry/Spry 工具提示"命令，此时会在页面中插入一个 Spry 工具提示面板，如图 15-32 所示。

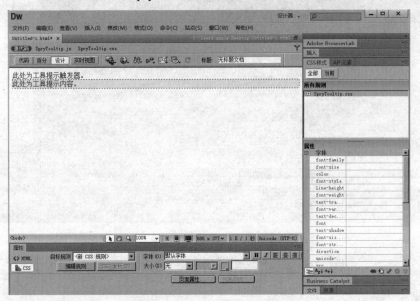

图 15-32　插入"Spry 工具提示"面板后的效果

（2）在 Dreamweaver CS6 下方的"属性"面板中可以设置 Spry 工具提示面板的属性，如图 15-33 所示。

图 15-33　"属性"面板

15.2.6　实战演练——联合使用 AP Div 和 Spry

实例 095：联合使用 AP Div 和 Spry
源码路径：光盘\codes\part15\zonghe2\

本实例的功能是在页面中联合使用 AP Div 和 Spry 实现排版功能。本实例的具体实现流程如下所示。

（1）在 Dreamweaver CS6 中新建一个空白页面，单击"设计"标签打开其设计界面，然后设置一个背景图像，如图 15-34 所示。

（2）在菜单栏中选择"插入/布局对象/AP Div"命令，再在页面中连续插入 15 个区域块，并在里面插入指定的图片，如图 15-35 所示。

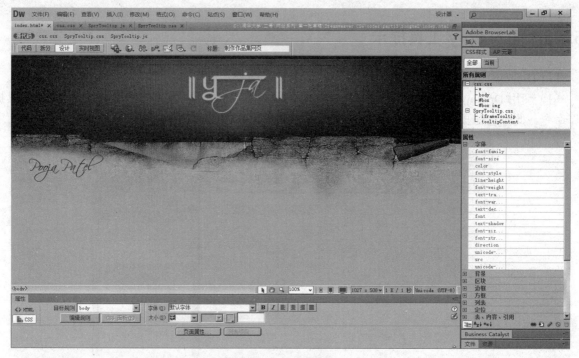

图 15-34　设置背景图像

图 15-35　为 Div 块插入图片

（3）选择菜单栏中的"插入/Spry"命令，在页面中依次插入 15 个 Spry 块，并在里面分别插入指定的图片，如图 15-36 所示。

（4）在浏览器中的最终执行效果如图 15-37 所示。

图 15-36　为 Spry 块插入图片

图 15-37　最终的执行效果

第16章 使用CSS

CSS 技术是 Web 网页技术的重要组成部分，页面通过 CSS 的修饰可以实现用户需要的显示效果。本章将详细讲解在 Deamweaver CS6 中使用 CSS 技术设计网页的基本知识，并通过具体的实例来介绍其具体的使用流程，为读者步入后面知识的学习打下坚实的基础。

16.1 CSS 的基本语法

 知识点讲解：光盘\视频讲解\第 16 章\CSS 的基本语法.avi

在网页设计应用中，经常会用到 CSS 元素是选择符、属性和值，所以在 CSS 的应用语法中其主要应用格式也主要涉及上述 3 种元素。其基本语法结构如下所示。

```
<style type="text/css">
<!--
   .选择符{属性：值}
-->
</style>
```

其中，CSS 选择符的种类有多种，并且命名机制也不相同。

实例 096：在 Dreamweaver CS6 中使用 CSS 修饰文本

源码路径：光盘\codes\part16\1.html

本实例的具体实现流程如下所示。

（1）在 Dreamweaver CS6 中新建一个空白页面，单击"设计"标签打开其设计界面，如图 16-1 所示。

（2）在页面中输入文本"大海的孩子"，如图 16-2 所示。

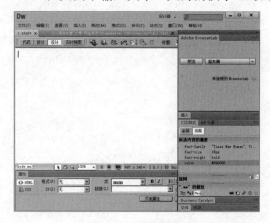

图 16-1 设计界面

图 16-2 输入文本

（3）在菜单栏中选择"窗口/CSS"命令，打开 CSS 控制面板，如图 16-3 所示。

（4）在 CSS 控制面板上单击█图标，在弹出的下拉菜单中选择"新建"选项，弹出"新建 CSS 规则"对话框，如图 16-4 所示。

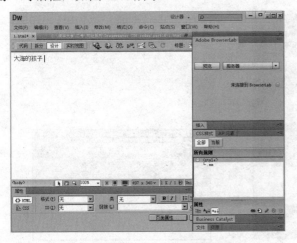

图 16-3　显示 CSS 控制面板

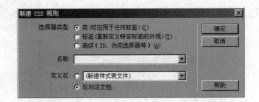

图 16-4　"新建 CSS 规则"对话框

（5）在"新建 CSS 规则"对话框中设置"选择器类型"为"类"，"名称"为"mm"，"定义在"为"仅对该文档"，如图 16-5 所示。

（6）单击"确定"按钮后弹出".mm 的 CSS 规则定义"对话框，然后在该对话框的"分类"列表中选择"类型"选项，如图 16-6 所示。

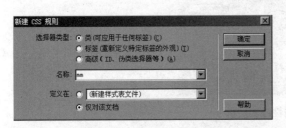

图 16-5　设置新建 CSS 规则

图 16-6　选择"类型"选项

（7）在"类型"界面内依次设置字体元素的样式，如图 16-7 所示。

图 16-7　设置类型

（8）单击"确定"按钮后返回设计界面，选中输入的文本并单击"属性"面板中"链接"下拉列表框，在弹出的列表中选中样式"mm"，如图 16-8 所示。

（9）将得到的文件保存为"1.html"，然后按"F12"键查看浏览效果，如图 16-9 所示。

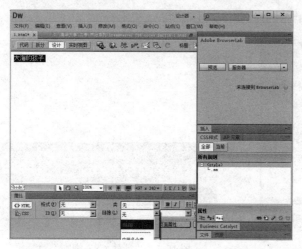

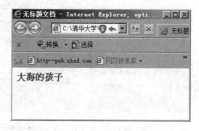

图 16-8　选择样式　　　　　　　　　　图 16-9　执行效果图

在 Dreamweaver CS6 中为页面元素设置样式后，可以通过 CSS 属性控制面板进行修改，如图 16-10 所示。

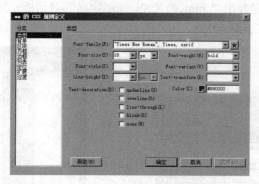

图 16-10　CSS 属性控制面板

16.2　使用选择符

🎬 知识点讲解：光盘\视频讲解\第 16 章\使用选择符 1.avi、使用选择符 2.avi

在 CSS 技术中，选择符是某页面样式的名字。在网页设计中常用的 CSS 选择符有通配选择符、类型选择符、包含选择符、ID 选择符等。本节将详细讲解在 Dreamweaver CS6 中使用常用 CSS 选择符的基本方法。

16.2.1　通配选择符

通配选择符的书写格式是"*"，功能是表示页面内所有元素的样式。其语法格式如下所示。

```
*{属性=属性值}
```

实例 097：使用 Dreamweaver CS6 设置通配选择符

源码路径：光盘\codes\part16\2.html

本实例的具体实现流程如下所示。

（1）在 Dreamweaver CS6 中新建一个空白页面，单击"设计"标签打开其设计界面，如图 16-11 所示。

（2）在菜单栏中选择"插入/布局对象/Div 标签"命令，弹出"插入 Div 标签"对话框，如图 16-12 所示。

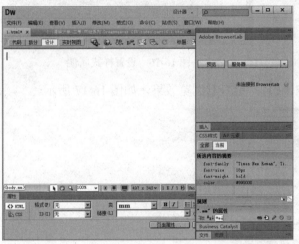

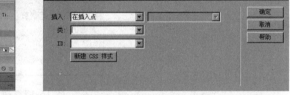

图 16-11　设计界面　　　　　　　　　　　　　图 16-12　"插入 Div 标签"对话框

（3）设置插入块元素的内容为"大海的孩子"，如图 16-13 所示。

（4）单击控制面板上的█图标，在弹出的"新建 CSS 规则"对话框中设置"选择器类型"为"标签"，"标签"为"div"，如图 16-14 所示。

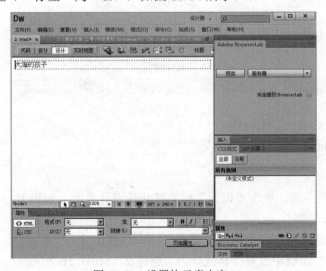

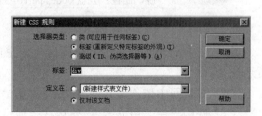

图 16-13　设置块元素内容　　　　　　　　　　图 16-14　设置样式规则

（5）单击"确定"按钮后弹出"div 的 CSS 规则定义"对话框，如图 16-15 所示。

（6）在"div 的 CSS 规则定义"对话框中的"分类"列表中选择"类型"选项，然后设置字体样式的属性，如图 16-16 所示。

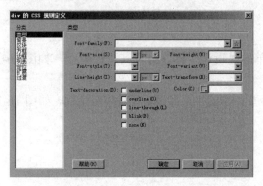

图 16-15　在"分类"框中选择"类型"

图 16-16　设置样式属性

（7）将得到的文件保存为"2.html"，然后按"F12"键查看浏览效果，如图 16-17 所示。

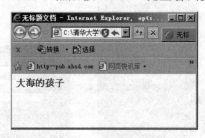

图 16-17　执行效果图

由上述实例的执行效果可以看出，虽然没有通过调用代码实现样式调用，但是因为使用的是通配选择符类型，所以页面文本将遵循设置的样式显示。

16.2.2　类型选择符

类型选择符是指以网页中已有的标记作为名称的选择符。例如，将 body、div、p、span 等网页标签作为选择符名称。其语法格式如下所示。

> 类型选择符 {属性=属性值}

实例 098：使用 Dreamweaver CS6 设置类型选择符
源码路径：光盘\codes\part16\3.html

本实例的具体实现流程如下所示。

（1）在 Dreamweaver CS6 中新建一个空白页面，单击"设计"标签打开其设计界面，如图 16-18 所示。

（2）在页面中依次输入两段文本："第一段文本"和"第二段文本"，如图 16-19 所示。

（3）选中"第二段文本"，然后在"属性"面板中设置"格式"为"标题 2"，如图 16-20 所示。

（4）单击控制面板上的图图标，在弹出的"新建 CSS 规则"对话框中设置"选择器类型"为"标签","标签"为"h2",如图 16-21 所示。

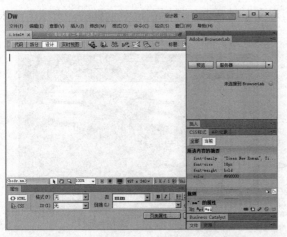

图 16-18　设计界面

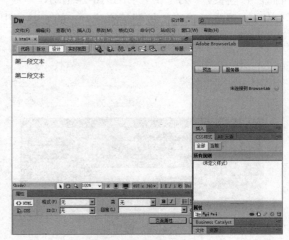

图 16-19　输入文本

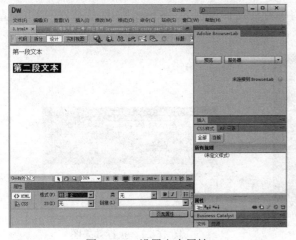

图 16-20　设置文本属性

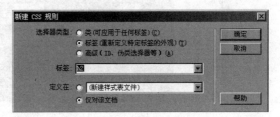

图 16-21　设置规则

（5）单击"确定"按钮后弹出"body 的 CSS 规则定义"对话框，然后在该对话框的"分类"列表中选择"类型"选项，如图 16-22 所示。

（6）在"h2 的 CSS 规则定义"对话框中设置样式的属性，如图 16-23 所示。

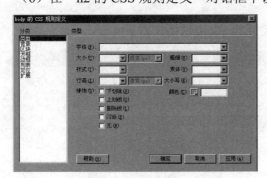

图 16-22　选择分类

图 16-23　设置样式属性

（7）继续单击控制面板上的图图标，在弹出的"新建 CSS 规则"对话框中设置"选择器类型"为

"标签"，"标签"为"p"，如图 16-24 所示。

（8）单击"确定"按钮后弹出"p 的 CSS 规则定义"对话框，然后在该对话框的"分类"列表中选择"类型"选项，如图 16-25 所示。

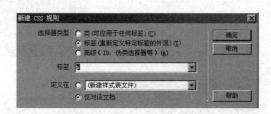

图 16-24　设置规则

图 16-25　选择规则

（9）在"p 的 CSS 规则定义"对话框中设置样式的属性，如图 16-26 所示。

（10）单击"确定"按钮返回设计界面，并将得到的文件保存为"3.html"，然后按"F12"键查看效果，如图 16-27 所示。

图 16-26　设置属性

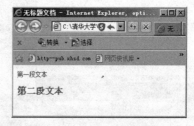

图 16-27　执行效果图

注意： 如果类型选择符名称前没有字符"."，设置的样式将不会起作用。

16.2.3　包含选择符

包含选择符的功能是对某对象中的子对象进行样式指定。其语法格式如下所示。

选择符 1 选择符 2

其中，选择符 2 包含在选择符 1 中。

实例 099： 使用 Dreamweaver CS6 设置包含选择符
源码路径：光盘\codes\part16\4.html

本实例的具体实现流程如下所示。

（1）在 Dreamweaver CS6 中新建一个空白页面，单击"设计"标签打开其设计界面，如图 16-28 所示。

（2）在页面中依次输入两段文本："第一段文本"和"第二段文本"，如图 16-29 所示。

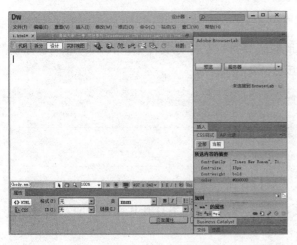

图 16-28 设计界面

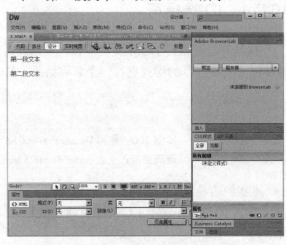

图 16-29 输入文本

（3）单击控制面板上的 图标，在弹出的"新建 CSS 规则"对话框中设计"选择器类型"为"标签"，"选择器"为"body p"，如图 16-30 所示。

（4）单击"确定"按钮后弹出"body p 的 CSS 规则定义"对话框，在"分类"列表中选择"类型"选项，如图 16-31 所示。

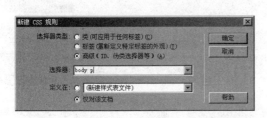

图 16-30 设置规则

图 16-31 选择"类型"选项

（5）在"body p 的 CSS 规则定义"对话框中设置样式的属性，如图 16-32 所示。

（6）单击"确定"按钮返回设计界面，并将得到的文件保存为"4.html"，然后按"F12"键查看效果，如图 16-33 所示。

图 16-32 设置属性

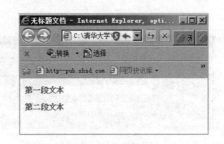

图 16-33 显示效果图

16.2.4 ID 选择符

ID 选择符是根据 DOM 文档对象模型原理所出现的选择符。在标记文件中，其中的每一个标签都可以使用 "id=""" 的形式进行一个名称指派。其语法格式如下所示。

#选择符

实例 100：使用 Dreamweaver CS6 设置 ID 选择符

源码路径：光盘\codes\part16\5.html

本实例的具体实现流程如下所示。

（1）在 Dreamweaver CS6 中新建一个空白页面，单击"设计"标签打开其设计界面，如图 16-34 所示。

（2）在页面中依次输入两段文本："第一段文本"和"第二段文本"，如图 16-35 所示。

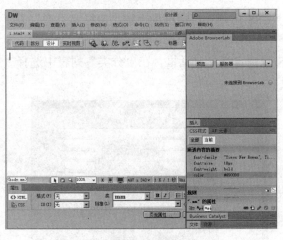
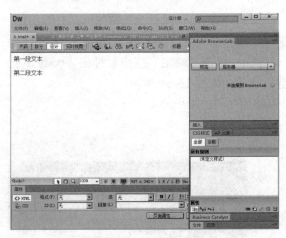

图 16-34　设计界面　　　　　　　　　　图 16-35　输入文本

（3）单击控制面板上的图图标，在弹出的"新建 CSS 规则"对话框中设置"选择器类型"为"高级"，"选择器"为"#mm"，如图 16-36 所示。

（4）单击"确定"按钮后弹出"#mm 的 CSS 规则定义"对话框，在"分类"列表中选择"类型"选项，如图 16-37 所示。

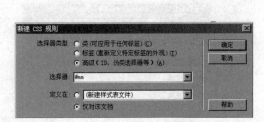
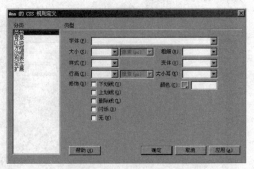

图 16-36　设置规则　　　　　　　　　　图 16-37　选择"类型"选项

（5）逐一设置样式规则的属性值，如图 16-38 所示。

（6）单击"确定"按钮返回代码界面，设置首行文本的标记为<p id="mm">，如图 16-39 所示。

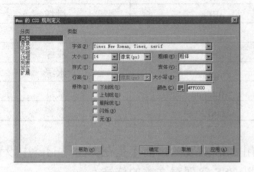

```
<!DOCTYPE html PUBLIC "-//W3C//DTD XHTML 1.0 Transitional//EN"
"http://www.w3.org/TR/xhtml1/DTD/xhtml1-transitional.dtd">
<html xmlns="http://www.w3.org/1999/xhtml">
<head>
<meta http-equiv="Content-Type" content="text/html; charset=utf-8" />
<title>无标题文档</title>
<style type="text/css">
<!--
#mm {
    font-family: "Times New Roman", Times, serif;
    font-size: 14px;
    font-weight: bold;
    color: #FF0000;
}
-->
</style>
</head>
<body>
<p id="mm">第一段文本</p>
<p >第二段文本</p>
</body>
</html>
```

图 16-38　设置属性　　　　　　　　　　　　图 16-39　调用代码

（7）单击"确定"按钮返回设计界面，并将得到的文件保存为"5.html"，然后按"F12"键查看效果，如图 16-40 所示。

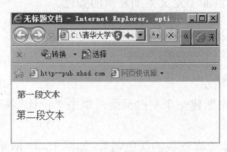

图 16-40　效果图

从上述实例的显示效果可以看出，首行文本使用了"#mm"样式的属性。

16.3　使用 CSS 设置颜色

知识点讲解：光盘\视频讲解\第 16 章\使用 CSS 设置颜色.avi

颜色在 CSS 中处在一个十分重要的地位，页面元素通过颜色的设置，可以实现页面美观的表现效果。在 CSS 应用过程中通常通过如下两种方式实现颜色定义。

☑　名称定义。

☑　十六进制定义。

在网页设计过程中，颜色名称定义是指使用颜色的名称来设置页面元素的颜色值。例如，设置为红色可以使用"red"来实现。因为只有一定数量的颜色名称才能被浏览器识别，所以颜色名称定义的方法只能实现比较简单的颜色效果。

在浏览器中能够识别的颜色名称如表 16-1 所示。

表 16-1　浏览器识别的颜色名称列表

颜色名称	描述	颜色名称	描述
yellow	黄色	white	白色
blue	蓝色	navy	深蓝
silver	银色	olive	橄榄
purple	紫色	gray	灰色
green	绿色	lime	浅绿
maroon	褐色	aqua	水绿
black	黑色	fuchsia	紫红
red	红色	teal	深青

在 Dreamweaver CS6 中设置文本样式时，是直接使用 CSS 实现的，而不是在页面<body>中设置。直接使用可视化工具 Dreamweaver CS6 时，在代码中是以 CSS 实现对文本的修饰。

另外，在网页设计过程中，通常使用十六进制定义的方式设置颜色属性。十六进制定义是指使用颜色的十六进制数值来定义颜色样式值。任何的显示颜色都可以使用对应的十六进制数值来表示。使用十六进制定义方法后，能够在页面中定义更加复杂的颜色。

实例 101：在 Dreamweaver CS6 中使用十六进制定义颜色

源码路径：光盘\codes\part16\6.html

本实例的具体实现流程如下所示。

（1）在 Dreamweaver CS6 中新建一个空白页面，单击"设计"标签打开其设计界面，如图 16-41 所示。

（2）在页面中输入一段文本"喜欢我的颜色吗"，如图 16-42 所示。

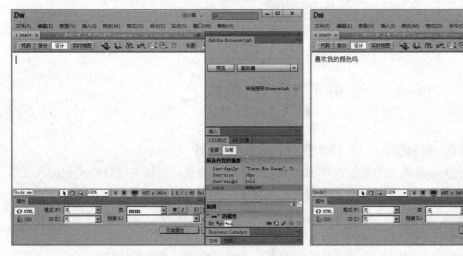

图 16-41　设计界面　　　　　　　　　　图 16-42　输入文本

（3）选中输入文本，在"属性"面板中单击 █ 图标，在弹出的"颜色选择"面板中设置颜色为#990000，如图 16-43 所示。

（4）将得到的文件保存为"6.html"，然后按"F12"键查看效果，如图 16-44 所示。

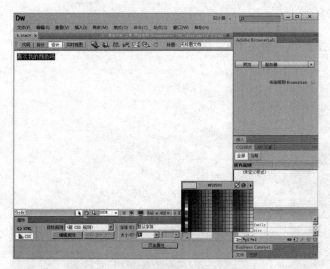

图 16-43　设置颜色

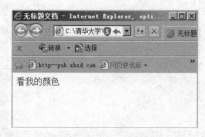

图 16-44　执行效果图

注意：在 Web 领域，每种颜色都对应有不同的十六进制颜色值。对于平面设计师来说，颜色的值和对应的十六进制值都十分熟悉。对于网页设计的初级人员来说，可能对具体的颜色值不是很了解。不过有了 Dreamweaver 这个工具后，设计者可以目测选择一个颜色，并获取这个颜色对应的十六进制值。方法是在 Dreamweaver 的"属性"面板中单击 图标，然后把吸管 放到一个颜色上，此时会在颜色面板上显示该颜色的十六进制值，如图 16-45 所示。

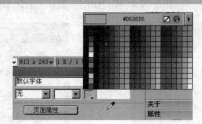

图 16-45　获取十六进制颜色值

16.4　使用百分比值

　知识点讲解：光盘\视频讲解\第 16 章\使用百分比值.avi

百分比值是网页设计中常用的数值之一，功能是设置页面某元素相对于另一元素的大小。其语法格式如下所示。

数字%

实例 102：在 Dreamweaver CS6 中使用元素百分比值

源码路径：光盘\codes\part16\7.html

本实例的具体实现流程如下所示。

（1）在 Dreamweaver CS6 中新建一个空白页面，单击"设计"标签打开其设计界面，如图 16-46

所示。

（2）单击 CSS 控制面板上的 图标，在弹出的"新建 CSS 规则"对话框中设置"选择器类型"为"类"，"名称"为"mm"，如图 16-47 所示。

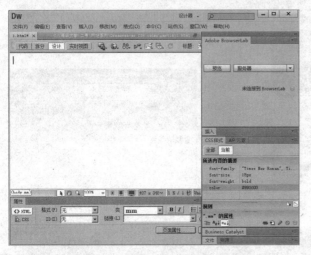

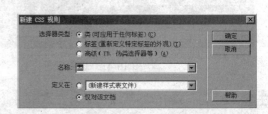

图 16-46　设计界面　　　　　　　　　　　　　　　图 16-47　设置规则

（3）单击"确定"按钮后弹出".mm 的 CSS 规则定义"对话框，在"分类"列表中选择"方框"选项，如图 16-48 所示。

（4）设置"宽"和"高"分别为 400 像素和 200 像素，如图 16-49 所示。

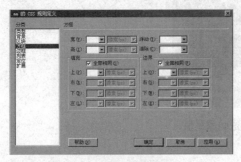

图 16-48　选择"方框"选项　　　　　　　　　　　图 16-49　设置属性

（5）在"分类"列表中选择"背景"选项，然后设置"背景颜色"为"#999999"，如图 16-50 所示。

（6）单击"确定"按钮返回代码界面，再次单击 CSS 控制面板上的 图标，在弹出的"新建 CSS 规则"对话框中设置"选择器类型"为"类"，"名称"为"nn"，如图 16-51 所示。

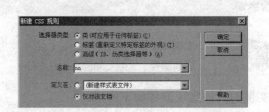

图 16-50　设置属性　　　　　　　　　　　　　　　图 16-51　设置规则

（7）单击"确定"按钮后弹出".nn 的 CSS 规则定义"对话框，在"分类"列表中选择"方框"
选项，如图 16-52 所示。

（8）设置"宽"和"高"的值都为 50%，如图 16-53 所示。

图 16-52　选择"方框"选项

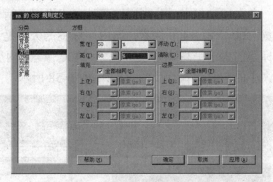

图 16-53　设置属性

（9）在"分类"列表中选择"背景"选项，然后设置"背景颜色"为"#333333"，如图 16-54 所示。

（10）单击"确定"按钮返回设计界面，在菜单栏中选择"插入/布局对象/Div 标签"命令，如
图 16-55 所示。

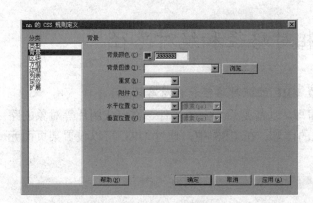

图 16-54　设置属性

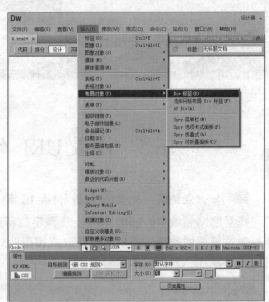

图 16-55　插入 Div 标签

（11）在弹出的"插入 Div 标签"对话框中设置"类"为"mm"，如图 16-56 所示。

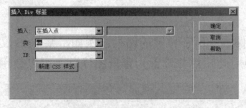

图 16-56　设置标签

（12）单击"确定"按钮返回设计界面，按照步骤（10）、（11）再次插入一个"类"为 nn 的 Div 标签，如图 16-57 所示。

（13）将得到的文件保存为"8.html"。

在上述实例中，分别通过两种方式设置了两个 Div 标签的大小。其中，设置外层标签的大小是高×宽=200 像素×400 像素；而内层标签的大小是高×宽=50%×50%。上述实例的最终显示效果是，外层标签的大小是高×宽=200 像素×400 像素，内层标签的大小是高×宽=100 像素×100 像素，即外层标签大小的 50%。执行后的效果如图 16-58 所示。

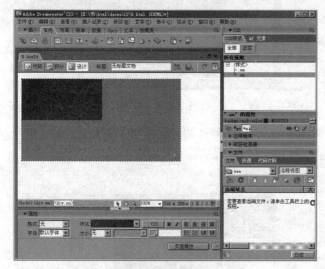

图 16-57　插入 Div 标签　　　　　图 16-58　执行效果图

16.5　设置 URL 的相对路径和绝对路径

知识点讲解：光盘\视频讲解\第 16 章\设置 URL 的绝对路径和相对路径.avi

在互联网领域中，URL 是统一资源定位符的缩写，功能是设置一个文件、文档或图片等对象的路径。通过设置的路径，用户可以获取或调用此对象的信息。在 CSS 中，通过 URL 可以设置某页面元素的指定样式。其语法格式如下所示。

```
URL（路径）
```

其中，"路径"可以分为相对路径和绝对路径。

16.5.1　相对路径

相对路径是指相对于某文件本身所在位置的路径。例如，某 CSS 文件和图片"1.jpg"处在服务器的同一目录下，当通过 CSS 调用此图片并设置为背景图片时，可以使用如下代码实现。

```
body{
    background: URL (1.jpg);
    }
```

16.5.2 绝对路径

绝对路径是指某应用对象放在网络空间中的绝对位置，是它实际的存放位置。例如，如下代码通过绝对路径来设置某图片为背景图片。

```
body{
    background:URL(http://www.sina.com/news/guoji/1.jpg);
}
```

16.5.3 应用实例

本节将通过一个具体的实例，向读者讲解在 Dreamweaver CS6 中使用相对路径和绝对路径的方法。

实例 103：在 Dreamweaver CS6 中使用相对路径和绝对路径
源码路径：光盘\codes\part16\9.html

本实例的具体实现流程如下所示。

（1）在 Dreamweaver CS6 中新建一个空白页面，单击"设计"标签打开其设计界面，如图 16-59 所示。

（2）单击 CSS 控制面板上的圖图标，在弹出的"新建 CSS 规则"对话框中设置"选择器类型"为"类"，"名称"为"mm"，如图 16-60 所示。

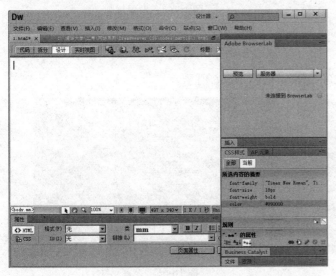

图 16-59 设计界面

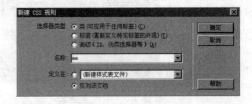

图 16-60 设置规则

（3）单击"确定"按钮后弹出".mm 的 CSS 规则定义"对话框，在"分类"列表中选择"方框"选项，如图 16-61 所示。

（4）设置"宽"和"高"分别为 400 像素和 200 像素，如图 16-62 所示。

（5）在"分类"列表中选择"背景"选项，然后设置"背景图像"为"Winter.jpg"，如图 16-63 所示。

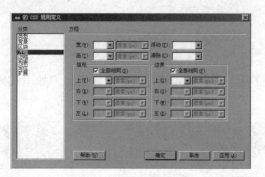 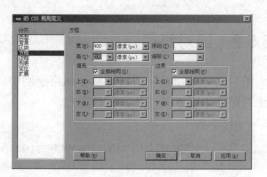

图 16-61　选择"方框"选项　　　　　　　　图 16-62　设置属性

（6）单击"确定"按钮返回代码界面，再次单击 CSS 控制面板上的图标，在弹出的"新建 CSS 规则"对话框中设置"选择器类型"为"类"，"名称"为"nn"，如图 16-64 所示。

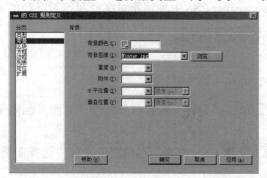 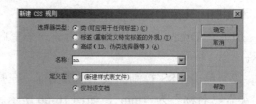

图 16-63　设置属性　　　　　　　　　　图 16-64　设置规则

（7）单击"确定"按钮后弹出".nn 的 CSS 规则定义"对话框，在"分类"列表中选择"方框"选项，如图 16-65 所示。

（8）设置"宽"为 400 像素，"高"为 200 像素，如图 16-66 所示。

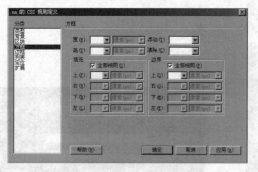 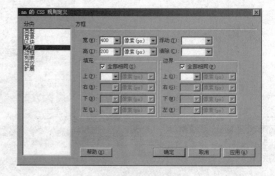

图 16-65　选择"方框"选项　　　　　　　图 16-66　设置属性

（9）在"分类"列表中选择"背景"选项，然后设置"背景图像"为"http://www.baidu.com/img/baidu_jgylogo3.gif"。

（10）单击"确定"按钮返回设计界面，在菜单栏中选择"插入/布局对象/Div 标签"命令，弹出"插入 Div 标签"对话框，如图 16-67 所示。

（11）在"插入 Div 标签"对话框中设置"类"为"mm"，"插入"值为"在插入点"，如图 16-68 所示。

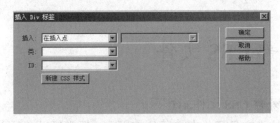

图 16-67　"插入 Div 标签"对话框

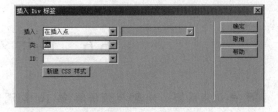

图 16-68　设置标签

（12）单击"确定"按钮返回设计界面，按照步骤（10）、（11）再次插入一个"类"为"nn"、"插入"值为"在标签之后"的 Div 标签，如图 16-69 所示。

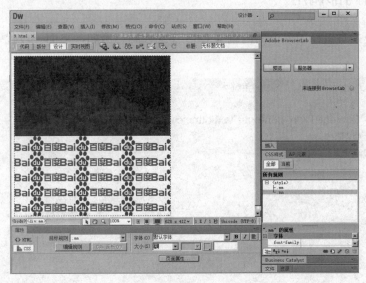

图 16-69　插入 Div 标签

（13）将得到的文件保存为"9.html"。

在上述实例中，分别通过两种 URL 方式设置了两个 Div 标签的背景图像。其中，第一个标签的背景图像是通过相对路径实现的，而另一个标签的背景图像是通过绝对路径实现的。上述实例的执行效果如图 16-70 所示。

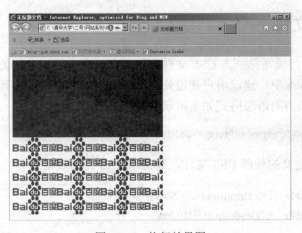

图 16-70　执行效果图

16.6 调用外部 CSS 文件

 知识点讲解：光盘\视频讲解\第 16 章\调用外部 CSS 文件.avi

在网页设计过程中，需要调用 CSS 来实现页面的指定显示。在实际的应用中，通常通过两种方法实现对 CSS 文件的调用，本节将分别详细介绍这两种调用方式。

16.6.1 在页面内部调用

页面内部调用是指直接在当前页面内编写 CSS 样式代码。例如，下面一段代码就是在页面内部调用的 CSS。

```
<html xmlns="http://www.w3.org/1999/xhtml">
<head>
<meta http-equiv="Content-Type" content="text/html; charset=utf-8" />
<title>无标题文档</title>
<style type="text/css">
<!--
.mm {
        height: 200px;                                    /* 设置高度*/
        width: 400px;                                     /* 设置宽度*/
}
-->
</style>
</head>
<body>
<div class="mm"></div>
</body>
</html>
```

使用页面内部调用方法的好处是使用比较简单，有利于用户的理解。

16.6.2 调用外部文件

外部文件调用是指专门编写第三方 CSS 文件，然后在页面中通过专门的方法实现对外部文件的调用。在最新推出的 Web 标准中，建议用户使用外部文件调用 CSS，从而实现表现和内容的分离。页面中实现第三方 CSS 文件调用的语法格式如下所示。

```
<link href="文件名" rel="stylesheet" type="text/css" />
```

其中，"文件名"是定义的外部 CSS 文件，通常以.CSS 为后缀格式。

 实例 104：使用 Dreamweaver CS6 调用外部 CSS 文件

源码路径：光盘\codes\part16\10.html

本实例的具体实现流程如下所示。

（1）在 Dreamweaver CS6 中新建一个空白页面，单击"设计"标签打开其设计界面，如图 16-71 所示。

（2）单击 CSS 控制面板上的▤图标，在弹出的"新建 CSS 规则"对话框中设置"选择器类型"为"类"，"名称"为"mm"，"定义在"为"新建样式表文件"，如图 16-72 所示。

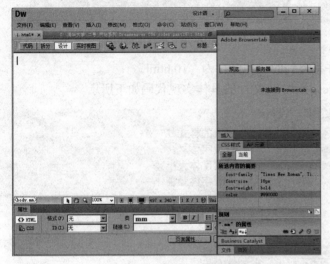

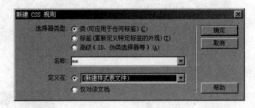

图 16-71　设计界面

图 16-72　设置规则

（3）单击"确定"按钮后弹出"保存样式表文件为"对话框，设置外部样式保存文件为"css.css"，如图 16-73 所示。

（4）在弹出的对话框中单击"确定"按钮将文件保存，如图 16-74 所示。

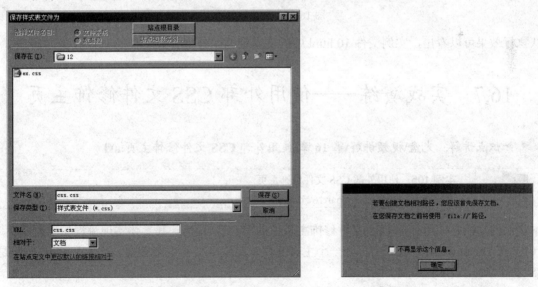

图 16-73　选择文件

图 16-74　保存设置

（5）单击"确定"按钮返回设计界面，在菜单栏中选择"插入/布局对象/Div 标签"命令，弹出"插入 Div 标签"对话框，如图 16-75 所示。

（6）在"插入 Div 标签"对话框中设置"类"为"mm"，"插入"为"在插入点"，如图 16-76 所示。

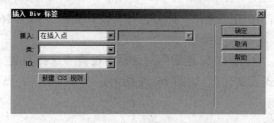

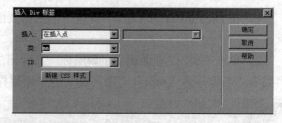

图 16-75　"插入 Div 标签"对话框　　　　　　　　图 16-76　设置 Div 标签

（7）单击"确定"按钮返回设计界面，并将得到的文件保存为"10.html"。

在上述实例中，调用了外部样式修饰文件 css.css。该文件的具体实现代码如下所示。

```
@charset "utf-8";
.mm {                                          /* 设置的样式 */
    font-family: "Times New Roman", Times, serif;   /* 设置字体 */
    font-size: 14px;                           /* 设置字体大小 */
    color: #FF0000;                            /* 设置字体颜色 */
}
```

其执行效果如图 16-77 所示。

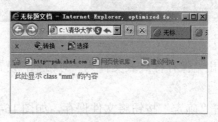

图 16-77　显示效果图

从执行效果可以看出，实例文件 10.html 中的文本遵循了外部样式文件 css.css 设置的样式。

16.7　实战演练——使用外部 CSS 文件修饰主页

 知识点讲解：光盘\视频讲解\第 16 章\使用外部 CSS 文件修饰主页.avi

实例 105：使用外部 CSS 文件修饰主页
源码路径：光盘\codes\part16\zonghe\

本实例的功能是调用外部 CSS 文件修饰主页中的 HTML 元素。其具体实现流程如下所示。

（1）在 Dreamweaver CS6 中打开一个主页文件，此主页文件中有图像、文本和 Flash，但是没有用 CSS 进行修饰，如图 16-78 所示。

（2）开始为页面中文字设置样式，选中"新闻动态"中的一行文本，如图 16-79 所示。

（3）单击 CSS 控制面板上的 图图标，在弹出的"新建 CSS 规则"对话框中设置一个名为"t12gray"的修饰类，在其规则定义对话框中设置字体的属性，如图 16-80 所示。

（4）重复步骤（3）为"新闻动态"和"新品推荐"中的其他文字设置样式，其样式规则也是"t12gray"，效果如图 16-81 所示。

图 16-78 一个主页文件

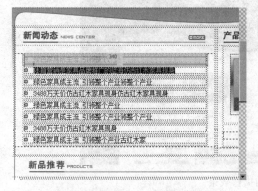

图 16-79 选中修饰的文本

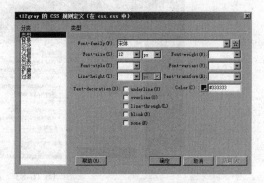

图 16-80 设置 t12gray 的规则

图 16-81 设置其他文字的样式

（5）接下来为图片标题文字设置样式，样式名为"t12bred"，规则如图 16-82 所示。

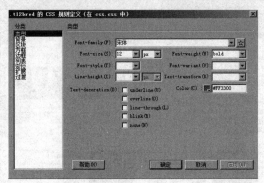

图 16-82　设置 t12bred 的规则

（6）样式设置完毕后，在浏览器中的执行效果如图 16-83 所示。

图 16-83　最终的执行效果

第17章　使用CSS实现布局

网页设计的第一步要实现页面内容的整体布局，只有布局后才能将内容填充到页面当中。本章将简要介绍CSS页面布局的基本知识，并通过具体的实例来介绍其常用布局属性的使用流程，为读者步入后面知识的学习打下坚实的基础。

17.1　CSS元素介绍

 知识点讲解：光盘\视频讲解\第17章\CSS元素介绍.avi

CSS中的元素分为块元素、内联元素和可变元素3种，通过对元素的修饰实现指定的页面显示效果。本节将详细介绍上述3种元素的基本用法。

17.1.1　块元素

在网页设计应用中，块元素即block element，通常作为其他元素的容器元素。块元素一般都从新行开始，并且大多可以容纳内联元素和其他块元素，form元素除外。

实例106：使用Dreamweaver CS6创建页面块元素
源码路径：光盘\codes\part17\1.html

本实例的具体实现流程如下所示。

（1）在Dreamweaver CS6中新建一个空白页面，单击"设计"标签打开其设计界面，如图17-1所示。

（2）在菜单栏中选择"插入/布局对象/Div标签"命令，弹出"插入Div标签"对话框，如图17-2所示。

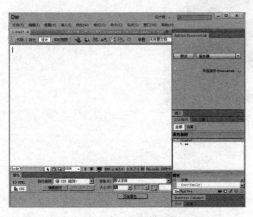

图17-1　设计界面

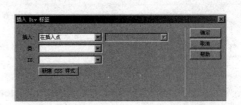

图17-2　"插入Div标签"对话框

（3）在"插入 Div 标签"对话框中单击"新建 CSS 样式"按钮，弹出"新建 CSS 规则"对话框，如图 17-3 所示。

（4）在"新建 CSS 规则"对话框中设置"选择器类型"为"类"，"名称"为"mm"，"定义在"为"仅对该文档"，如图 17-4 所示。

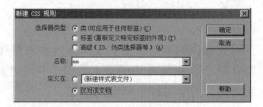

图 17-3　"新建 CSS 规则"对话框　　　　　图 17-4　设置规则

（5）单击"确定"按钮后弹出".mm 的 CSS 规则定义"对话框，然后设置"分类"为"背景"，"背景颜色"为"#666666"，如图 17-5 所示。

（6）设置"分类"为"方框"，"宽"为"400 像素"，"高"为"200 像素"，如图 17-6 所示。

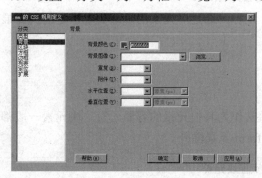
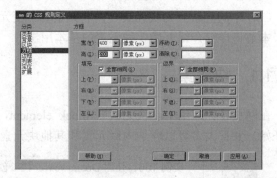

图 17-5　设置规则　　　　　图 17-6　设置规则

（7）单击"确定"按钮返回设计界面，将文件保存为"1.html"。按"F12"键查看效果，如图 17-7 所示。

图 17-7　执行效果图

17.1.2　内联元素

在网页设计应用中，内联元素即 inline element，是基于语义级的基本元素。和块元素不同的是，内联元素只能容纳文本或者其他内联元素，例如，常见的内联元素"a"。

内联元素和块元素一样都是基于 HTML 规范中的概念。块元素和内联元素的基本差异是块元素一般都从新行开始，但当加入 CSS 样式控制以后，这种属性差异就被完全消除了。例如，可以把内联元素 cite 加上 display:block 这样的属性，让其成为每次都从新行开始的属性。

CSS 中常用的内联元素如表 17-1 所示。

表 17-1　常用内联元素列表

元　　素	描　　述	元　　素	描　　述
a	锚点	acronym	首字
b	粗体	big	大字体
br	换行	cite	引用
code	计算机代码	dfn	定义字段
em	强调	font	字体设定
i	斜体	img	图片
input	输入框	kbd	定义键盘文本
label	表格标签	q	中划线
samp	定义范例计算机代码	select	项目选择
small	小字体文本	span	内联容器
strike	中划线	strong	粗体强调
sup	上标	sub	下标
textarea	多行文本输入框	tt	电传文本
u	下划线	var	定义变量

17.1.3　可变元素

可变元素是基于块元素和内联元素随环境的变化而产生的，它需要根据页面的上下文关系来确定是块元素还是内联元素。另外，可变元素也可以说是块元素和内联元素的类别。一旦上下文关系确定了其类别后，就需要遵循块元素或者内联元素的规则。

CSS 中常用的可变元素如表 17-2 所示。

表 17-2　常用可变元素列表

元　　素	描　　述	元　　素	描　　述
applet	Java 中的 applet 程序	button	按钮
del	删除文本	iframe	内置的 frame 框架
ins	插入的文本	map	图片区块
object	表示 Object 对象	script	客户端脚本

17.2　定位元素

知识点讲解：光盘\视频讲解\第 17 章\定位元素.avi

在网页设计应用中，通过 CSS 定位可以实现页面元素的定位功能。在 CSS 3 中实现页面元素定位的方式有两种，分别是浮动定位和定位属性。在页面制作过程中，可以根据具体情况选择合适的方式。本节将详细介绍上述两种定位方式的知识。

17.2.1　元素的定位方式

在元素定位应用中，一般可以通过排列和元素浮动来实现元素的定位。下面将对上述两种方式的具体实现进行简要介绍。

1．元素排列

元素的排列方式有块元素排列、内联元素排列和混合排列 3 种方式，下面将对上述 3 种排列方式进行详细介绍。

（1）块元素排列

当网页中的块元素在没有任何布局样式指定时，默认排列方式是换行排列。

（2）内联元素排列

当页面的内联元素在没有任何布局样式指定时，默认排列方式是顺序同行排列，直到宽度超出包含它容器本身的宽度时才自动换行。

（3）混合排列

混合排列是指在页面中既有块元素又有内联元素时的排列方式。在没有任何布局样式指定时，块元素不允许任何元素排列在它两边显示，所以每当遇到块元素时将自动另起一行显示。

2．浮动属性定位

在页面中实现元素定位最简单的方法是使用浮动属性 float。float 有 auto、left 和 right 3 个取值，没有继承性属性。

17.2.2　定位属性

网页设计中的定位属性主要包括定位模式、边偏移和层叠定位属性 3 种。下面将详细介绍上述定位属性的使用，并通过具体的使用实例讲解其实现流程。

1．定位模式

定位模式即属性 position，是一个不可继承的属性。其语法格式如下所示。

> position:取值

属性 position 取值的具体说明如下。

- ☑ static：设置元素按照普通方式生成，按照 HTML 规定的规则进行定位。
- ☑ relative：设置元素将保持原来的大小偏移一定的距离。
- ☑ absolute：设置元素将从页面元素中被独立出来，使用边偏移来定位。
- ☑ fixed：设置元素将从页面元素中被独立出来。但其位置不是相对于文档本身，而是相对于屏幕本身。

实例 107：使用 Dreamweaver CS6 设置页面元素定位模式

源码路径：光盘\codes\part17\2.html

本实例的具体实现流程如下所示。

（1）在 Dreamweaver CS6 中新建一个空白页面，单击"设计"标签打开其设计界面，如图 17-8 所示。

（2）在菜单栏中选择"插入/布局对象/Div 标签"命令，弹出"插入 Div 标签"对话框，如图 17-9 所示。

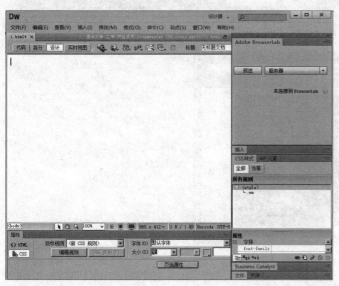

图 17-8　设计界面

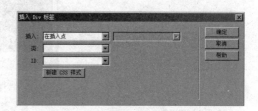

图 17-9　"插入 Div 标签"对话框

（3）在"插入 Div 标签"对话框中单击"新建 CSS 样式"按钮，弹出"新建 CSS 规则"对话框，如图 17-10 所示。

（4）在"新建 CSS 规则"对话框中设置"选择器类型"为"类"，"名称"为"mm"，"定义在"为"仅对该文档"，如图 17-11 所示。

图 17-10　"新建 CSS 规则"对话框

图 17-11　设置规则

（5）单击"确定"按钮后弹出".mm 的 CSS 规则定义"对话框，然后设置"分类"为"背景"，"背景颜色"为"#666666"，如图 17-12 所示。

（6）设置"分类"为"定位"，"类型"为"绝对"，"宽"为"400 像素"，"高"为"300 像素"，如图 17-13 所示。

（7）单击"确定"按钮返回设计界面，将文件保存为"2.html"，然后按"F12"键查看效果，如图 17-14 所示。

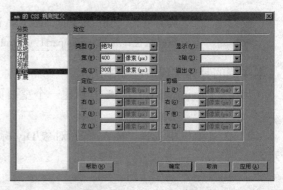

图 17-12　设置背景规则　　　　　　　　　　　　图 17-13　设置定位规则

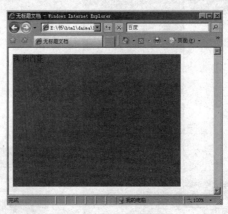

图 17-14　执行效果图

2．边偏移

CSS 边偏移主要包括 top、right、bottom 和 left 4 个属性，上述属性的语法格式如下所示。

```
top/right/bottom/left:auto/长度值/百分比值
```

上述各边偏移属性的具体说明如下。

- ☑　top：定义元素相对于其父元素上边线的距离。
- ☑　right：定义元素相对于其父元素右边线的距离。
- ☑　bottom：定义元素相对于其父元素下边线的距离。
- ☑　left：定义元素相对于其父元素左边线的距离。

实例 108：使用 Dreamweaver CS6 设置页面元素边偏移

源码路径：光盘\codes\part17\3.html

本实例的具体实现流程如下所示。

（1）在 Dreamweaver CS6 中新建一个空白页面，并依次插入两个嵌套的 Div 标签，如图 17-15 所示。

（2）单击 图标，弹出"新建 CSS 规则"对话框，并分别设置"选择器类型"为"类"，"名称"为"mm"，"定义在"为"仅对该文档"，如图 17-16 所示。

（3）单击"确定"按钮后弹出".mm 的 CSS 规则定义"对话框，然后设置"分类"为"背景"，"背景颜色"为"#666666"，如图 17-17 所示。

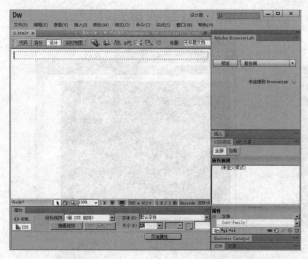
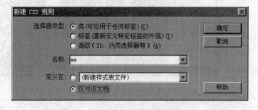

图 17-15　插入 Div 标签　　　　　　　　　　图 17-16　新建规则

（4）设置"分类"为"定位"，"类型"为"绝对"，"宽"为"400 像素"，"高"为"300 像素"，如图 17-18 所示。

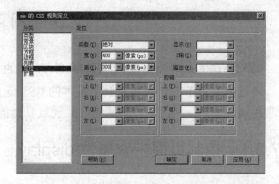

图 17-17　设置背景规则　　　　　　　　　　图 17-18　设置定位规则

（5）单击"确定"按钮返回设计界面，继续单击 图标创建名为 nn 的规则，如图 17-19 所示。

（6）单击"确定"按钮后弹出".nn 的 CSS 规则定义"对话框，然后设置"分类"为"背景"，"背景颜色"为"#333333"，如图 17-20 所示。

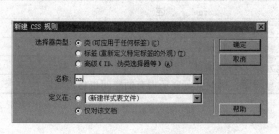

图 17-19　新建规则　　　　　　　　　　　　图 17-20　设置背景规则

（7）设置"分类"为"定位"，"类型"为"绝对"，"宽"为"200 像素"，"高"为"100 像素"，"上"为"20 像素"，"右"为"20 像素"，如图 17-21 所示。

（8）将文件保存为 "3.html"，然后按 "F12" 键查看效果，如图 17-22 所示。

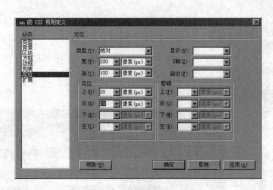

图 17-21 设置定位规则

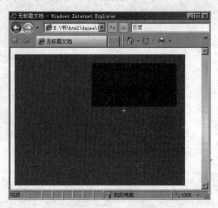

图 17-22 执行效果图

注意：因为 Dreamweaver CS6 对层叠定位功能的支持十分有限，所以在本书中将不再详细讲解层叠定位的相关知识。

17.3 内容控制属性

知识点讲解：光盘\视频讲解\第 17 章\内容控制属性.avi

经过前面章节的学习，了解了基本的 CSS 元素和定位属性。本节将进一步向读者讲解页面布局中的常用属性之一——内容控制属性，并通过具体的使用实例来阐述其实现过程。

17.3.1 控制页面内容属性 display

属性 display 的功能是控制页面内容的显示方式，并确定某页面元素是否显示。它是一个不可继承的属性，其语法格式如下所示。

display:属性值

常用的 display 属性值如表 17-3 所示。

表 17-3 display 属性值列表

属 性 值	描 述
block	定义元素为块对象
inline	定义元素为内联对象
list-item	定义元素为列表项目
none	将对象隐藏，同时此元素所占有的空间也将被清除

17.3.2 控制显示属性 visibility

属性 visibility 的功能是决定页面的某元素是否显示。它也是一个不可继承的属性，其语法格式如下所示。

visibility:属性值

visibility 有多个属性值，其中最为常用的属性值如表 17-4 所示。

表 17-4　visibility 属性值列表

属　性　值	描　　　述
visible	定义元素可见
hidden	定义元素不可见
collapse	隐藏表格中的行和列

实例 109：使用 Dreamweaver CS6 设置属性 visibility
源码路径：光盘\codes\part17\4.html

本实例的具体实现流程如下所示。

（1）在 Dreamweaver CS6 中新建一个空白页面，并在页面中输入文本"图片的显示位置！"，如图 17-23 所示。

（2）将光标放在字符"图片"后，在菜单栏中选择"插入/图像"命令，弹出"选择图像源文件"对话框，如图 17-24 所示。

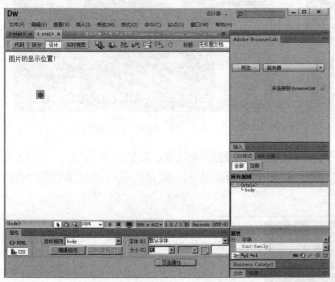

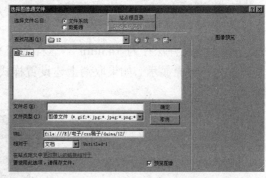

图 17-23　设计界面　　　　　　　　　图 17-24　"选择图像源文件"对话框

（3）在"选择图像源文件"对话框中设置插入图片文件为"Winter.jpg"，如图 17-25 所示。

（4）返回设计界面选中插入的图片，在"属性"面板中设置图片的"宽"和"高"分别为"200 像素"和"150 像素"，如图 17-26 所示。

（5）单击 CSS 控制面板上的图标，弹出"新建 CSS 规则"对话框，设置"选择器类型"为"标签"，"标签"为"body"，"定义在"为"仅对该文档"，如图 17-27 所示。

（6）单击"确定"按钮后弹出"body 的 CSS 规则定义"对话框，然后设置"类型"为"绝对"，

"显示"为"隐藏",如图 17-28 所示。

图 17-25 设置插入图片　　　　　　　　　　图 17-26 设置图片大小

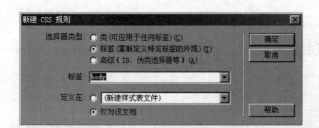

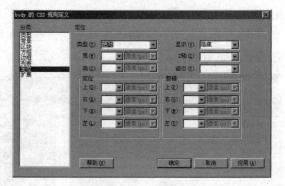

图 17-27 新建规则　　　　　　　　　　图 17-28 设置规则

（7）将文件保存为"4.html",这样便定义了内联图片元素为隐藏对象,在执行页面时会将 img 元素设置为不可见显示。如果取消上述设置样式,图片则和文本同行显示。取消隐藏时的效果如图 17-29 所示。

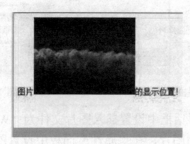

图 17-29 取消隐藏时的效果

17.3.3 居中显示属性 text-align

在使用传统的 table 进行布局时,可以使用其 center 值实现元素的居中显示效果。而在 XHTML 中,并不使用 center 实现页面居中，而是通过使用对应属性的定义来实现的。

实现页面居中最简单的方法是在页面主体中设置对齐属性"text-align=center"。

 实例 110：使用 Dreamweaver CS6 设置属性 text-align
源码路径：光盘\codes\part17\5.html

本实例的具体实现流程如下所示。

（1）在 Dreamweaver CS6 中新建一个空白页面，单击"设计"标签打开其设计界面，如图 17-30 所示。

（2）在菜单栏中选择"插入/布局对象/Div 标签"命令，弹出"插入 Div 标签"对话框，如图 17-31 所示。

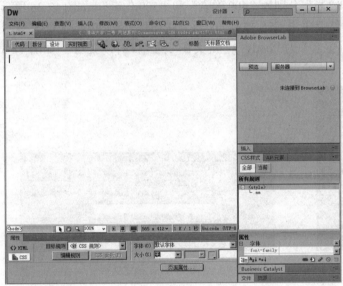

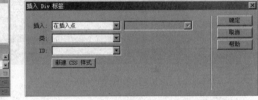

图 17-30　设计界面　　　　　　　　　　　　图 17-31　"插入 Div 标签"对话框

（3）在"插入 Div 标签"对话框中单击"新建 CSS 样式"按钮，弹出"新建 CSS 规则"对话框，如图 17-32 所示。

（4）在"新建 CSS 规则"对话框中设置"选择器类型"为"类"，"名称"为"mm"，"定义在"为"仅对该文档"，如图 17-33 所示。

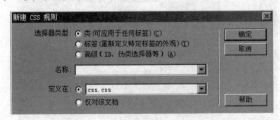

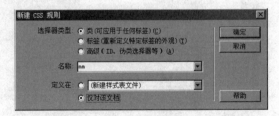

图 17-32　"新建 CSS 规则"对话框　　　　　　　　图 17-33　设置规则

（5）单击"确定"按钮后弹出".mm 的 CSS 规则定义"对话框，然后设置"分类"为"背景"，"背景颜色"为"#9933FF"，如图 17-34 所示。

（6）设置"分类"为"类型"，再依次设置文本的属性，如图 17-35 所示。

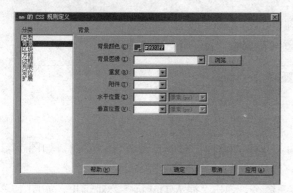

图 17-34　设置背景规则

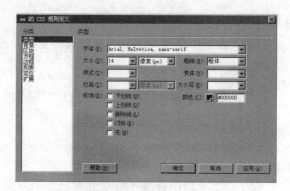

图 17-35　设置类型规则

（7）设置"分类"为"方框"，"宽"和"高"分别为"400 像素"和"300 像素"，如图 17-36 所示。

（8）单击"确定"按钮返回设计界面，然后单击 CSS 控制面板上的图图标，弹出"新建 CSS 规则"对话框，设置"选择器类型"为"标签"，"标签名"为"body"，"定义在"为"仅对该文档"，如图 17-37 所示。

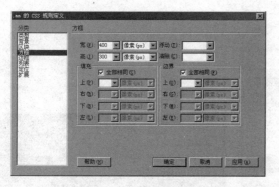

图 17-36　设置方框规则

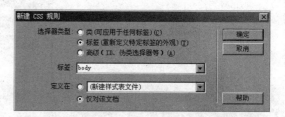

图 17-37　新建规则

（9）单击"确定"按钮后弹出"body 的 CSS 规则定义"对话框，然后设置"分类"为"背景"，"背景颜色"为"#999999"，如图 17-38 所示。

（10）设置"分类"为"区块"，"文本对齐"为"居中"，如图 17-39 所示。

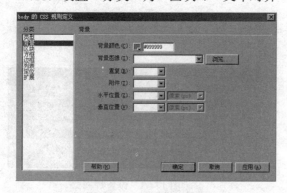

图 17-38　设置背景规则

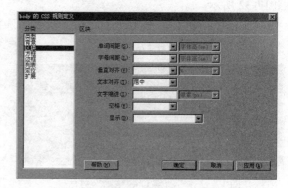

图 17-39　设置区块规则

（11）单击"确定"按钮返回设计界面，在块元素内输入文本"观察执行效果!"，然后将文件保存为"5.html"，按"F12"键查看浏览效果，如图 17-40 所示。

图 17-40　执行效果图

17.3.4　边界属性 margin

属性 margin 的功能是设置页面元素之间的距离。在 CSS 页面布局应用中，通过 margin 也可以实现页面元素的居中显示。其语法格式如下所示。

属性：属性值

常用的 margin 属性值有如下 5 个。

☑　margin：设置元素的四边边界。

☑　margin-top：设置上边界。

☑　margin-left：设置左边界。

☑　margin-right：设置右边界。

☑　margin-bottom：设置底部边界。

实例 111：使用 Dreamweaver CS6 设置属性 margin

源码路径：光盘\codes\part17\6.html

本实例的具体实现流程如下所示。

（1）在 Dreamweaver CS6 中新建一个空白页面，单击"设计"标签打开其设计界面，如图 17-41 所示。

（2）在菜单栏中选择"插入/布局对象/Div 标签"命令，弹出"插入 Div 标签"对话框，如图 17-42 所示。

（3）在"插入 Div 标签"对话框中单击"新建 CSS 样式"按钮，弹出"新建 CSS 规则"对话框，如图 17-43 所示。

（4）在"新建 CSS 规则"对话框中设置"选择器类型"为"类"，"名称"为"mm"，"定义在"为"仅对该文档"，如图 17-44 所示。

（5）单击"确定"按钮后弹出".mm 的 CSS 规则定义"对话框，然后设置"分类"为"背景"，"背景颜色"为"#9933FF"，如图 17-45 所示。

（6）设置"分类"为"类型"，再依次设置文本的属性，如图 17-46 所示。

（7）设置"分类"为"方框"，"宽"和"高"分别为"400 像素"和"300 像素"，如图 17-47 所示。

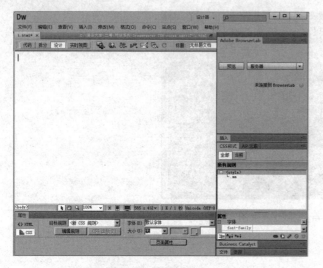

图 17-41　设计界面

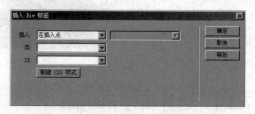

图 17-42　"插入 Div 标签"对话框

图 17-43　"新建 CSS 规则"对话框

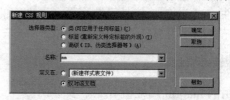

图 17-44　设置规则

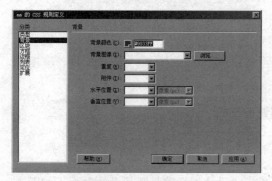

图 17-45　设置背景规则

图 17-46　设置类型规则

（8）在"方框"分类中取消选中"边界"栏中的"全部相同"复选框，设置 4 个边界值都为"自动"，如图 17-48 所示。

图 17-47　设置方框规则

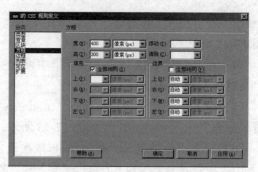

图 17-48　设置边界规则

（9）单击"确定"按钮返回设计界面，在块元素内输入文本"观察执行效果!"，然后将文件保存为"6.html"，按"F12"键查看浏览效果，如图 17-49 所示。

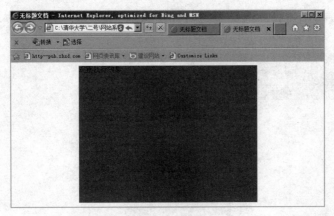

图 17-49　执行效果图

17.4　控制页面背景

知识点讲解：光盘\视频讲解\第 17 章\控制页面背景.avi

在设计页面的具体内容之前，需要首先为整体页面元素定义某种样式。本节将向读者介绍设置页面背景样式的具体方法。

17.4.1　页面背景概述

页面背景即某页面的背景元素显示效果，它既可以是一种颜色，也可以是一幅图片。在进行页面整体定义操作时，其中首先定义的元素是背景色。由于页面的具体需求不同，页面的背景色也对应着多种多样。在实际应用中，通常有如下 3 种元素作为背景色。

☑　背景颜色。
☑　背景图片。
☑　背景颜色和背景图片混用。

下面将向读者详细介绍使用上述 3 种背景效果的方法。

17.4.2　使用背景颜色

背景颜色即某页面元素的背景颜色或整个页面的背景颜色，其语法格式如下所示。

background-color:颜色值

实例 112：使用 Dreamweaver CS6 设置页面背景颜色
源码路径：光盘\codes\part17\7.html

本实例的具体实现流程如下所示。

（1）在 Dreamweaver CS6 中新建一个空白页面，单击"设计"标签打开其设计界面，如图 17-50 所示。

（2）单击 图标，弹出"新建 CSS 规则"对话框，设置"选择器类型"为"标签"，"名称"为"body"，"定义在"为"仅对该文档"，如图 17-51 所示。

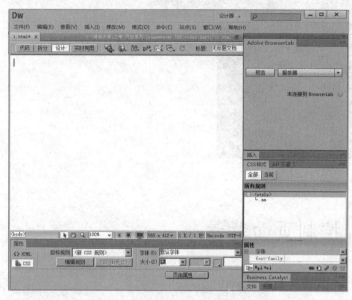

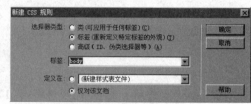

图 17-50　设计界面　　　　　　　　　　　　　　　　图 17-51　新建规则

（3）单击"确定"按钮后弹出"body 的 CSS 规则定义"对话框，然后设置"分类"为"背景"，"背景颜色"为"#9933FF"，如图 17-52 所示。

（4）单击"确定"按钮返回设计界面，然后将文件保存为"7.html"，按"F12"键查看浏览效果，如图 17-53 所示。

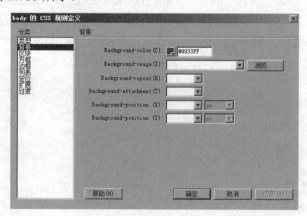

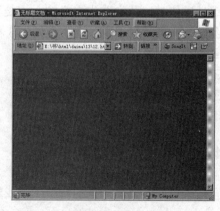

图 17-52　body 的 CSS 规则定义　　　　　　　　　　图 17-53　显示效果

17.4.3　使用背景图片

背景图片属性 background-image 的功能是设置页面元素的背景图片。属性 background-image 是一个不可继承的属性，其语法格式如下所示。

> background-image:图片路径

其中的"图片路径"既可以是相对路径，也可以是绝对路径。

在 CSS 中与背景图片有关的辅助属性有 4 类，分别是默认属性、重复属性、位置属性和附件属性。下面将分别对上述 4 种辅助属性的使用进行详细介绍。

1. 使用默认属性

背景图片的默认属性即只使用 background-image 来设置背景图片。

实例 113：通过 Dreamweaver CS6 使用默认属性设置背景图片

源码路径：光盘\codes\part17\8.html

本实例的具体实现流程如下所示。

（1）在 Dreamweaver CS6 中新建一个空白页面，单击"设计"标签打开其设计界面，如图 17-54 所示。

（2）单击 ![图标] 图标弹出"新建 CSS 规则"对话框，设置"选择器类型"为"标签"，"名称"为"body"，"定义在"为"仅对该文档"，如图 17-55 所示。

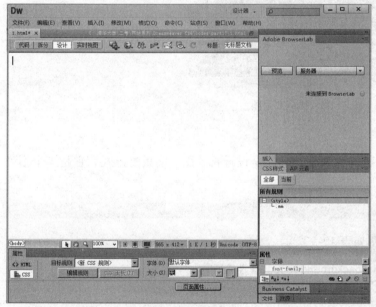

图 17-54　设计界面

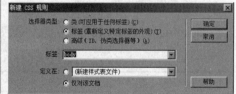

图 17-55　新建规则

（3）单击"确定"按钮后弹出"body 的 CSS 规则定义"对话框，然后设置"分类"为"背景"，如图 17-56 所示。

（4）单击"背景图像"后面的"浏览"按钮，弹出"选择图像源文件"对话框，选择设置的背景图片，如图 17-57 所示。

（5）单击"确定"按钮返回设计界面，然后将文件保存为"8.html"，按"F12"键查看浏览效果，如图 17-58 所示。

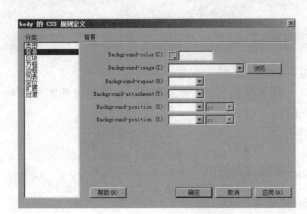

图 17-56　设置规则

图 17-57　选择图片

图 17-58　执行效果图

2. 使用重复属性

背景图片的重复属性即 background-repeat 属性，功能是设置背景图片的重复方式。它是一个不可继承的属性，其语法格式如下所示。

> background-repeat:属性值

background-repeat 属性值的具体说明如表 17-5 所示。

表 17-5　background-repeat 属性值列表

属 性 值	描　　述
repeat	设置背景图片按照从左到右、从上到下的顺序显示
no-repeat	设置背景图片不重复，在没有定义位置时出现在容器左上角
repeat-x	设置背景图片横向排列，在没有定义位置时在容器顶部从左到右重复排列
repeat-y	设置背景图片纵向排列，在没有定义位置时在容器左侧从上到下重复排列

实例 114：在 Dreamweaver CS6 中使用重复属性设置背景图片

源码路径：光盘\codes\part17\9.html

本实例的具体实现流程如下所示。

（1）在 Dreamweaver CS6 中新建一个空白页面，单击"设计"标签打开其设计界面，如图 17-59 所示。

（2）单击图标，弹出"新建 CSS 规则"对话框，设置"选择器类型"为"标签"，"名称"为"body"，"定义在"为"仅对该文档"，如图 17-60 所示。

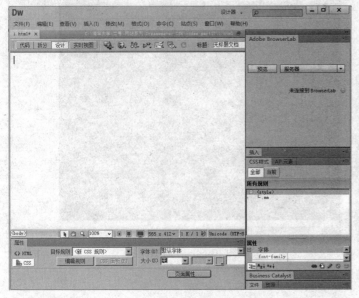
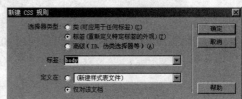

图 17-59　设计界面　　　　　　　　　　图 17-60　新建规则

（3）单击"确定"按钮后弹出"body 的 CSS 规则定义"对话框，然后设置"分类"为"背景"，如图 17-61 所示。

（4）单击"背景图像"后的"浏览"按钮，弹出"选择图像源文件"对话框，选择设置的背景图片，如图 17-62 所示。

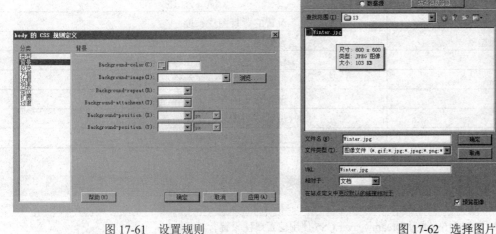

图 17-61　设置规则　　　　　　　　　　图 17-62　选择图片

（5）单击"确定"按钮返回"body 的 CSS 规则定义"对话框，设置"重复"为"不重复"，如图 17-63 所示。

（6）单击"确定"按钮返回设计界面，然后将文件保存为"9.html"。

在上述实例中，通过辅助属性设置了背景图片以不重复方式显示。其执行效果如图 17-64 所示。

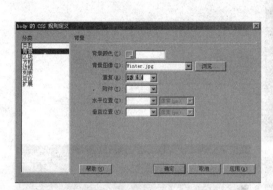

图 17-63　设置不重复

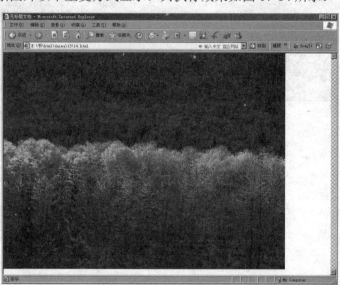

图 17-64　执行效果图

3. 使用位置属性

背景图片的位置属性即 background-position 属性，功能是设置背景图片的位置。它是一个不可继承的属性，其语法格式如下所示。

```
background-position:属性值
```

background-position 属性值的具体说明如表 17-6 所示。

表 17-6　background-position 属性值列表

属　性　值	描　述
长度值	设置的背景图片长度
百分比	设置的背景图片长度百分比
top	设置背景图片出现在容器上边距离
bottom	设置背景图片出现在容器底部距离
left	设置背景图片出现在容器左边距离
right	设置背景图片出现在容器右边距离
center	设置背景图片横向和纵向居中

注意：background-position属性在使用时需要同时设置两个属性值。

实例 115：通过 Dreamweaver CS6 使用位置属性设置背景图片

源码路径：光盘\codes\part17\10.html

本实例的具体实现流程如下所示。

（1）在 Dreamweaver CS6 中新建一个空白页面，单击"设计"标签打开其设计界面，如图 17-65 所示。

（2）单击 图标，弹出"新建 CSS 规则"对话框，设置"选择器类型"为"标签"，"名称"为"body"，"定义在"为"仅对该文档"，如图 17-66 所示。

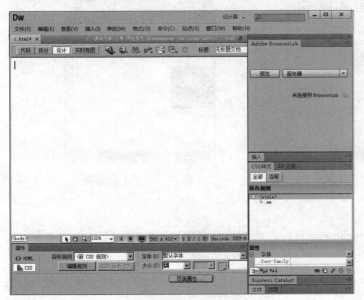

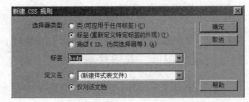

图 17-65　设计界面　　　　　　　　　　图 17-66　新建规则

（3）单击"确定"按钮后弹出"body 的 CSS 规则定义"对话框，然后设置"分类"为"背景"，如图 17-67 所示。

（4）单击"背景图像"后面的"浏览"按钮，弹出"选择图像源文件"对话框，选择设置的背景图片，如图 17-68 所示。

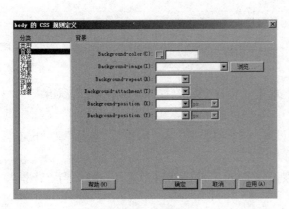

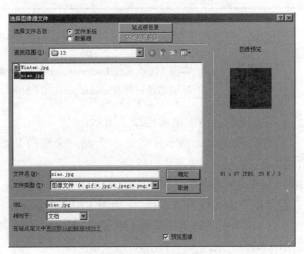

图 17-67　设置规则　　　　　　　　　　图 17-68　选择图片

（5）单击"确定"按钮返回"body 的 CSS 规则定义"对话框，设置"重复"为"不重复"，"水平位置"为"左对齐"，"垂直位置"为"居中"，如图 17-69 所示。

（6）单击"确定"按钮返回设计界面，然后将文件保存为"10.html"。这样便通过辅助属性设置了背景图片以不重复、水平居左、垂直居中的方式显示。执行效果如图 17-70 所示。

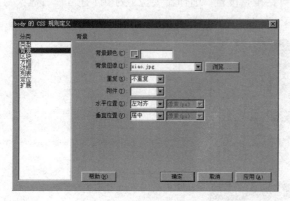

图 17-69　设置背景规则

图 17-70　执行效果图

4．使用附件属性

背景图片的附件属性即 background-attachment 属性，功能是设置背景图片的滚动方式。它是一个不可继承的属性，其语法格式如下所示。

> background-attachment:属性值

background-attachment 属性值的具体说明如表 17-7 所示。

表 17-7　background-attachment 属性值列表

属　性　值	描　　　述
scroll	设置背景图随内容滚动
fixed	设置背景图片固定不动

其中，背景图片附件属性的默认值是 scroll，即背景图片随着页面内容的滚动而上下滚动。

实例 116：通过 Dreamweaver CS6 使用附件属性设置背景图片
源码路径：光盘\codes\part17\11.html

本实例的具体实现流程如下所示。

（1）在 Dreamweaver CS6 中新建一个空白页面，单击"设计"标签打开其设计界面，如图 17-71 所示。

（2）单击圖图标，弹出"新建 CSS 规则"对话框，设置"选择器类型"为"标签"，"名称"为"body"，"定义在"为"仅对该文档"，如图 17-72 所示。

（3）单击"确定"按钮后弹出"body 的 CSS 规则定义"对话框，然后设置"分类"为"背景"，如图 17-73 所示。

（4）单击"背景图像"后面的"浏览"按钮，弹出"选择图像源文件"对话框，选择设置的背景图片，如图 17-74 所示。

（5）单击"确定"按钮返回"body 的 CSS 规则定义"对话框，具体设置如图 17-75 所示。

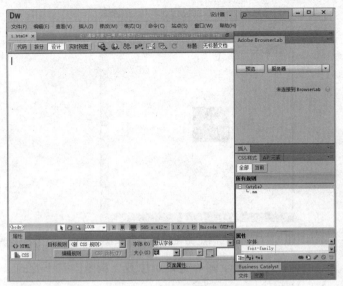

图 17-71 设计界面

图 17-72 新建规则

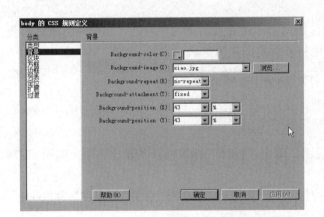

图 17-73 设置规则

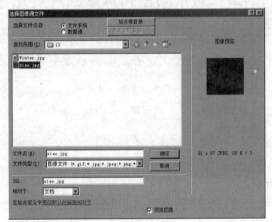

图 17-74 选择图片

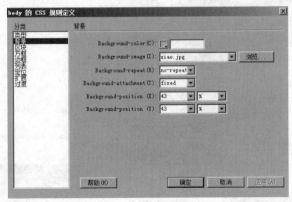

图 17-75 设置不重复

（6）单击"确定"按钮返回设计界面，然后将文件保存为"11.html"，这样便通过辅助属性设置了背景图片固定不动的方式显示。执行效果分别如图 17-76 和图 17-77 所示。

图 17-76　执行效果图

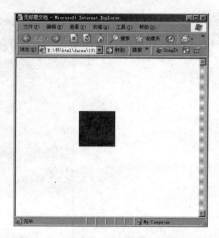

图 17-77　放大浏览器窗口后的效果图

从实际效果中可以看出，无论浏览器的窗口怎么调整，背景图片的相对位置一直是固定不变的。

17.4.4　背景颜色和背景图片混用

混用背景颜色和背景图片时的操作比较复杂，因为会涉及元素的重叠性问题。当同时将颜色和图片设置为页面背景时，在页面显示效果中背景颜色将被背景图片覆盖。

实例 117：通过 Dreamweaver CS6 设置页面背景颜色和背景图片

源码路径：光盘\codes\part17\12.html

本实例的具体实现流程如下所示。

（1）在 Dreamweaver CS6 中新建一个空白页面，单击"设计"标签打开其设计界面，如图 17-78 所示。

（2）单击■图标，弹出"新建 CSS 规则"对话框，设置"选择器类型"为"标签"，"名称"为"body"，"定义在"为"仅对该文档"，如图 17-79 所示。

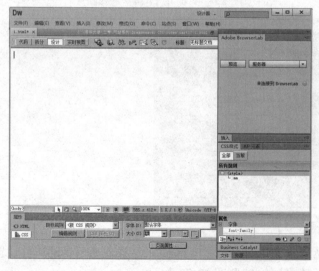

图 17-78　设计界面

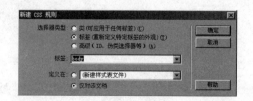

图 17-79　新建规则

（3）单击"确定"按钮后弹出"body 的 CSS 规则定义"对话框，然后设置"分类"为"背景"，"背景颜色"为"#993333"，如图 17-80 所示。

（4）单击"背景图像"后的"浏览"按钮，弹出"选择图像源文件"对话框，选择设置的背景图片，如图 17-81 所示。

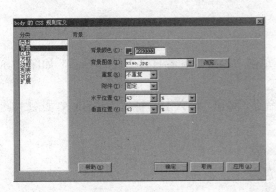

图 17-80　设置规则

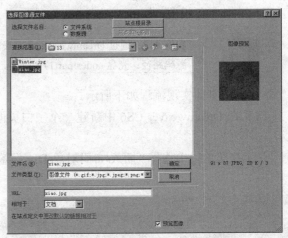

图 17-81　选择图片

（5）单击"确定"按钮返回"body 的 CSS 规则定义"对话框，设置"重复"为"不重复"，"水平位置"和"垂直位置"都为"43%"，"附件"为"固定"，如图 17-82 所示。

（6）单击"确定"按钮返回设计界面，然后将文件保存为"12.html"。这样便通过样式属性设置了背景图片和背景颜色，当程序执行后的效果是背景颜色被背景图片部分遮盖。执行效果如图 17-83 所示。

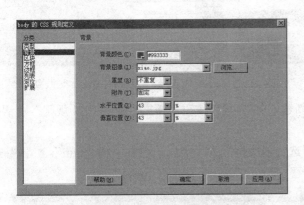

图 17-82　设置背景规则

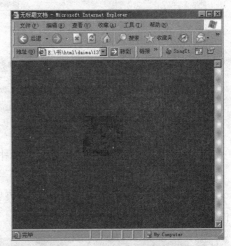

图 17-83　执行效果图

17.4.5　设置文本样式

文本样式设置是指在页面的 body 元素中统一设置文本的显示样式。具体包括字体选择、字体大小、字体行高和颜色等设置。

287

在 CSS 中，可以通过如下属性实现文本样式的设置。

☑ 字体选择设置：font-family。

☑ 字体大小设置：font-size。

☑ 行高设置：line-height。

☑ 字体颜色设置：color。

实例 118：通过 Dreamweaver CS6 设置页面文本样式
源码路径：光盘\codes\part17\13.html

本实例的具体实现流程如下所示。

（1）在 Dreamweaver CS6 中新建一个空白页面，单击"设计"标签打开其设计界面，如图 17-84 所示。

（2）在菜单栏中选择"插入/布局对象/Div 标签"命令，弹出"插入 Div 标签"对话框，如图 17-85 所示。

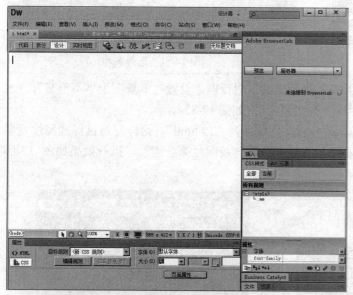

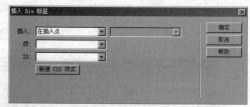

图 17-84　设计界面　　　　　　　　　　　　　　图 17-85　"插入 Div 标签"对话框

（3）在"插入 Div 标签"对话框中单击"新建 CSS 样式"按钮，弹出"新建 CSS 规则"对话框，如图 17-86 所示。

（4）在"新建 CSS 规则"对话框中设置"选择器类型"为"类"，"名称"为"mm"，"定义在"为"仅对该文档"，如图 17-87 所示。

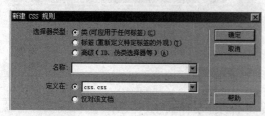

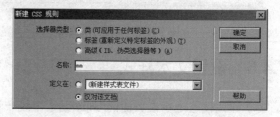

图 17-86　"新建 CSS 规则"对话框　　　　　　　　图 17-87　设置规则

（5）单击"确定"按钮后弹出".mm 的 CSS 规则定义"对话框，然后设置"分类"为"背景"，"背景颜色"为"#333333"，如图 17-88 所示。

（6）选择"分类"为"类型"，设置"字体"为"Geneva, Arial, Helvetica, sans-serif"，"大小"为"24 像素"，"行高"为"100 像素"，"颜色"为"#FFFFFF"，如图 17-89 所示。

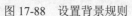

图 17-88　设置背景规则　　　　　　　　　图 17-89　设置类型规则

（7）单击"确定"按钮返回设计界面，然后将文件保存为"13.html"。

在上述实例中，首先通过样式属性设置了块元素的背景颜色，然后对文本的字体、大小和颜色进行了设置，最后对文本的行高进行了设置。当程序执行后的效果是背景颜色和行高显示一个块状效果，其中的字体将以指定样式显示。执行效果如图 17-90 所示。

图 17-90　执行效果图

17.4.6　设置链接样式

链接样式是指对页面中链接标记<a>的相关元素进行修饰。在页面中为这些超级链接设置样式后，不但可以增加页面的美观效果，还可以帮助浏览者迅速区分出链接信息。

在 CSS 样式中，可以对链接的如下 4 种状态进行控制。

☑　link：控制链接未访问状态。

☑　hover：控制鼠标悬停状态。

☑　active：控制链接激活状态。

☑　visited：控制链接已被访问状态。

实例 119：通过 Dreamweaver CS6 设置页面背景颜色和背景图片

源码路径：光盘\codes\part17\14.html

本实例的具体实现流程如下所示。

（1）在 Dreamweaver CS6 中新建一个空白页面，并单击"设计"标签打开其设计界面，如图 17-91 所示。

（2）在页面中输入两段文本，并通过"属性"面板分别为文本设置超级链接，如图 17-92 所示。

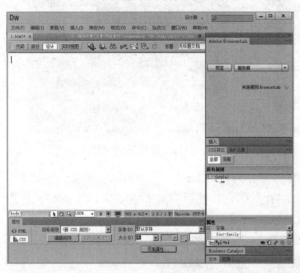
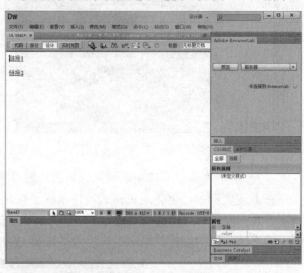

图 17-91　设计界面　　　　　　　　　　　　图 17-92　设置文本链接

（3）单击 图标，弹出"新建 CSS 规则"对话框，设置"选择器类型"为"标签"，"名称"为 "a"，如图 17-93 所示。

（4）单击"确定"按钮后弹出"a 的 CSS 规则定义"对话框，然后设置"分类"为"类型"，"颜色"为"#990000"，如图 17-94 所示。

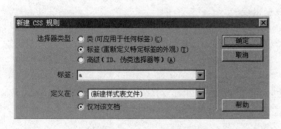

图 17-93　新建规则　　　　　　　　　　　　图 17-94　设置规则

（5）返回设计界面后单击"属性"面板中的"页面属性"按钮，弹出"页面属性"对话框，如图 17-95 所示。

（6）选择"分类"为"链接"，设置"链接颜色"为"#990000"，"已访问链接"颜色为"#0000CC"，"活动链接"颜色为"#333333"，"下划线样式"为"始终无下划线"，如图 17-96 所示。

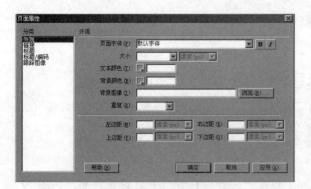

图 17-95 "页面属性"对话框

图 17-96 设置链接属性

（7）单击"确定"按钮返回设计界面，然后将文件保存为"14.html"。这样便通过各链接属性设置了各链接文本的显示样式。执行效果如图 17-97 所示。

图 17-97 常规显示效果

17.5 使用浮动属性

📹 **知识点讲解：光盘\视频讲解\第 17 章\使用浮动属性.avi**

浮动属性是网页布局中的常用属性之一，通过浮动属性不但可以很好地实现页面布局，还可以制作导航条等页面元素。本节将向读者详细介绍浮动属性的基本知识，并通过具体实例的实现来介绍其使用方法。

17.5.1 浮动属性简介

浮动属性 float 是一个不可继承的属性，其语法格式如下所示。

```
float:none/left/right
```

上述 float 取值的具体说明如下所示。

- ☑ none：设置元素不浮动。
- ☑ left：设置元素在左侧浮动。
- ☑ right：设置元素在右侧浮动。

下面将对不同情况下 float 属性的使用进行详细介绍。

17.5.2 固定元素相邻

当为两个相邻固定元素设置浮动属性后，具体显示效果和这两个元素的具体位置有关。

实例 120： 通过 Dreamweaver CS6 设置页面相邻固定元素浮动

源码路径： 光盘\codes\part17\15.html

本实例的具体实现流程如下所示。

（1）在 Dreamweaver CS6 中新建一个空白页面，单击"设计"标签打开其设计界面，如图 17-98 所示。

（2）在菜单栏中选择"插入记录/布局对象/Div 标签"命令，弹出"插入 Div 标签"对话框，如图 17-99 所示。

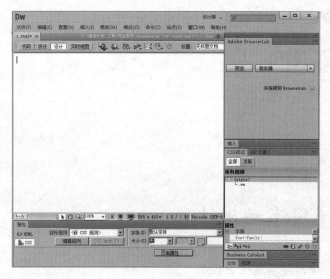

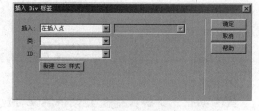

图 17-98　设计界面　　　　　　　　　　　　　图 17-99　"插入 Div 标签"对话框

（3）在"插入 Div 标签"对话框中单击"新建 CSS 样式"按钮，弹出"新建 CSS 规则"对话框，如图 17-100 所示。

（4）在"新建 CSS 规则"对话框中设置"选择器类型"为"类"，"名称"为"mm"，"定义在"为"仅对该文档"，如图 17-101 所示。

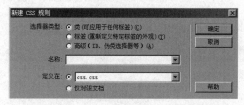　　　　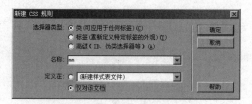

图 17-100　"新建 CSS 规则"对话框　　　　　　　图 17-101　设置规则

（5）单击"确定"按钮后弹出".mm 的 CSS 规则定义"对话框，然后设置"分类"为"背景"，"背景颜色"为"#333333"，如图 17-102 所示。

（6）选择"分类"为"边框"，设置"宽度"都为"1 像素"，"颜色"都为"#000000"，如图 17-103

所示。

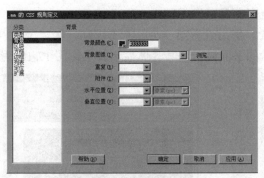
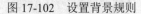

图 17-102 设置背景规则

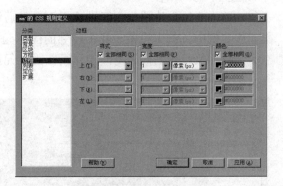

图 17-103 设置边框规则

（7）选择"分类"为"方框"，设置"宽"为"400 像素"，"高"为"150 像素"，"浮动"为"无"，如图 17-104 所示。

（8）单击"确定"按钮返回设计界面，然后再次插入一个 Div 标签，并设置其样式规则为 nn，如图 17-105 所示。

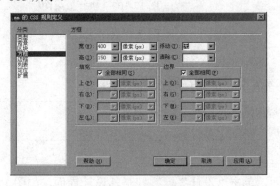

图 17-104 设置方框规则

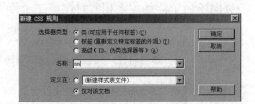

图 17-105 新建规则

（9）单击"确定"按钮后弹出".nn 的 CSS 规则定义"对话框，然后设置"分类"为"背景"，"背景颜色"为"#333333"，如图 17-106 所示。

（10）选择"分类"为"边框"，设置"宽度"都为"1 像素"，"颜色"都为"#000000"，如图 17-107 所示。

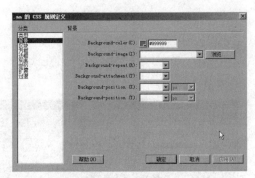

图 17-106 设置背景规则

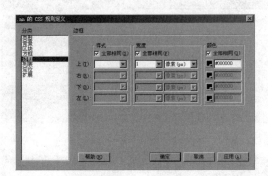

图 17-107 设置边框规则

（11）选择"分类"为"方框"，设置"宽"为"400 像素"，"高"为"150 像素"，"浮动"为"左对齐",如图 17-108 所示。

（12）单击"确定"按钮返回设计界面,然后将文件保存为"15.html"。

在上述实例中,首先设置了两个相邻的固定元素,然后设置第一个元素不浮动,第二个元素向左浮动。实例程序执行后的效果是浮动元素在固定元素的下面显示。其具体显示效果如图 17-109 所示。

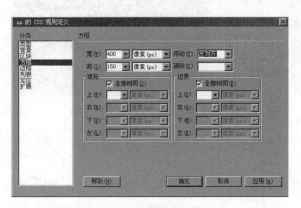

图 17-108　设置方框规则

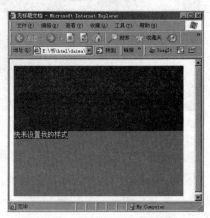

图 17-109　执行效果图

17.5.3　两个浮动元素相邻

当页面中两个浮动元素相邻时,第二个浮动元素会在第一个浮动元素后面显示。

 实例 121：通过 Dreamweaver CS6 设置页面相邻浮动元素
　　　　　源码路径：光盘\codes\part17\16.html

本实例的具体实现流程如下所示。

（1）在 Dreamweaver CS6 中新建一个空白页面,单击"设计"标签打开其设计界面,如图 17-110 所示。

（2）在菜单栏中选择"插入/布局对象/Div 标签"命令,弹出"插入 Div 标签"对话框,如图 17-111 所示。

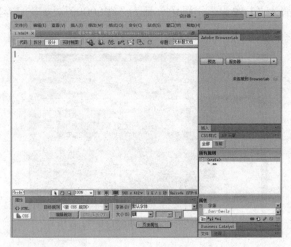

图 17-110　设计界面

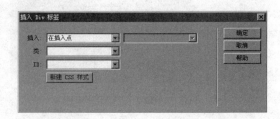

图 17-111　"插入 Div 标签"对话框

（3）在"插入 Div 标签"对话框中单击"新建 CSS 样式"按钮，弹出"新建 CSS 规则"对话框，如图 17-112 所示。

（4）在"新建 CSS 规则"对话框中设置"选择器类型"为"类"，"名称"为"mm"，"定义在"为"仅对该文档"，如图 17-113 所示。

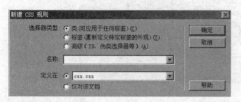 

图 17-112　"新建 CSS 规则"对话框　　　　　　图 17-113　设置规则

（5）单击"确定"按钮后弹出".mm 的 CSS 规则定义"对话框，然后设置"分类"为"背景"，"背景颜色"为"#333333"，如图 17-114 所示。

（6）选择"分类"为"边框"，设置"宽度"都为"1 像素"，"颜色"都为"#000000"，如图 17-115 所示。

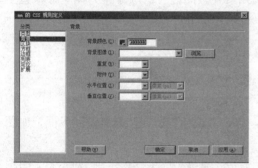 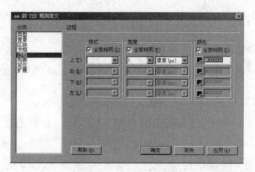

图 17-114　设置背景规则　　　　　　　　　图 17-115　设置边框规则

（7）选择"分类"为"方框"，设置"宽"为"400 像素"，"高"为"150 像素"，"浮动"为"无"，如图 17-116 所示。

（8）单击"确定"按钮返回设计界面，然后按照上述流程再次插入一个浮动元素，设置为样式 nn 并对其修饰，效果如图 17-117 所示。

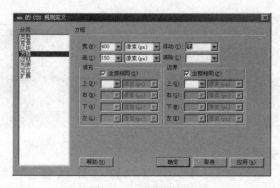 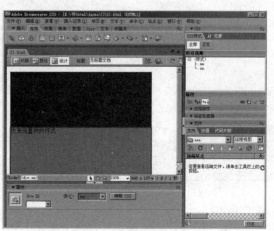

图 17-116　设置规则　　　　　　　　　图 17-117　设置第二个浮动元素

（9）单击"确定"按钮返回设计界面，然后将文件保存为"16.html"。这样便设置了两个相邻的浮动元素，程序执行后的效果是第二个浮动元素在第一个浮动元素后面显示，如图 17-118 所示。

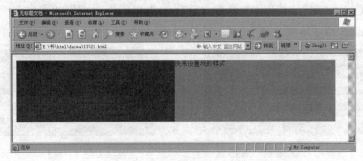

图 17-118　执行效果图

17.5.4　多个浮动元素相邻

当某页面中同时相邻多个浮动元素时，这些相邻元素会按照出现的顺序排列在一行，直至宽度超过包含它的容器宽度时才换行显示。

实例 122：通过 Dreamweaver CS6 设置页面多个相邻浮动元素

源码路径：光盘\codes\part17\17.html

本实例的具体实现流程如下所示。

（1）在 Dreamweaver CS6 中新建一个空白页面，单击"设计"标签打开其设计界面，如图 17-119 所示。

（2）在菜单栏中选择"插入/布局对象/Div 标签"命令，弹出"插入 Div 标签"对话框，如图 17-120 所示。

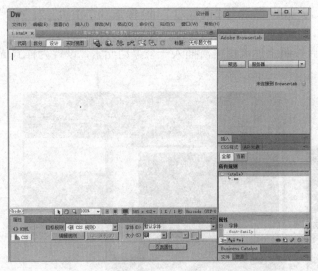

图 17-119　设计界面

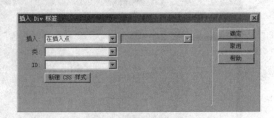

图 17-120　"插入 Div 标签"对话框

（3）在"插入 Div 标签"对话框中单击"新建 CSS 样式"按钮，弹出"新建 CSS 规则"对话框，如图 17-121 所示。

（4）在"新建 CSS 规则"对话框中设置"选择器类型"为"类"，"名称"为"mm"，"定义在"为"仅对该文档"，如图 17-122 所示。

图 17-121　"新建 CSS 规则"对话框　　　　图 17-122　设置规则

（5）单击"确定"按钮后弹出".mm 的 CSS 规则定义"对话框，然后设置"分类"为"背景"，"背景颜色"为"#333333"，如图 17-123 所示。

（6）选择"分类"为"边框"，设置"宽度"都为"1 像素"，"颜色"都为"#000000"，如图 17-124 所示。

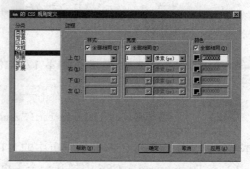

图 17-123　设置背景规则　　　　　　　　图 17-124　设置边框规则

（7）选择"分类"为"方框"，设置"宽"为"400 像素"，"高"为"150 像素"，"浮动"为"无"，如图 17-125 所示。

（8）单击"确定"按钮返回设计界面，然后按照上述流程再次插入 3 个浮动元素，分别设置为样式 nn、zz 和 ff 并对其修饰，效果如图 17-126 所示。

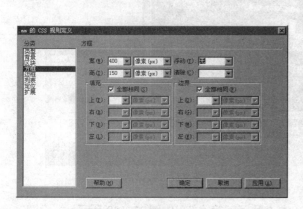

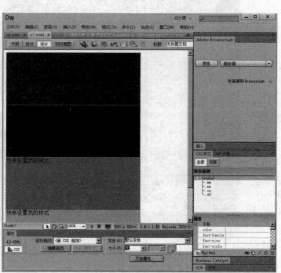

图 17-125　设置方框规则　　　　　　　　图 17-126　插入另外 3 个浮动元素

（9）单击"确定"按钮返回设计界面，然后将文件保存为"17.html"。执行效果如图 17-127 所示。

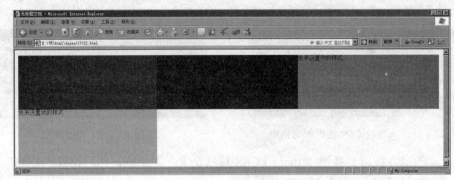

图 17-127　执行效果图

17.6　实战演练——使用 CSS 修饰文本

 知识点讲解：光盘\视频讲解\第 17 章\使用 CSS 修饰文本.avi

实例 123：使用 CSS 修饰文本
源码路径：光盘\codes\part17\zonghe\

本实例的功能是使用 CSS 修饰网页中的 HTML 元素。其具体实现流程如下所示。

（1）在 Dreamweaver CS6 中打开一个主页文件，此主页文件中有图像、文本和 Flash，但是没有用 CSS 进行修饰，如图 17-128 所示。

图 17-128　一个主页文件

（2）开始为页面中文字设置样式，选中标题文本"颐藤轩简介"，如图 17-129 所示。

（3）单击 CSS 控制面板上的图图标，在弹出的"新建 CSS 规则"对话框中设置一个名为"t14bred"的修饰类，在其规则定义对话框中设置字体的属性，如图 17-130 所示。

图 17-129　选中修饰的文本

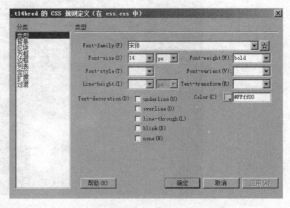

图 17-130　设置 t12gray 的规则

（4）重复步骤（3）为左侧导航中的文字设置样式，设置样式规则为"t14b"，效果如图 17-131 所示。

图 17-131　设置左侧导航文字的样式

（5）接下来为图片下方的文字设置样式，设置样式名为"t1422"，规则如图 17-132 所示。

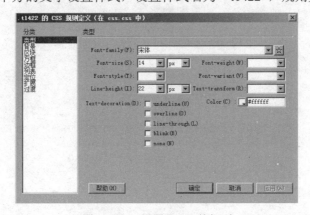

图 17-132　设置 t1422 的规则

（6）样式设置完毕后，在浏览器中的执行效果如图 17-133 所示。

图 17-133　最终的执行效果

第18章 容   器

容器是 CSS 3 技术中的重要元素之一，通过容器属性可以实现对页面元素的准确定位。本章将简要介绍 CSS 容器属性的基本知识，并通过具体的实例来介绍其具体使用流程，为读者步入后面知识的学习打下坚实的基础。

18.1   使用盒模型

 知识点讲解：光盘\视频讲解\第 18 章\使用盒模型.avi

CSS 中的所有文档元素都会生成一个由边界、边框等元素组成的矩形框，这个矩形框就是盒模型。网页中的内容只能出现在盒模型中标有高度和宽度的部分，即除宽度和高度包含的区域外，盒模型的其他部分不能包含任何内容元素。盒模型的内容所遵循的原则如下：当盒模型内的内容大于容器空间时，内容的显示顺序是从左到右；当内容超过定义的容器宽度时，将自动换行显示。

实例 124：讲解内容在盒模型中的具体应用

源码路径：光盘\codes\part18\1.html

本实例的具体实现流程如下所示。

（1）在 Dreamweaver CS6 中新建一个空白页面，单击"设计"标签打开其设计界面，如图 18-1 所示。

（2）在菜单栏中选择"插入/布局对象/Div 标签"命令，弹出"插入 Div 标签"对话框，如图 18-2 所示。

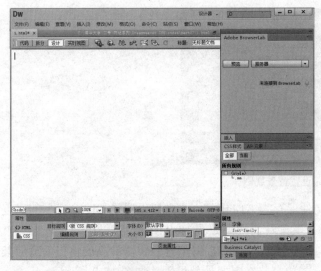

图 18-1   设计界面   图 18-2   "插入 Div 标签"对话框

（3）在"插入 Div 标签"对话框中单击"新建 CSS 样式"按钮，弹出"新建 CSS 规则"对话框，如图 18-3 所示。

（4）在"新建 CSS 规则"对话框中设置"选择器类型"为"类"，"名称"为"mm"，"定义在"为"仅对该文档"，如图 18-4 所示。

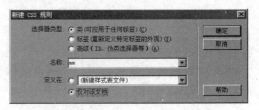

图 18-3　"新建 CSS 规则"对话框　　　　　　　　　图 18-4　设置规则

（5）单击"确定"按钮后弹出".mm 的 CSS 规则定义"对话框，设置"分类"为"类型"，"字体"为"Times New Roman, Times, serif"，"大小"为"16 像素"，"颜色"为"#FFFFFF"，如图 18-5 所示。

（6）设置"分类"为"方框"，"宽"和"高"都为"200 像素"，如图 18-6 所示。

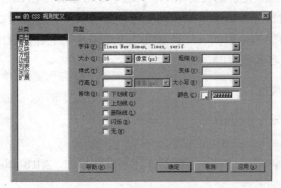
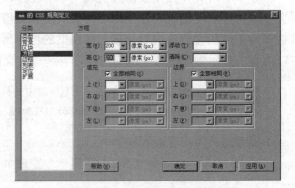

图 18-5　设置类型规则　　　　　　　　　　　　图 18-6　设置方框规则

（7）设置"分类"为"背景"，"背景颜色"为"#333333"，如图 18-7 所示。

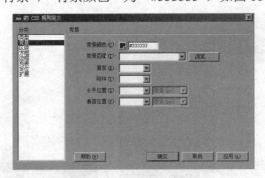

图 18-7　设置背景规则

（8）单击"确定"按钮返回设计界面，将文件保存为"1.html"。这样便设置了 Div 盒模型的高度和宽度，而其中的文本内容超出了盒模型的大小。其最终的效果如图 18-8 所示。

在上述实例中，虽然容器内元素超过了容器的大小，但是在 IE 浏览器中容器的高度将自动适应其内元素的高度，而在 Firefox 浏览器中，超出的元素内容将在容器外部显示，如图 18-9 所示。

图 18-8 IE 执行效果图

图 18-9 Firefox 执行效果图

18.2 使用补白属性

 知识点讲解：光盘\视频讲解\第 18 章\使用补白属性.avi

补白属性在盒模型内是紧连宽度和高度的属性。在网页设计应用中，补白属性 padding 是一个不可继承的属性，其语法格式如下所示。

```
padding:长度值/百分比值
```

实例 125：讲解补白属性的具体应用

源码路径：光盘\codes\part18\2.html

本实例的具体实现流程如下所示。

（1）在 Dreamweaver CS6 中新建一个空白页面，单击"设计"标签打开其设计界面，如图 18-10 所示。

（2）在菜单栏中选择"插入/布局对象/Div 标签"命令，弹出"插入 Div 标签"对话框，如图 18-11 所示。

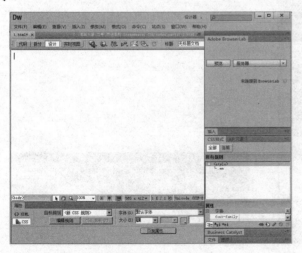
图 18-10 设计界面

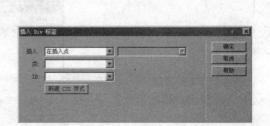
图 18-11 "插入 Div 标签"对话框

（3）在"插入 Div 标签"对话框中单击"新建 CSS 样式"按钮，弹出"新建 CSS 规则"对话框，如图 18-12 所示。

（4）在"新建 CSS 规则"对话框中设置"选择器类型"为"类"，"名称"为"mm"，"定义在"为"仅对该文档"，如图 18-13 所示。

图 18-12　"新建 CSS 规则"对话框

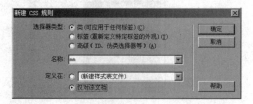

图 18-13　设置规则

（5）单击"确定"按钮后弹出".mm 的 CSS 规则定义"对话框，设置"分类"为"方框"，"宽"为"200 像素"，"高"为"80 像素"，如图 18-14 所示。

（6）设置"分类"为"背景"，"背景颜色"为"#333333"，如图 18-15 所示。

图 18-14　设置方框规则

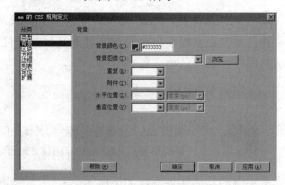

图 18-15　设置背景规则

（7）单击"确定"按钮返回设计界面，然后插入第二个块元素，如图 18-16 所示。

（8）单击图标，弹出"新建 CSS 规则"对话框，为第二个块元素设置样式 nn，如图 18-17 所示。

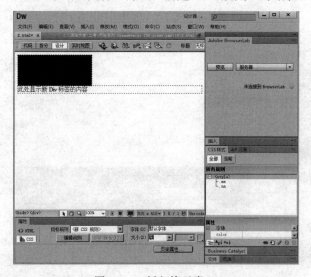

图 18-16　插入块元素

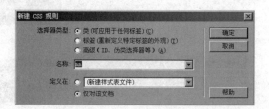

图 18-17　新建规则

（9）单击"确定"按钮后弹出".nn 的 CSS 规则定义"对话框，设置"分类"为"方框"，"宽"为"200 像素"，"高"为"80 像素"，"填充"为"20 像素"，如图 18-18 所示。

（10）设置"分类"为"背景"，"背景颜色"为"#CCCCCC"，如图 18-19 所示。

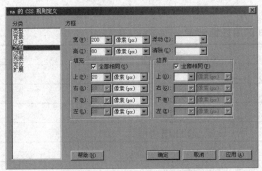

图 18-18　设置方框规则

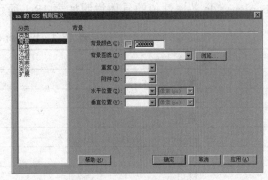

图 18-19　设置背景规则

（11）单击"确定"按钮返回设计界面，将文件保存为"2.html"。

这样便为第二个块元素设置了大小为 20 像素的补白，而没有为第一个块元素设置补白。当程序执行后，上述两块元素的显示效果不同，设置补白的块元素比第一个块元素的宽和高各大 20 像素。执行效果如图 18-20 所示。

图 18-20　执行效果图

18.3　使用边框属性

知识点讲解：光盘\视频讲解\第 18 章\使用边框属性.avi

在 CSS 3 技术中，边框属性包括边框样式属性、边框宽度属性和边框颜色属性等。本节将对最为常用的边框属性进行详细介绍，并通过具体的实例来讲解其使用流程。

18.3.1　边框样式属性

边框样式属性 border-style 的功能是设置页面边框的显示样式。border-style 属性是一个不可继承的属性，其语法格式如下所示。

> border-style:属性值

border-style 各属性值的具体说明如表 18-1 所示。

表 18-1　border-style 的属性值列表

属 性 值	描 述
none	设置没有边框
dotted	设置点线显示边框
solid	设置实线显示
groove	设置 3D 凹槽边框
inset	设置 3D 凹边边框
hidden	设置隐藏边框
dashed	设置虚线显示边框
double	设置双线显示边框
ridge	设置菱形边框
outset	设置 3D 凸边边框

注意： 在上述属性值中，groove、ridge、inset 和 outset 在 IE 浏览器中不能正常显示。

实例 126：设置不同的边框样式
源码路径：光盘\codes\part18\3.html

该实例的具体实现流程如下所示。

（1）在 Dreamweaver CS6 中新建一个空白页面，单击"设计"标签打开其设计界面，如图 18-21 所示。

（2）在页面中依次插入 4 个 Div 标签元素，并在 Div 标签元素中分别输入文本，如图 18-22 所示。

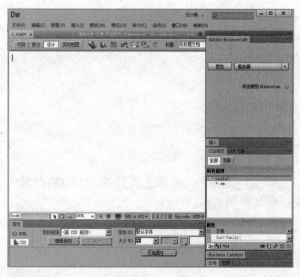

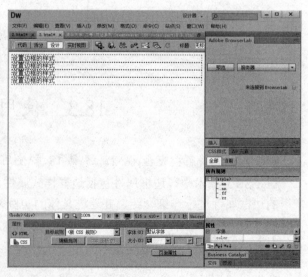

图 18-21　设计界面　　　　　　　　图 18-22　插入 Div 标签

（3）单击■图标弹出"新建 CSS 规则"对话框，为第 1 个块元素设置样式 mm，如图 18-23 所示。

（4）单击"确定"按钮后弹出".mm 的 CSS 规则定义"对话框，设置"分类"为"方框"，"宽"为"600 像素"，"高"为"120 像素"，如图 18-24 所示。

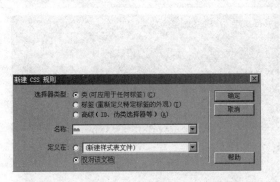

图 18-23　新建规则

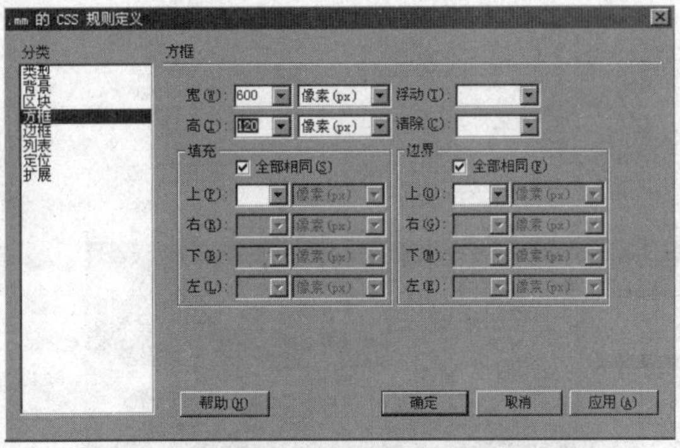

图 18-24　设置方框规则

（5）设置"分类"为"背景"，"背景颜色"为"#333333"，如图 18-25 所示。

（6）设置"分类"为"边框"，"样式"为"实线"，如图 18-26 所示。

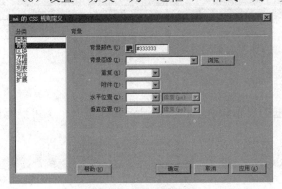
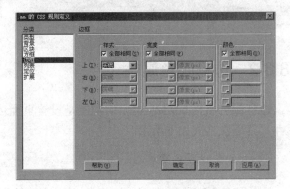

图 18-25　设置背景规则

图 18-26　设置边框规则

（7）单击"确定"按钮返回设计界面，然后单击■图标为第 2 个 Div 设置样式 nn，如图 18-27 所示。

（8）单击"确定"按钮返回设计界面，然后单击■图标为第 3 个 Div 设置样式 zz，如图 18-28 所示。

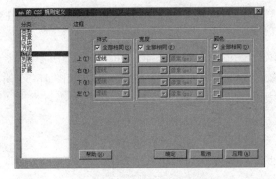
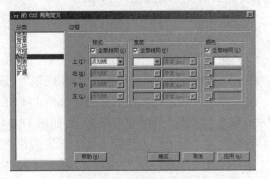

图 18-27　设置.nn 的规则

图 18-28　设置.zz 的规则

（9）单击"确定"按钮返回设计界面，然后单击■图标为第 4 个 Div 设置样式 ff，如图 18-29 所示。

（10）单击"确定"按钮返回设计界面，将文件保存为"3.html"。这样便分别为 4 个 DIV 元素设置了 4 种不同的边框样式。执行效果如图 18-30 所示。

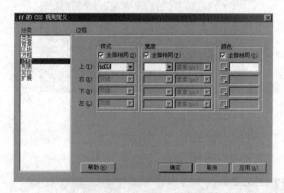

图 18-29   设置.ff 的规则

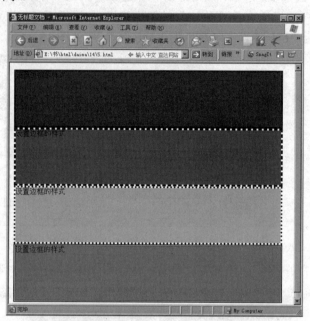

图 18-30   执行效果图

18.3.2   边框颜色属性

边框颜色属性 border-color 的功能是设置页面边框的显示颜色。border-color 属性是一个不可继承的属性，其语法格式如下所示。

border-color:颜色值

实例 127： 讲解边框颜色属性的具体使用方法
源码路径： 光盘\codes\part18\4.html

本实例的具体实现流程如下所示。

（1）在 Dreamweaver CS6 中新建一个空白页面，单击"设计"标签打开其设计界面，如图 18-31 所示。

（2）在页面中插入一个 Div 标签元素，并在 Div 标签元素中输入文本，如图 18-32 所示。

（3）单击 图标，弹出"新建 CSS 规则"对话框，为插入块元素设置样式 mm，如图 18-33 所示。

（4）单击"确定"按钮后弹出".mm 的 CSS 规则定义"对话框，设置"分类"为"方框"，"宽"为"600 像素"，"高"为"300 像素"，如图 18-34 所示。

（5）设置"分类"为"背景"，"背景颜色"为"#333333"，如图 18-35 所示。

（6）设置"分类"为"边框"，"样式"为"实线"，"宽度"为"粗"，"颜色"为"#990000"，如图 18-36 所示。

（7）单击"确定"按钮返回设计界面，将文件保存为"4.html"。这样便设置了 Div 元素的背景样式，并指定了边框的样式、宽度和颜色。执行效果如图 18-37 所示。

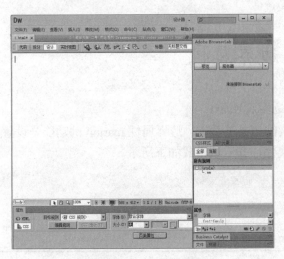

图 18-31　设计界面

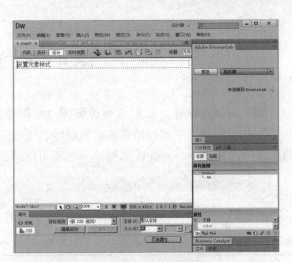

图 18-32　插入 Div

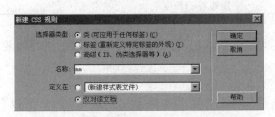

图 18-33　新建规则

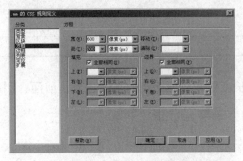

图 18-34　设置方框规则

图 18-35　设置背景规则

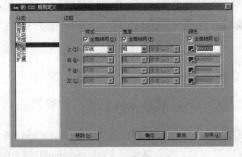

图 18-36　设置边框规则

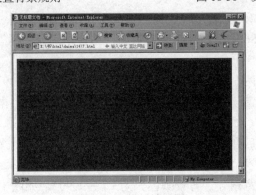

图 18-37　执行效果图

18.4　设置边界属性

知识点讲解：光盘\视频讲解\第 18 章\设置边界属性.avi

CSS 中的边界属性包括单侧边界属性、页面元素的边界重叠等。边界属性 margin 的功能是设置页面元素的边界大小。margin 属性是一个不可继承的属性，其语法格式如下所示。

> margin:取值

margin 常用属性值的具体说明如表 18-2 所示。

表 18-2　margin 属性值列表

属　性　值	描　　述
auto	分为水平 auto 值和垂直 auto 值
百分比值	指相对于元素所在父元素的宽度
长度值	指边界的长度

长度值和百分比值的具体含义和前面介绍的其他属性基本相同，下面将对 auto 取值进行简要说明。

1.　水平 auto 值

在元素盒模型的水平方向上，非浮动块元素盒模型各部分宽的和等于父元素的宽度。所以在此原则下，auto 值就是填补父元素宽度的默认值。例如，父元素的宽度为 500 像素，子元素的宽度为 200 像素，左右补白属性都是 50 像素，并且没有边框。如果此时定义子元素的值为 auto，那么 auto 所代表的值就是 100 像素。也就是说，当水平边界属性为 auto 时，它会自动取一个使子元素占有的宽度之和等于父元素宽度的值。

2.　垂直 auto 值

在页面设计时，垂直 auto 值通常被设置为 0，即没有边界。

实例 128：通过 Dreamweaver CS6 设置边界属性
源码路径：光盘\codes\part18\6.html

该实例的具体实现流程如下所示。

（1）在 Dreamweaver CS6 中新建一个空白页面，单击"设计"标签打开其设计界面，如图 18-38 所示。

（2）在页面中依次插入两个相互嵌套的父子 Div 元素，如图 18-39 所示。

（3）单击■图标，弹出"新建 CSS 规则"对话框，设置"选择器类型"为"类"，"名称"为"mm"，"定义在"为"仅对该文档"，如图 18-40 所示。

（4）单击"确定"按钮后弹出".mm 的 CSS 规则定义"对话框，然后设置"分类"为"方框"，"宽"为"400 像素"，"高"为"300 像素"，如图 18-41 所示。

（5）设置"分类"为"背景"，"背景颜色"为"#999999"，如图 18-42 所示。

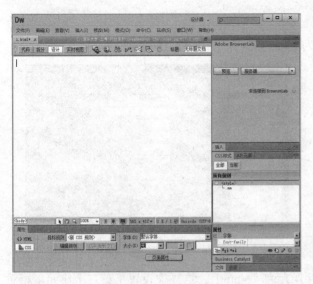

图 18-38 设计界面

图 18-39 插入嵌套元素

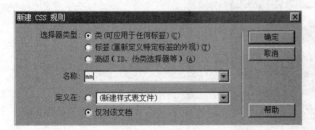

图 18-40 新建规则

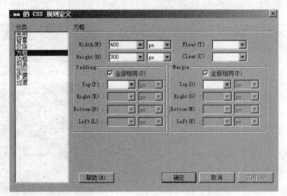

图 18-41 .mm 的 CSS 规则定义

（6）返回设计界面，再次单击 图标，在弹出的"新建 CSS 规则"对话框中设置"选择器类型"为"类"，"名称"为"nn"，"定义在"为"仅对该文档"，如图 18-43 所示。

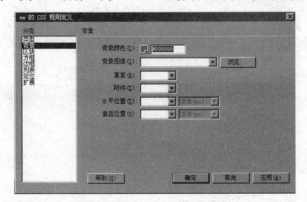

图 18-42 设置背景规则

图 18-43 新建规则

（7）单击"确定"按钮后弹出".nn 的 CSS 规则定义"对话框，然后设置"分类"为"方框"，"宽"为"200 像素"，"高"为"120 像素"，上边界为"20 像素"，右边界为"40 像素"，下边界为"20 像素"，左边界为"40 像素",如图 18-44 所示。

（8）设置"分类"为"背景","背景颜色"为"#333333",如图 18-45 所示。

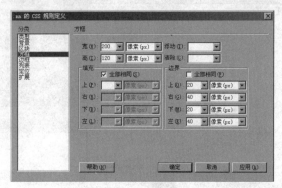

图 18-44　设置方框规则　　　　　　　　　　图 18-45　设置背景规则

（9）单击"确定"按钮返回设计界面，将文件保存为"6.html"。这样便设置了第二个块元素相对其父元素的单边边界。程序执行后的效果如图 18-46 所示。

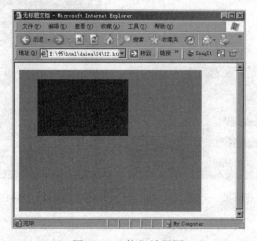

图 18-46　执行效果图

因为上述实例的父元素高度和宽度远远大于子元素，所以在图 18-46 所示效果中下边界和右边界的效果不明显。另外需要注意的是，margin 属性的单侧属性值必须遵循从上到右到下到左的顺序，其语法格式如下所示。

```
margin:margin-top margin-right margin-bottom margin-left
```

18.5　设置父、子元素的距离

知识点讲解：光盘\视频讲解\第 18 章\设置父、子元素的距离.avi

在 CSS 容器内的父、子元素之间的距离因其自身属性的不同而不同。本节将对不同属性值下父元素和子元素之间的距离问题进行详细说明。

1. 子元素边界为 0

子元素边界为 0 是指父元素内含有 padding 属性而子元素边界属性为 0。在上述情况下，父、子元素之间的距离规范如下所示。

☑ 上边界距离：由父元素的 "padding-top" 值决定。

☑ 左边界距离：由父元素的 "padding- left" 值决定。

2. 父元素补白为 0

当父元素的补白属性值为 0 时，父、子元素间的上边界距离由子元素的 "margin-top" 值决定，左边界距离由子元素的 "margin-left" 值决定。

 实例 129：通过 Dreamweaver CS6 设置父元素补白为 0
源码路径：光盘\codes\part18\7.html

该实例的具体实现流程如下所示。

（1）在 Dreamweaver CS6 中新建一个空白页面，单击 "设计" 标签打开其设计界面，如图 18-47 所示。

（2）在页面中依次插入两个嵌套的父、子 Div 块元素，如图 18-48 所示。

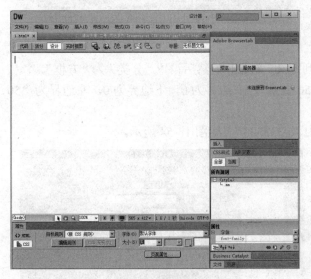

图 18-47　设计界面

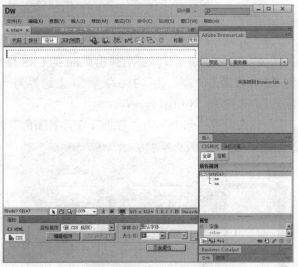

图 18-48　插入父、子元素

（3）为第一个 Div 元素指定样式 mm。单击■图标弹出 "新建 CSS 规则" 对话框，设置 "选择器类型" 为 "类"，"名称" 为 "mm"，"定义在" 为 "仅对该文档"，如图 18-49 所示。

（4）单击 "确定" 按钮后弹出 ".mm 的 CSS 规则定义" 对话框，然后设置 "分类" 为 "方框"，"宽" 为 "400 像素"，"高" 为 "300 像素"，"填充" 都为 0，如图 18-50 所示。

（5）设置 "分类" 为 "背景"，"背景颜色" 为 "#999999"，如图 18-51 所示。

（6）为第二个 Div 元素指定样式 nn。返回设计界面，再次单击■图标，在弹出的 "新建 CSS 规则" 对话框中设置 "选择器类型" 为 "类"，"名称" 为 "nn"，"定义在" 为 "仅对该文档"，如图 18-52 所示。

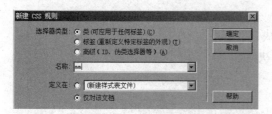

图 18-49　新建规则

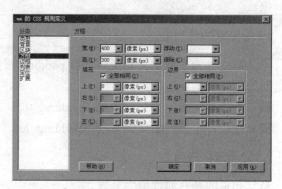

图 18-50　设置方框规则

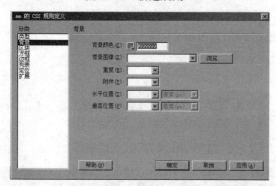

图 18-51　设置背景规则

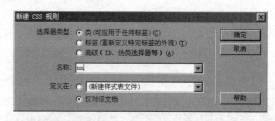

图 18-52　新建规则

（7）单击"确定"按钮后弹出".nn 的 CSS 规则定义"对话框，然后设置"分类"为"方框"，"宽"为"200 像素"，"高"为"150 像素"，上边界为"50 像素"，右边界为 0，下边界为 0，左边界为"50像素"，如图 18-53 所示。

（8）设置"分类"为"背景"，"背景颜色"为"#333333"，如图 18-54 所示。

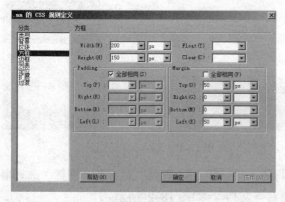

图 18-53　设置方框规则

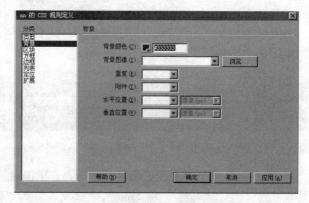

图 18-54　设置背景规则

（9）单击"确定"按钮返回设计界面，将文件保存为"7.html"。这样便指定了父元素的 padding值为 0，并分别指定了子元素的四边的边界值。程序执行后的效果如图 18-55 所示。

从图 18-55 所示的效果中可以看出，父子元素间的上、左边距离分别都是 50 像素。如果将本实例的页面文件在 Firefox 浏览器中执行会显示不同的效果，这是浏览器的兼容性问题。具体显示如图 18-56所示。通过指定样式 mm 的边框可以解决 Firefox 的兼容性问题，具体来说可以对样式 mm 进行如下修改。

```
.mm
{
    background:#666666;
    padding:0;
    height:200px;
    width:500px;
    border:solid;
}
```

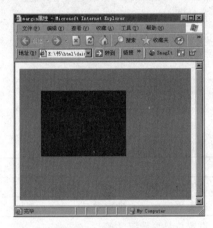

图 18-55　执行效果图

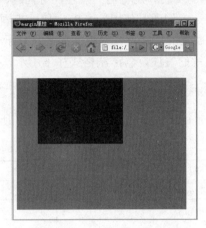

图 18-56　Firefox 执行效果图

18.6　固定元素的大小

知识点讲解：光盘\视频讲解\第 18 章\固定元素的大小.avi

固定元素大小主要是指计算盒模型大小与固定长度和宽度两个方面。本节将分别对上述两方面的知识进行详细介绍。

18.6.1　计算盒模型大小

在网页制作应用中的计算盒模型大小主要分为如下两个方面。

☑　水平方向上的宽度计算。

☑　垂直方向上的高度计算。

1．水平方向上的宽度计算

单独元素盒模型的宽度和高度的计算方法比较简单。在水平方向上，从左到右依次是左边界、左边框、左补白、宽度、右补白、右边框、右边界这 7 部分的宽度加在一起。

2．垂直方向上的高度计算

当是某一个单独元素时，在其垂直方向上计算高度的方法是把盒模型垂直方向上 7 部分的高度加在一起。当含有多个元素并在 IE 中执行时，一定要注意如下问题。

☑　当是有包含关系的两个元素时，补白会与边界重叠。

☑ 当是没有包含关系的两个元素时，边界会重叠。

而在 Firefox 浏览器中执行时，要特别注意没有包含关系的两个元素间的边界重叠问题。

18.6.2　固定长度和宽度

通过本书前面的内容了解到，通过 Dreamweaver 的方框规则定义可以实现固定元素大小。但是，随着 CSS 技术的发展和浏览器的兼容性等问题，要在页面中实现对某元素大小的固定变得愈发困难。在网页开发中，人们通常使用 overflow 属性来固定元素的大小。

overflow 属性的功能是设置页面元素只显示一定的内容，并且不会产生额外的影响。overflow 属性是一个不可继承的属性，其语法格式如下所示。

> overflow:属性值

overflow 常用属性值的具体说明如表 18-3 所示。

表 18-3　overflow 属性值列表

属　性　值	描　　述
visible	设置不会剪切内容也不会产生滚动条
auto	设置当需要时产生滚动条
scroll	设置总是显示滚动条
hidden	设置不会显示超出内容的部分

 实例 130：通过 Dreamweaver CS6 设置嵌套元素使用 overflow 属性

源码路径：光盘\codes\part18\8.html

本实例的具体实现流程如下所示。

（1）在 Dreamweaver CS6 中新建一个空白页面，单击"设计"标签打开其设计界面，如图 18-57 所示。

（2）在页面中依次插入两个 Div 块元素，并在里面输入相同的文本，如图 18-58 所示。

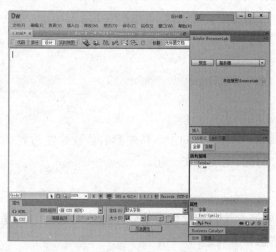

图 18-57　设计界面

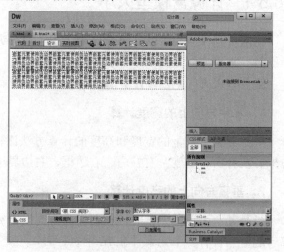

图 18-58　插入元素

（3）为第一个 Div 元素指定样式 mm。单击 图标，弹出"新建 CSS 规则"对话框，设置"选择器类型"为"类"，"名称"为"mm"，"定义在"为"仅对该文档"，如图 18-59 所示。

（4）单击"确定"按钮后弹出".mm 的 CSS 规则定义"对话框，然后设置"分类"为"方框"，"宽"为"300 像素"，"高"为"150 像素"，如图 18-60 所示。

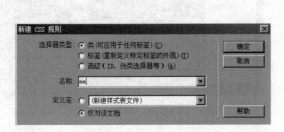

图 18-59 新建规则

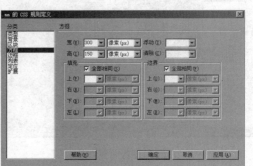

图 18-60 设置方框规则

（5）设置"分类"为"背景"，"背景颜色"为"#999999"，如图 18-61 所示。

（6）设置"分类"为"定位"，"溢出"为"滚动"，如图 18-62 所示。

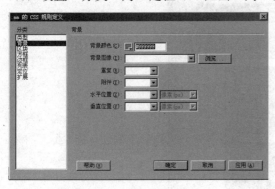

图 18-61 设置背景规则

图 18-62 设置定位规则

（7）为第二个 Div 元素指定样式 nn。返回设计界面再次单击 图标，在弹出的"新建 CSS 规则"对话框中设置"选择器类型"为"类"，"名称"为"nn"，"定义在"为"仅对该文档"，如图 18-63 所示。

（8）单击"确定"按钮后弹出".nn 的 CSS 规则定义"对话框，然后设置"分类"为"方框"，"宽"为"300 像素"，"高"为"150 像素"，如图 18-64 所示。

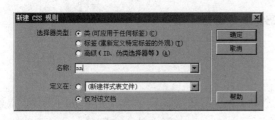

图 18-63 新建规则

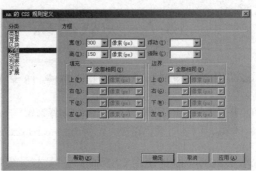

图 18-64 设置方框规则

（9）设置"分类"为"背景"，"背景颜色"为"#333333"，如图 18-65 所示。

（10）设置"分类"为"定位"，"溢出"为"隐藏"，如图 18-66 所示。

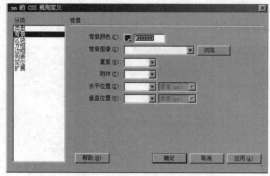

图 18-65　设置背景规则

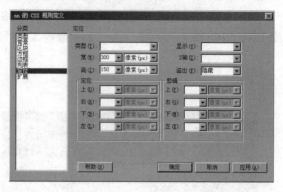

图 18-66　设置定位规则

（11）单击"确定"按钮返回设计界面，将文件保存为"8.html"。这样便指定了第一个块元素的 overflow 属性值为滚动，指定了第二个块元素的 overflow 属性值为隐藏。程序执行后的效果如图 18-67 所示。

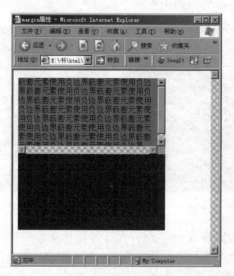

图 18-67　执行效果图

18.7　实战演练——使用 CSS 修饰留言本

 知识点讲解：光盘\视频讲解\第 18 章\使用 CSS 修饰留言本.avi

 实例 131：使用 CSS 修饰留言本

源码路径：光盘\codes\part18\zonghe\

本实例的功能是使用 CSS 修饰留言本系统中的各个 HTML 元素。其具体实现流程如下所示。

（1）在 Dreamweaver CS6 中打开一个留言本系统的页面文件，此主页文件中有图像、文本和 Flash，但是没有用 CSS 进行修饰，如图 18-68 所示。

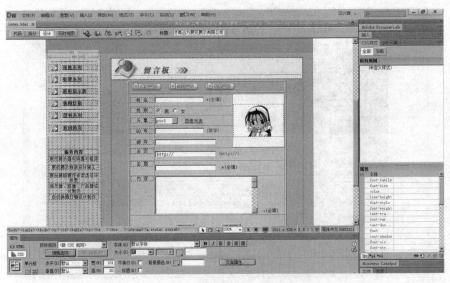

图 18-68　留言本页面

（2）开始为页面中的文字设置样式，选中左侧栏目下方的标题文字，如图 18-69 所示。

（3）单击 CSS 控制面板上的图标，在弹出的"新建 CSS 规则"对话框中设置一个名为"cvbbbb"的修饰类，在其规则定义对话框中设置字体的属性，如图 18-70 所示。

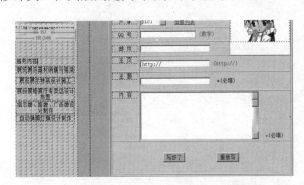

图 18-69　选中修饰的文本

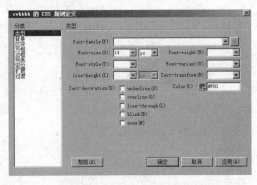

图 18-70　设置 cvbbbb 的规则

（4）重复步骤（3）为左侧导航标题下方的文字设置样式，其样式规则为"t14b"，如图 18-71 所示。

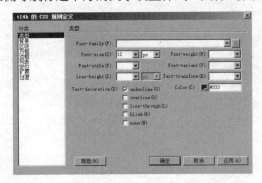

图 18-71　设置左侧导航标题下方文字的样式

（5）样式设置完毕后，在浏览器中的执行效果如图 18-72 所示。

图 18-72　最终的执行效果

第19章 插入行为

行为技术是网页设计中的一种重要应用，通过行为处理可以实现页面特定的显示效果。本章将简要介绍在 Dreamweaver CS6 中使用行为技术的基本知识，并通过应用实例的实现来介绍其具体的使用流程，为读者步入后面知识的学习打下坚实的基础。

19.1　行 为 介 绍

📹 知识点讲解：光盘\视频讲解\第 19 章\行为介绍.avi

Dreamweaver CS6 对 JavaScript 的支持有限，毕竟 JavaScript 不是一门所见即所得的技术。但是使用 Dreamweaver 可以实现一些基本的 JavaScript 特效，例如 Dreamweaver 中的行为就是专门为实现 JavaScript 特效而推出的。使用行为的方法很简单，通过行为可以实现网页的动态效果和简单的交互功能，为使那些不熟悉 JavaScript 或 VBScript 的网页设计师实现复杂的交互功能。

19.1.1　行为简介

行为是用来动态响应用户操作、改变当前页面效果或是执行特定任务的一种方法。行为和 JavaScript 是相互关联的，行为可以结合 JavaScript 实现更为强大的效果，并且行为程序可以用 JavaScript 来编写。

行为由对象、事件和动作构成。例如，当用户把鼠标移动至某对象上时可以称为事件，这个对象会发生预想变化效果称为动作。

1．对象

对象是产生行为的主体。网页中的大多数元素都可以作为行为的对象，例如整个 HTML 文档、插入的一个图片、一段文字、一个媒体文件等。对象也可以是基于成对出现的标签，在创建时应该首先选中对象的标签。

2．事件

事件是行为触发动态效果的条件。网页事件根据触发介质的不同可以分为不同的种类，例如与鼠标相关的单击，与键盘相关的某个按键按下。另外，有的事件还和网页相关，例如网页下载完毕的网页切换等。对于同一个对象，不同版本的浏览器支持的事件种类和多少也是不一样的。

3．动作

动作是行为最终产生的动态效果。动态效果可以是图片的翻转、链接的改变、声音播放等。

行为可以附加到整个文档，还可以附加到链接、图像、表单元素或其他 HTML 元素中的任何一种，用户可以为每个事件指定多个动作。动作按照它们在行为面板的动作列表中列出的顺序发生。

注意：不同的显示器支持的行为事件是不一样的。

通过 Dreamweaver CS6 可以方便地实现行为效果，在其行为控制面板中可以控制行为的操作，具体如图 19-1 所示。

单击 图标将显示当前页面中的设置事件，如图 19-2 所示；单击 图标将显示设置的所有事件，如图 19-3 所示；单击 图标将显示可以添加的行为事件，如图 19-4 所示。

图 19-1　行为控制面板　　　图 19-2　当前设置事件　　　图 19-3　可以设置的所有事件　　　图 19-4　当前设置事件

从上述显示效果可以看出如下两个作用。

（1）添加行为（+）：是一个弹出菜单，其中包含可以附加到当前所选元素的动作。当从该列表中选择一个动作时，将出现一个对话框，可以在该对话框中指定该动作的参数。如果所有动作都灰显，则没有所选元素可以生成的事件。

（2）删除（-）：可以从行为列表中删除所选的事件。

上下箭头按钮将特定事件的所选动作在行为列表中向上或向下移动。给定事件的动作以特定的顺序执行。选中一个事件或动作可以更改执行的顺序。

事件是一个弹出菜单，根据所选对象的不同，显示的事件也有所不同。如果未显示预期的事件，请检查是否选择了正确的页元素或标签。

19.1.2　行为事件

行为是为响应某一具体事件而采取的一个或多个动作。当指定的事件被触发时，将运行相应的 JavaScript 程序执行相应的动作。所以在创建行为时，必须先指定一个动作，然后再指定触发动作。

每个浏览器都提供一组事件，这些事件可以与面板的"添加行为"（+）弹出菜单中列出的行为相关联。当 Web 页的访问者与网页进行交互时，浏览器将生成事件。这些事件可用于调用引起动作发生的 JavaScript 函数。在 Dreamweaver 中提供了许多可以使用这些事件触发的常用动作。

注意：没有用户交互也可以生成事件，例如设置页每10秒钟自动重新载入。

根据所选对象和在"显示事件"子菜单中指定的浏览器的不同，显示在"事件"弹出菜单中的事件将有所不同。若要查明对于给定的页元素和给定的浏览器支持哪些事件，可以在页面文档中插入一个元素并向其附加一个行为，然后查看"行为"面板中的"事件"弹出菜单。如果页上不存在相关的对象或所选的对象不能接收事件，则这些事件将禁用（灰显）。如果未显示预期的事件，则检查是否选择了正确的对象，或在"显示事件"弹出菜单中更改目标浏览器。

图 19-5　设置行为显示事件

另外，也可以单击行为控制面板中的 ➕▾ 图标，然后在弹出的菜单中选择"显示事件"选项，设置显示某对象的事件。如图 19-5 展示了当前对象的"显示事件"。

19.1.3　行为的使用

在使用行为时，可以将行为添加到整个文档内，也可以添加到链接、图像、表单元素等 HTML 元素中。选择的目标浏览器会自动确定给这些添加元素选择支持哪些事件。

不能将行为直接添加到纯文本。因为<p>和<span>等标记不在浏览器中生成事件，因此无法从这些标签触发动作。要将行为附加到纯文本，可以通过 Dreamweaver CS6 进行特别设置。

　　实例 132：单击页面中的链接后弹出对话框
　　源码路径：光盘\codes\part19\1.html

使用 Dreamweaver CS6 实现本实例的功能效果，其具体实现流程如下所示。

（1）在 Dreamweaver CS6 中新建一个空白页面，单击"设计"标签打开其设计界面，如图 19-6 所示。

（2）在页面中输入文本"点击我吧，看看什么效果。"，并在"属性"面板的"链接"选项中为其设置链接"Javascript:"，效果如图 19-7 所示。

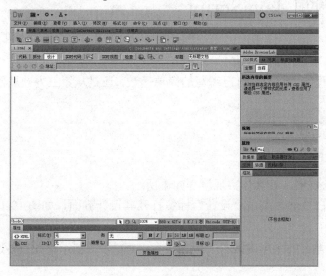

图 19-6　设计界面

图 19-7　设置文本链接

（3）选中超链接文本，单击行为控制面板中的 ➕▾ 图标，在弹出的菜单中选择"弹出信息"选项，如图 19-8 所示。

（4）在弹出的"弹出信息"对话框中输入弹出的提示文本"我在这里"，如图 19-9 所示。

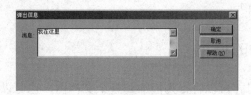

图 19-8 选择行为   图 19-9 设置行为

（5）单击"确定"按钮后返回设计界面，将得到的文件保存为"1.html"。页面执行后的显示效果是在页面中显示链接文本，如图 19-10 所示。当单击链接时将弹出提示对话框，效果如图 19-11 所示。

图 19-10 页面载入效果   图 19-11 提示效果

19.2 调用 JavaScript

 知识点讲解：光盘\视频讲解\第 19 章\调用 JavaScript.avi

通过行为可以灵活地调用 JavaScript 脚本程序，无论是自己编写的简单函数，还是从第三方获取的应用程序。

实例 133：调用 JavaScript 中的方法
源码路径：光盘\codes\part19\2.html

使用 Dreamweaver CS6 实现本实例的功能效果，其具体实现流程如下所示。

（1）在 Dreamweaver CS6 中新建一个空白页面，单击"设计"标签打开其设计界面，如图 19-12 所示。

（2）单击行为控制面板中的 图标，在弹出的菜单中选择"调用 JavaScript"选项，如图 19-13 所示。

（3）在弹出的"调用 JavaScript"对话框中输入调用的 JavaScript 函数"window.close()"，如图 19-14 所示。

（4）单击"确定"按钮后返回设计界面，将得到的文件保存为"2.html"。

上述实例的执行效果是，当页面打开后弹出提示对话框，单击"是"按钮后此页面窗口将被关闭；

单击"否"按钮后将显示此页面的内容。执行效果如图 19-15 所示。

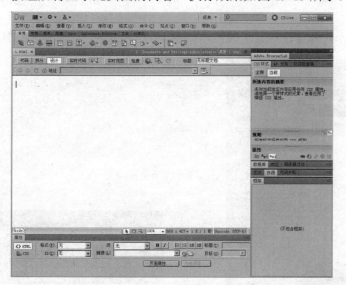

图 19-12 设计界面

图 19-13 选择行为

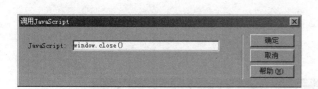

图 19-14 调用 JavaScript

图 19-15 显示效果图

注意：在上述实例的第（3）步中，也可以设置其他要执行的JavaScript语句或JavaScript函数。若要创建一个"后退"按钮，则可以输入if (history.length > 0){history.back()}。如果已将代码封装在一个函数中，则只需输入该函数的名称（如hGoBack()）。

19.3 URL 转移

 知识点讲解：光盘\视频讲解\第 19 章\URL 转移.avi

行为可以不通过超级链接实现页面之间的灵活转移。

实例 134：调用 JavaScript 实现 URL 转移

源码路径：光盘\codes\part19\3.html

使用 Dreamweaver CS6 实现本实例的功能效果，其具体实现流程如下所示。

（1）在 Dreamweaver CS6 中新建一个空白页面，单击"设计"标签打开其设计界面，如图 19-16 所示。

（2）在页面中插入一个按钮，并为其设置显示属性，如图 19-17 所示。

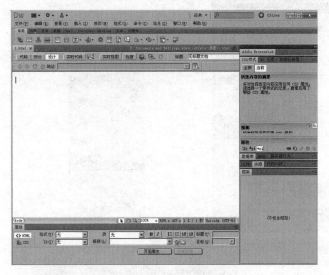

图 19-16　设计界面

图 19-17　插入按钮

（3）选中按钮并单击行为控制面板中的 图标，在弹出的菜单中选择"转到 URL"选项，如图 19-18 所示。

（4）在弹出的"转到 URL"对话框中设置"打开在"为"主窗口"，如图 19-19 所示。

图 19-18　选择行为

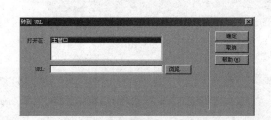

图 19-19　设置主窗口

（5）单击图 19-19 中的"浏览"按钮，在弹出的"选择文件"对话框中选择目标文件，如图 19-20 所示。

（6）单击"确定"按钮后返回设计界面，将得到的文件保存为"3.html"。

本实例的执行效果是，首先显示按钮页面，如图 19-21 所示。当单击按钮后将调用转移事件来到指定页面"33.html"，如图 19-22 所示。

如果目标页面存在名称为 top、blank、self 或 parent 的框架，则此行为可能会产生意想不到的结果。浏览器有时会将这些名称误认为保留的目标名称。所以读者在设置时，一定要注意目标页面的页面结构类型，避免不必要的错误发生。

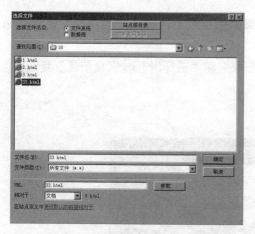

图 19-20　选择目标文件

图 19-21　按钮页面

图 19-22　转移目标页面

19.4　交　换　图　像

 知识点讲解：光盘\视频讲解\第 19 章\交换图像.avi

交换图像是指通过更改<img>标记的 src 属性将一个图像和另一个图像进行交换。实现图像交换效果的方法是，使用行为中的交换图像动作创建鼠标经过图像和其他图像效果，当鼠标经过图像时会自动将一个交换图像行为添加到指定的网页中。

实例 135：使用行为实现图像交换
源码路径：光盘\codes\part19\4.html

使用 Dreamweaver CS6 实现本实例的功能效果，其具体实现流程如下所示。

（1）在 Dreamweaver CS6 中新建一个空白页面，单击"设计"标签打开其设计界面，如图 19-23 所示。

（2）在页面中插入第一幅图像 img1，并为其设置显示属性，如图 19-24 所示。

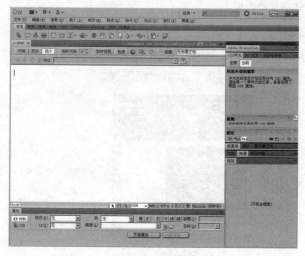

图 19-23　设计界面

图 19-24　插入图像

（3）选中图像并单击行为控制面板中的 ➕ 图标，在弹出的菜单中选择"交换图像"选项，如图 19-25 所示。

（4）在弹出的"交换图像"对话框中选中"预先载入图像"和"鼠标滑开时恢复图像"复选框，如图 19-26 所示。

图 19-25　选择行为　　　　　　　　图 19-26　设置属性

（5）单击图 19-26 中的"浏览"按钮，在弹出的"选择图像源文件"对话框中选择交换的第二幅图片，如图 19-27 所示。

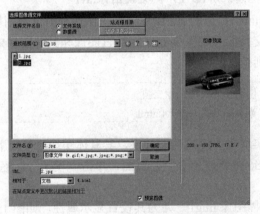

图 19-27　选择交换图像

（6）单击"确定"按钮后返回设计界面，将得到的文件保存为"4.html"。

本实例的执行效果是，首先在页面中载入显示第一幅图像，如图 19-28 所示。当移动到图像上时调用交换行为显示第二幅图像，如图 19-29 所示。鼠标离开后再次显示第一幅图像。

图 19-28　预先载入图像　　　　　　图 19-29　显示第二幅图像

在图像交换时，因为只有 src 属性受此行为的影响，所以应该换入一个与原图像具有相同尺寸（高度和宽度）的图像。否则，换入的图像显示时会被压缩或扩展，以使其适应原图像的尺寸。

还有一个"恢复交换图像"行为，可以将最后一组交换的图像恢复为它们以前的源文件。每次将"交换图像"行为附加到某个对象时都会自动添加"恢复交换图像"行为；如果在附加"交换图像"时选择了"恢复"选项，则就不再需要手动选择"恢复交换图像"行为了。

19.5　打开浏览器窗口

 知识点讲解：光盘\视频讲解\第 19 章\打开浏览器窗口.avi

行为中的打开浏览器窗口是指通过打开动作在新的窗口中打开指定的 URL，并且可以指定新窗口的属性、特性和名称。例如，设置新窗口的大小、大小是否可以调整、是否具有菜单栏等。

实例 136：使用行为打开浏览器窗口
源码路径：光盘\codes\part19\5.html

使用 Dreamweaver CS6 实现本实例的功能效果，其具体实现流程如下所示。

（1）在 Dreamweaver CS6 中新建一个空白页面，单击"设计"标签打开其设计界面，如图 19-30 所示。

（2）在页面中插入一个按钮，并为其设置显示属性，如图 19-31 所示。

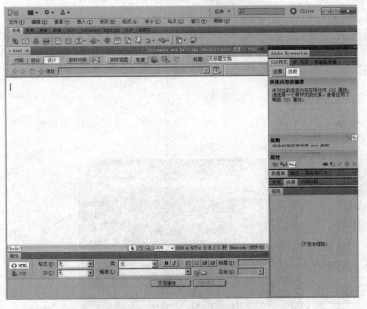

图 19-30　设计界面

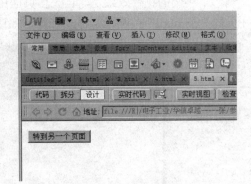

图 19-31　插入按钮

（3）选中按钮并单击行为控制面板中的 图标，在弹出的菜单中选择"打开浏览器窗口"选项，如图 19-32 所示。

（4）在弹出的"打开浏览器窗口"对话框中设置"窗口宽度"为"600 像素"，"窗口高度"为"400 像素"，并选中"导航工具栏"和"地址工具栏"复选框，如图 19-33 所示。

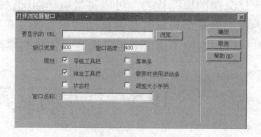

图 19-32　选择行为　　　　　　　　　　　图 19-33　设置行为

（5）单击图 19-33 中的"浏览"按钮，在弹出的"选择文件"对话框中选择文件，如图 19-34 所示。

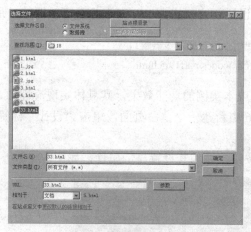

图 19-34　选择打开文件

（6）单击"确定"按钮后返回设计界面，将得到的文件保存为"5.html"。

本实例的执行效果是，首先在页面中载入显示按钮页面，如图 19-35 所示。当单击按钮后将指定页面"33.html"按照指定样式打开，如图 19-36 所示。

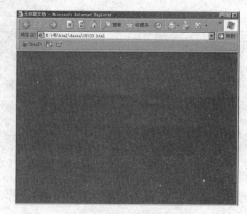

图 19-35　按钮页面　　　　　　　　　　　图 19-36　打开指定页面

如果不指定新窗口的任何属性，在打开时其大小和属性和原窗口相同。例如，如果不为窗口设置任何属性，将以计算机当前分辨率大小打开，并具有导航条、地址工具栏、状态栏和菜单栏；如果设置宽度为 400、高度为 300，不设置其他属性，则新窗口将以 400 像素×300 像素的大小打开，并且不具有任何导航条、地址工具栏、状态栏、菜单栏、调整大小手柄和滚动条。

19.6　显示隐藏元素

　知识点讲解：光盘\视频讲解\第 19 章\显示隐藏元素.avi

"显示隐藏元素"行为的功能是控制某页面元素的显示、隐藏或恢复的默认可见性。此行为主要用于在用户与页面进行交互时显示信息，例如，当用户将鼠标指针移到一个图像上时，可以显示此图像的说明性信息；当指针离开后，此说明性信息将变为隐藏不可见状态。

实例 137：使用行为隐藏元素对页面的图像进行说明

源码路径：光盘\codes\part19\6.html

使用 Dreamweaver CS6 实现本实例的功能效果，其具体实现流程如下所示。

（1）在 Dreamweaver CS6 中新建一个空白页面，单击"设计"标签打开其设计界面，如图 19-37 所示。

（2）在菜单栏中选择"插入/图像"命令，在页面中插入一幅图像，如图 19-38 所示。

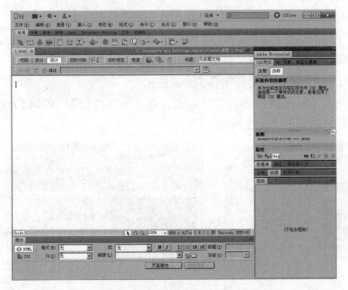

图 19-37　设计界面

图 19-38　插入图像

（3）在菜单栏中选择"插入/布局对象/AP div"命令，在页面中插入一个布局层元素，如图 19-39 所示。

（4）选中按钮并单击行为控制面板中的➕图标，在弹出的菜单中选择"显示-隐藏元素"选项，如图 19-40 所示。

（5）在弹出的"显示-隐藏元素"对话框中单击"隐藏"按钮，设置标签元素隐藏，如图 19-41 所示。

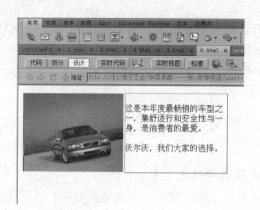

图 19-39　插入 Div　　　　　　　　　图 19-40　选择行为

（6）再次单击 图标，在弹出的"显示-隐藏元素"对话框中单击"显示"按钮，设置标签元素隐藏，如图 19-42 所示。

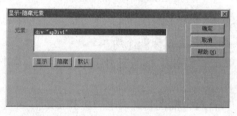
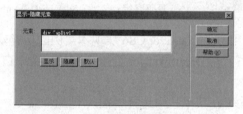

图 19-41　设置行为　　　　　　　　　图 19-42　设置行为

（7）在行为面板中对事件进行设置，设置"onMouseOut"是"显示-隐藏元素"，"onMouseOver"是"显示-隐藏元素"，如图 19-43 所示。

（8）单击"确定"按钮后返回设计界面，将得到的文件保存为"6.html"。

本实例的执行效果是，首先在页面中载入显示图像页面，此时隐藏元素不显示，如图 19-44 所示。当鼠标移动到隐藏元素上方时将显示隐藏元素，如图 19-45 所示。

图 19-43　设置事件　　　　图 19-44　图像页面　　　　图 19-45　显示隐藏元素

在网页设计应用中，"显示-隐藏元素"行为可显示、隐藏或恢复一个或多个页面元素的默认可见性。此行为用于在用户与页面进行交互时显示信息。例如，当用户将鼠标指针移到一个植物图像上时，可以显示一个页面元素，此元素给出有关该植物的生长季节和地区、需要多少阳光、可以长到多大等详细信息。此行为仅显示或隐藏相关元素。在元素已隐藏的情况下，它不会从页面流中删除此元素。

19.7 改变属性

 知识点讲解：光盘\视频讲解\第 19 章\改变属性.avi

"改变属性"行为的功能是更改页面内某对象的某个属性值，例如可以动态设置层元素的背景颜色等。在页面中可以更改属性的元素，它是由浏览器决定的，不同的浏览器可以有不同的更改。

实例 138： 在页面中显示一幅图片，当单击后显示另一幅图片

源码路径： 光盘\codes\part19\7.html

使用 Dreamweaver CS6 实现本实例的功能效果，其具体实现流程如下所示。

（1）在 Dreamweaver CS6 中新建一个空白页面，单击"设计"标签打开其设计界面，如图 19-46 所示。

（2）在菜单栏中选择"插入/图像"命令，在页面中插入一幅图像，命名为 img1，如图 19-47 所示。

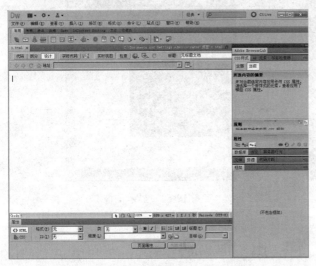

图 19-46　设计界面

图 19-47　插入图像

（3）选中按钮并单击行为控制面板中的图标，在弹出的菜单中选择"改变属性"选项，如图 19-48 所示。

（4）在弹出的"改变属性"对话框中设置"元素类型"为"IMG"，如图 19-49 所示。

图 19-48　选择行为

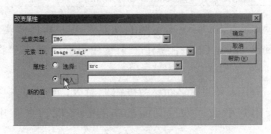

图 19-49　设置行为

（5）设置"属性选择"为"src"，"新的值"为"2.jpg"，如图 19-50 所示。

（6）在行为面板中对事件进行设置，设置"onClick"为"改变属性"，如图 19-51 所示。

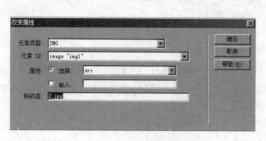

图 19-50　设置行为

图 19-51　设置行为

（7）单击"确定"按钮后返回设计界面，将得到的文件保存为"7.html"。

本实例的执行效果是，首先在页面中显示图像 1.jpg，如图 19-52 所示。当单击图像时显示图像 2.jpg，如图 19-53 所示。

图 19-52　显示图像 1

图 19-53　显示图像 2

19.8　弹出信息

知识点讲解：光盘\视频讲解\第 19 章\弹出信息.avi

"弹出信息"行为的功能是在页面中弹出指定内容的提示。

实例 139：在页面中弹出提示信息
源码路径：光盘\codes\part19\8.html

使用 Dreamweaver CS6 实现本实例的功能效果，其具体实现流程如下所示。

（1）在 Dreamweaver CS6 中新建一个空白页面，单击"设计"标签打开其设计界面，如图 19-54 所示。

（2）在菜单栏中选择"插入/表单/按钮"命令，在页面中插入一个按钮，如图 19-55 所示。

（3）选中按钮并单击行为控制面板中的图标，在弹出的菜单中选择"弹出信息"选项，如图 19-56 所示。

（4）在弹出的"弹出信息"对话框中输入弹出信息的内容，如图 19-57 所示。

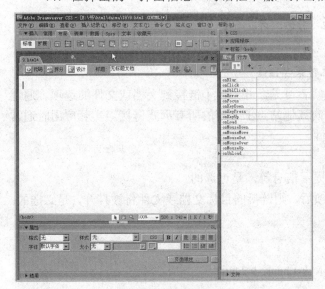

图 19-54　设计界面

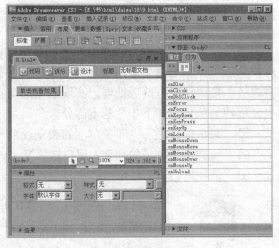

图 19-55　插入按钮

（5）在行为面板中对事件进行设置，设置"onClick"为"弹出信息"，如图 19-58 所示。

图 19-56　选择行为

图 19-57　设置行为

图 19-58　设置行为

（6）单击"确定"按钮后返回设计界面，将得到的文件保存为"8.html"。

本实例的执行效果是，首先在页面中显示插入的按钮，如图 19-59 所示。当单击按钮后将弹出设置的提示信息，如图 19-60 所示。

图 19-59　显示效果

图 19-60　弹出信息

19.9　跳　转　菜　单

 知识点讲解：光盘\视频讲解\第 19 章\跳转菜单.avi

跳转菜单是指文档内的弹出菜单，对站点访问者可见，并列出了链接到文档或文件的选项。通过跳转菜单可以创建整个站内元素链接，并能够指向其他站点上文档的所有形式链接。实际应用时通常将跳转菜单用作友情链接处理，实现网站的交互性。

跳转菜单包含如下 3 个基本部分。

☑　菜单选择提示：即菜单项的类别说明或提示信息等，是可选的。

☑　所链接菜单项的列表：用户选择某个选项后，则链接的目标文档或文件将被打开，是必选的。

☑　前往按钮。

实例 140：使用行为实现跳转功能

源码路径： 光盘\codes\part19\9.html、9-1.html、9-2.html

本实例的实现文件如下所示。

☑　文件 9.html：功能是创建跳转菜单，跳转到指定目标的页面文件。

☑　文件 9-1.html：跳转目标文件 1。

☑　文件 9-2.html：跳转目标文件 2。

本实例的核心功能是由文件 9.html 实现的，使用 Dreamweaver CS6 实现的具体流程如下所示。

（1）在 Dreamweaver CS6 中新建一个空白页面，单击“设计”标签打开其设计界面，如图 19-61 所示。

（2）在菜单栏中选择“插入/表单/跳转菜单”命令，在页面中插入一个跳转菜单，如图 19-62 所示。

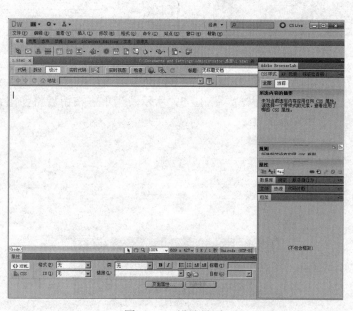

图 19-61　设计界面

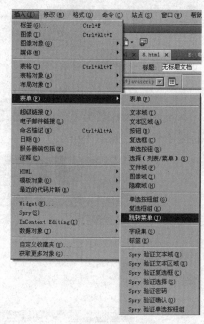

图 19-62　插入菜单

（3）在弹出的"插入跳转菜单"对话框中单击➕图标，插入两个菜单项，如图 19-63 所示。

（4）选中菜单项 1 后单击"浏览"按钮，在弹出的"选择文件"对话框中设置跳转目标文件 1，如图 19-64 所示。

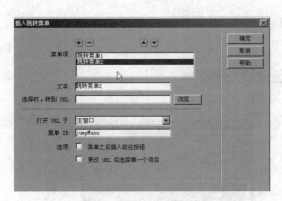

图 19-63　插入菜单项

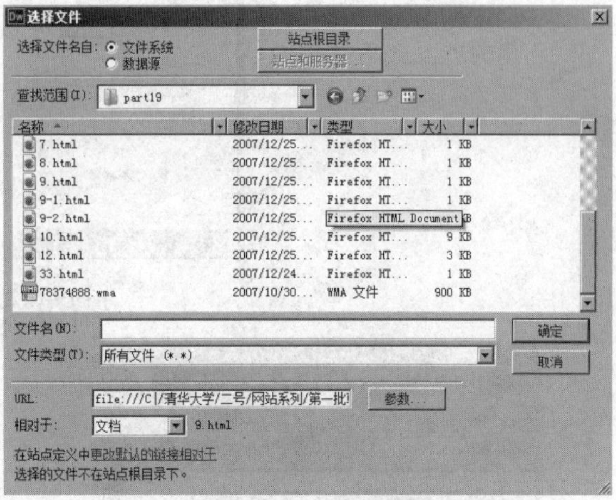

图 19-64　设置跳转目标文件 1

（5）继续为菜单项 2 设置跳转目标文件 2，如图 19-65 所示。

（6）设置"打开 URL 于"为"主窗口"，"选项"为"菜单之后插入前往按钮"，如图 19-66 所示。

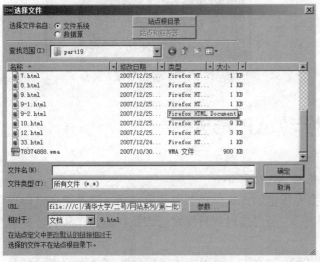

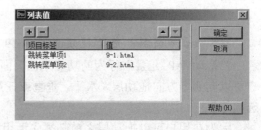

图 19-65　设置跳转目标文件 2

图 19-66　设置选项

（7）单击"确定"按钮后返回设计界面，将得到的文件保存为"9.html"。

这样当将"转到"按钮用于跳转菜单时，"转到"按钮会成为将用户跳转到与菜单中的选定内容相关的 URL 时所使用的唯一机制。在跳转菜单中选择菜单项时，不再自动将用户重定向到另一个页面或框架。

本实例的执行效果是，首先在页面中显示跳转菜单选项和按钮，如图 19-67 所示。当选择选项 1 并单击"前往"按钮后将来到文件 9-1.html 页面，如图 19-68 所示；当选择选项 2 并单击"前往"按钮后将来到文件 9-2.html 页面，如图 19-69 所示。

图 19-67　显示效果

图 19-68　弹出目标 1 页面

图 19-69　弹出目标 2 页面

19.10　拖动 AP 元素

知识点讲解：光盘\视频讲解\第 19 章\拖动 AP 元素.avi

　　"拖动 AP 元素"行为的功能是在页面中按照指定的方式拖动某层元素移动。设计者可以设置用户可以向哪个方向拖动层（水平、垂直或任意方向）、当层接触到目标时应该执行的操作和其他更多的选项等。

　　因为在用户可以拖动层之前必须先调用"拖动层"动作，所以应该确保触发该动作的事件是发生在访问者试图拖动层之前。为此实现拖动 AP 元素最佳的方法是使用 onLoad 事件将"拖动层"附加到 body 对象上。

　　实例 141：使用行为实现拖动 AP 元素的效果
　　源码路径：光盘\codes\part19\10.html

　　使用 Dreamweaver CS6 实现本实例的功能效果，其具体实现流程如下所示。

　　（1）在 Dreamweaver CS6 中新建一个空白页面，单击"设计"标签打开其设计界面，如图 19-70 所示。

（2）在菜单栏中选择"插入/布局对象/AP div"命令，在页面中插入一个 div 层，如图 19-71 所示。

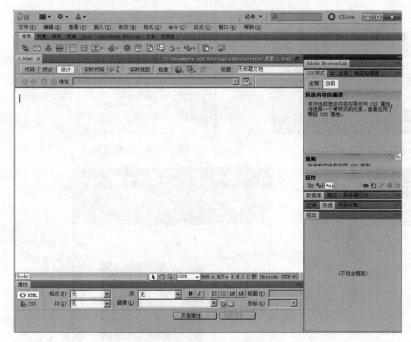

图 19-70　设计界面

图 19-71　插入 Div

（3）在插入的层内插入一幅图像 2.jpg，如图 19-72 所示。

（4）选中 body 元素并单击行为控制面板中的 图标，在弹出的菜单中选择"拖动 AP 元素"命令，如图 19-73 所示。

图 19-72　插入图像

图 19-73　选择行为

（5）在弹出的"拖动 AP 元素"对话框中设置"AP 元素"为刚插入的 div 元素的名称，"移动"为"不限制"，如图 19-74 所示。

（6）在行为面板中对事件进行设置，设置"onLoad"为"拖动 AP 元素"，如图 19-75 所示。

（7）单击"确定"按钮后返回设计界面，将得到的文件保存为"10.html"。

本实例的执行效果是，首先在页面中按照默认方式显示图像，效果如图 19-76 所示。当鼠标左键拖动图像时，图像将随鼠标的移动而移动，效果如图 19-77 所示。

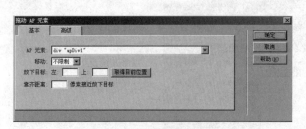

图 19-74　设置行为　　　　　　　　　　图 19-75　设置选项

图 19-76　显示效果　　　　　　　　　　图 19-77　图像移动

另外，通过图 19-74 所示的选项可以对拖动元素进行设置，各个设置选项的具体说明如下。

（1）"移动"选项

如果选择"限制"选项，则可以在"上"、"下"、"左"和"右"文本框中输入具体值对移动进行范围限制。输入的限制值是相对于 AP 元素的起始位置。如果限制在矩形区域中移动，则在所有 4 个框中都输入正值；若要只允许垂直移动，则在"上"和"下"文本框中输入正值，在"左"和"右"文本框中输入 0；若要只允许水平移动，则在"左"和"右"文本框中输入正值，在"上"和"下"文本框中输入 0。

（2）"靠齐距离"选项

如果在文本框中输入一个具体值，则使访问者必须将 AP 元素拖到距离拖放目标多近时，才能使 AP 元素靠齐到目标。对于简单的拼板游戏和布景处理效果，通过上述选项设置即可实现。若要定义 AP 元素的拖动控制点，在拖动 AP 元素时跟踪其移动，在放下 AP 元素时触发一个动作，请单击"高级"标签，如图 19-78 所示。"高级"标签选项的具体说明如下。

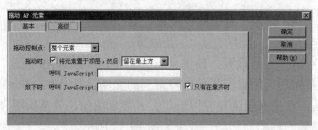

图 19-78　高级设置

☑　拖动控制点

如果要指定访问者必须单击 AP 元素的特定区域才能拖动 AP 元素，则在"拖动控制点"菜单中选择元素内的区域，然后输入左坐标和上坐标以及拖动控制点的宽度和高度来实现。

☑　"拖动时"选项

"拖动时"选项包括如下两个方面。

➢　如果 AP 元素在拖动时移动到堆叠顺序的最前面，则选中"将元素置于顶层"复选框。

➢　在"呼叫 JavaScript"文本框中可以输入 JavaScript 代码或函数名称，以在拖动 AP 元素时反复执行该代码或函数。

☑　第二个"呼叫 JavaScript"选项

如果在此文本框中输入 JavaScript 代码或函数名称，则可以在放下 AP 元素时执行该代码或函数。如果只有在 AP 元素到达拖放目标时才执行 JavaScript，则选中"只有在靠齐时"复选框。

第 20 章　个人博客网站模板

经过本书前面内容的学习，了解了使用 Dreamweaver CS6 设计网页的基本知识。本章将通过一个典型的博客模板实例，向读者介绍实现一个综合个人类网站的方法，并对整个站点的实现流程进行详细介绍。

20.1　网　站　规　划

网站规划是制作网站的第一步，规划阶段的任务主要有如下几点。

- ☑　站点需求分析。
- ☑　预期效果分析。
- ☑　站点结构规划。

下面将对上述任务的实现进行简要介绍。

20.1.1　站点需求分析

作为一个个人网站，必需具备如下功能模块。

（1）信息展示模块

利用互联网这个平台，设计精美的页面来展示博客内的日志信息和其他有趣的信息，并将访问者的回复信息显示出来。

（2）信息回复模块

浏览用户不但可以浏览站点内的博客信息，还可以对感兴趣的信息进行回复操作，发表自己的个人建议，从而吸引浏览者的眼球。

20.1.2　预期效果分析

对于一个 Web 站点来说，最为重要的是首页的制作效果。作为站点的门户，首页应该做到美观大方，本章实例网站首页的预期效果如图 20-1 所示。

日志页面是系统的二级页面，将显示系统的日志信息，其预期显示效果如图 20-2 所示。

回复页面是系统的三级页面，其预期显示效果如图 20-3 所示。

图 20-1　首页预期效果图

图 20-2　日志页面预期效果图

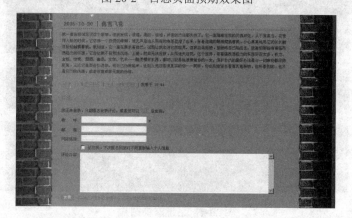

图 20-3　回复页面预期效果图

20.1.3 站点结构规划

从 20.1.2 节的预期效果图中可以看出，整个站点的显示页面分为如下 3 个部分。

☑ 系统首页：整个站点的门户。

☑ 二级页面：即日志列表页面，显示站点的日志。

☑ 三级页面：即日志详情页面，并显示日志回复表单。

根据上述页面分析，对整个站点结构进行如下规划。

☑ 文件 index.html：系统首页文件。

☑ 文件 rizhi.html：系统二级页面文件。

☑ 文件 huifu.html：系统三级页面文件。

☑ 文件夹 images：保存系统所需要的素材图片。

☑ 文件夹 style：保存系统页面的样式文件。

20.2 切 图 分 析

在切图操作时，首先要区分出页面的内容部分和修饰部分，然后决定哪些修饰部分可以通过 CSS 实现，哪些部分可以通过背景图片实现。根据站点页面预期效果，3 个级别页面的基本结构相同，只是中间内容的显示部分不同，所以可以使用相同的素材图片来实现整个站点的页面。

根据前面的分析，系统切片处理后的修饰图片如图 20-4 所示。

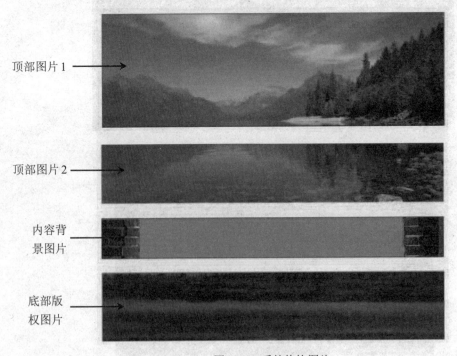

图 20-4 系统修饰图片

注意: 顶部导航图片一分为二的目的是便于系统的细分处理。例如为满足系统需求,需要在顶部添加文本说明元素或 Flash 修饰元素时,可以灵活地对导航背景的不同区域进行控制。另外,分割后的图片下载速度也将得到提高。

20.3 制作站点首页

经过前期的整体分析和切图处理后,下一步就要进行具体页面的实现操作。本节将向读者详细介绍站点首页的具体实现流程。

20.3.1 实现流程分析

系统首页是由文件 index.html 和 main.css 实现的。其中文件 index.html 是页面的结构文件,而文件 main.css 是样式修饰文件。站点首页显示效果的具体制作流程如下:(1)制作页面顶部导航部分;(2)制作页面中间内容部分;(3)制作页面底部版权信息部分。

上述流程的具体实现如图 20-5 所示。

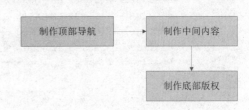

图 20-5 首页制作流程图

20.3.2 制作顶部导航

根据预期显示效果,总结出页面顶部导航的基本制作流程如下所示。

(1)设计页面结构;(2)编写页面整体样式;(3)编写 banner 样式;(4)编写 banner 文本样式;(5)编写导航背景样式;(6)编写导航文本样式。

上述流程的具体实现如图 20-6 所示。

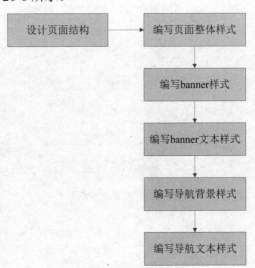

图 20-6 顶部导航设计流程图

1．设计页面结构

根据顶部导航的预期效果图，顶部页面结构的设计代码如下所示。

```html
<body>
<div id="banner">
    <div id="mmbanner">
        <div id="title"><a href="#">爱是我的永恒</a></div>
      <div id="url"><a href="#">http://www.******.com/</a><a href="#">复制地址</a></div>
        <div id="desc">今朝酒醒何处，杨柳岸，晓风残月！</div></div></div>
.......................................
    <div id="mmmenu">
        <ul id="mainnav">
        <li><a href="index.html" class="navhome">首页</a></li>
        <li><a href="rizhi.html" class="navblog">日志</a></li>
        <li><a href="#" class="navphoto">相册</a></li>
        <li><a href="#" class="navmusic">音乐</a></li>
        <li><a href="#" class="navprofile">档案</a></li>
        <li><a href="#" class="navvideo">视频</a></li>
      <li><a href="#" class="navfriend">交友</a></li>
        <li><a href="#" class="navres">资源</a></li>
        </ul>
    </div>
</div>
```

2．编写页面整体样式

页面整体样式的功能是对整个页面的显示样式进行定义。首先，对 body、ul 和 a 元素样式进行定义；然后，定义这些元素的子样式。其具体实现代码如下所示。

```css
body {
    margin:0;
    padding:0;
    background: #000000;
    font-family:"宋体";
     font-size: 12px;
     color: #333333;
     line-height:150%;
}
a {
    color: #f5651f;}
a:hover {
    color: #ff3399;
}
ul{
    margin:0;
    padding:0;}
ul li{
  list-style:none;
}
```

```
.clear{
   clear:both;}
```

3．编写 banner 样式

banner 样式的功能是设置 banner 部分的背景图片，并对上面的页面元素样式进行定义。首先，定义其总体背景样式；然后，对上面的外层元素样式进行设置。其具体实现代码如下所示。

```
#banner{
    margin:0;
    margin-left:auto;
    margin-right:auto;
    width:993px;
    height:319px;
    background:url(../images/banner.jpg) no-repeat left top;
}
#mmbanner{
    padding:10px 0 0 85px;
}
```

4．编写 banner 文本样式

banner 文本样式的功能是定义 banner 顶部图片上文本的显示样式。首先，定义首行文本的显示样式；然后定义此行文本的链接样式；最后，定义第三行文本的显示样式。其具体实现代码如下所示。

```
#title{
   float:left;}
#title a{
   font-size:16px;
   font-weight:bold;
   color:#ffffff;
   text-decoration:none; }
#title a:hover{
   color:#f5651f;
}
#url{
   float:left;}
#url a{
   margin:0 0 0 16px;
   color:#ffffff;}
#url a:hover{
   color:#f5651f;
}
#desc{
   clear:left;
   margin:5px 0 0 20px;
   color:#ffffff;
}
```

5．编写导航背景样式

导航背景样式的功能是设置 banner 底部背景图片的显示样式。首先，定义其总体背景样式；然后，对上面的导航文本样式进行设置。其具体实现代码如下所示。

```
#menu{
    margin-left:auto;
    margin-right:auto;
    width:993px;
    height:166px;
    background:url(../images/menu.jpg) no-repeat left top;
}
#mmmenu {
    float:right;
    width:500px;
    margin:10px 0 0 0;
}
```

6．编写导航文本样式

导航文本样式的功能是定义 banner 底部图片上文本的显示样式。首先，定义总体文本的显示样式；然后，对上面的 li 元素样式进行设置；最后，给不同的文本定义不同显示样式和悬停效果。其具体实现代码如下所示。

```
#mainnav{
    float:left;
}
#mainnav li{
    float: left;
    list-style: none;
    padding:48px 0 0;}
#mainnav li a{
    padding:48px 12px 0;
    background-position: center top;
    background-repeat: no-repeat;
    color:#e7ebef;
    text-decoration:none;}
#mainnav li a:hover{
    color:#f5651f;
    background:none;
}
.navhome { background-image: url(../images/home.gif);}
.navblog { background-image: url(../images/blog.gif);}
.navphoto { background-image: url(../images/img.gif);}
.navmusic { background-image: url(../images/sound.gif);}
.navvideo { background-image: url(../images/video.gif);}
.navprofile { background-image: url(../images/profile.gif);}
.navfriend { background-image: url(../images/video.gif);}
.navres { background-image: url(../images/friend.gif);}
```

上述各样式代码设置完毕后，将其保存为 main.css。然后在文件 index.html 的<head></head>标记之间输入如下调用代码。

```
<link type="text/css" href="style/main.css" rel="stylesheet" />
```

上述制作流程操作完毕后，页面顶部导航的显示效果如图 20-7 所示。

图 20-7　导航显示效果图

20.3.3　设计中间内容部分

从预期显示效果中可以看出，页面中间内容由背景图片、中间内容文本和右侧导航 3 部分构成。其具体制作流程如下：（1）设计页面结构；（2）编写内容整体样式；（3）编写内容文本样式；（4）编写导航整体样式；（5）编写导航文本样式。

上述流程的具体实现如图 20-8 所示。

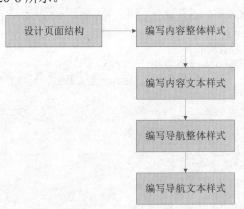

图 20-8　中间内容实现流程图

下面将对上述流程的实现进行详细介绍。

1．设计页面结构

页面中间内容分为如下 3 部分。

☑　背景图片部分：设置图片 main_bg.jpg 为背景，利用图片的延伸使其布满整个背景。

☑　中间内容部分：在页面中间显示日志信息。

☑ 右侧导航部分：在页面右侧显示各类导航信息。

实现上述功能的页面结构代码如下所示。

```
<div id="content">
<div class="mmcontent">
<div class="content-top"></div>
<div id="content-main">
    <div class="diarytitle"><img src="images/spacer.gif" alt="" class="arrow-up" /> 2007-10-20 | 落雪飞花</div>
    <div class="diarycontent"> 我一直在尝试忘记这个故事，但我发现，很难。是的，很难，所有的方法都失效了。
它一直隐藏在我的灵魂深处，从不肯离去。在夜深人静的时候，它仿佛一个狡猾的蟑螂，悄无声息地从阴暗的角
落里溜了出来，张着诡谲的眼睛窥视着我，小心翼翼地用它的长长触须轻轻触摸着我。我知道，它一直在展示着
自己，试图让我走进它的世界。
</div>
    <div class="diaryabout"><a href="@">评论 (0)</a>  | <a href="@">固定链接</a> |  <a href="@">类别 (闲
时随笔) </a>|  发表于 15:44 </div>
    ......................................................
</div>
<div class="pagecount">
  <div id="pagecount"></div>
......................................................
<div id="sidebar">
<div id="mmsidebar">
<div class="list">
    <div class="list-title">
     <h1><img src="images/spacer.gif" alt="" class="arrow-up" />个人档案</h1>
      <div class="clear"></div>
    </div>
    <div class="list-menu">
    </div>
    <div  class="list-content"><div  class="mm-list-content">  <img  src="images/show.jpg"  alt=" 我 形 我 秀 "
/></div><hr /> <div class="aboutme">
                昵称: 落雪飞花<br />
                城市: 济南市<br />个性介绍:   <br />
                无论做什么，我一定能够成功，因为我是无敌的，哈哈！我想大家一定喜欢我，因为我也是最
帅的！！！ <br />
      </div>

<div class="list">
    <div class="list-title">
     <h1>档案分类</h1>
<div class="clear"></div>
</div>
<div class="list-content">
   <ul>
      <li><a href="#">2006 年 8 月</a></li>
      <li><a href="#">2006 年 7 月</a></li>
      <li><a href="#">2006 年 6 月</a></li>
   </ul>
</div>
</div>
```

```html
<div class="list">
    <div class="list-title">
     <h1>友情链接</h1>
     <div class="clear"></div>
   </div>
    <div class="list-content"><div>暂无链接</div>
   </div>
</div>
<div class="list">
    <div class="list-title">
     <h1>日志分类</h1>
     <div class="clear"></div>
   </div>
    <div class="list-content">
<ul>
    <li><a href="#">往事随风</a></li>
    <li><a href="#">现在开始</a></li>
    <li><a href="#">美好未来</a></li>
  </ul>
</div>
</div>
<div class="list">
   <div class="list-title">
    <h1>推荐日志</h1>
    <div class="clear"></div>
    </div>
      <div class="list-content">
      <div class="collect">
      <a href="#" title="风之精灵">
      <img src="images/diary1.jpg" alt="风之精灵" /> <span>青春狂舞</span></a></div>
      <div class="collect">
      <a href="#" title="告别忧伤">
      <img src="images/diary2.jpg" alt="告别忧伤" /> <span>沉稳基石</span></a></div>
      <div class="collect">
      <a href="#" title="百无禁忌">
      <img src="images/diary3.jpg" alt="百无禁忌" /> <span>美好明天</span></a></div>
</div>
</div>
.......................................
   <h1>统计信息</h1>
   <div class="clear"></div>
   </div>
   <div class="list-content">
           <ul>
               <li>创建：2007-11-27</li>
               <li>文章：11 篇</li>
               <li>评论：5 篇</li>
               <li>访问：<br /></li>
.......................................
</div>
```

2. 编写内容整体样式

内容整体的功能是定义中间主题内容的整体样式。首先，设置整个内容主题的背景样式；然后，定义日志外层元素的显示样式；最后，定义导航外层元素的样式。其具体实现代码如下所示。

```css
#main{
    margin:0 auto;
    width:993px;
    height:auto;
    background:url(../images/main_bg.jpg) repeat-y left top;
}
#content{
    float:left;
    width:505px;
    padding:0 20px 5px 132px;
}
#sidebar{
    float:right;
    width:196px;
    padding-right:132px;
}
```

3. 编写内容文本样式

内容文本样式的功能是定义中间日志信息的显示样式。首先，设置整个日志内容的总体样式；然后，定义首行日志标题样式；再次，定义此行日志内容的样式；最后，定义末行日志相关信息的样式。其具体实现代码如下所示。

```css
.mmcontent{
    width:495px;
    float:left;}
.content-top{
    width:100%;
    padding:5px;
    border-bottom:#666666 1px solid;
}
.diarytitle{
    width: 100%;
    color:#821428;
    font-size:16px;
    font-weight:bold;
    padding: 5px;
    border-bottom: 1px dashed #821428;
}
.arrow-up {
    height: 11px;
    width: 11px;
    cursor: pointer;
}
.diarycontent{
```

```
        width: 100%;
        color:#333333;
        padding:8px 0 15px 0;
}
.diaryabout{
        width: 100%;
        color:#821428;
        padding: 5px;
}
```

4. 编写导航整体样式

导航整体样式的功能是定义页面左侧各导航的整体样式，即定义导航元素的宽度。其具体实现代码如下所示。

```
#mmsidebar{
        width:190px;}
```

注意：整体样式中的#sidebar 样式属于导航整体样式范畴。

5. 编写导航文本样式

导航文本样式的功能是定义右侧各类导航的显示样式，即依次定义个人档案、档案分类、友情链接、日志分类、推荐日志和统计信息的样式。其具体实现代码如下所示。

```
.list{
        margin-bottom: 5px;
        clear:both;}
.list-title{
        color:#A31731;
        height: 20px;
        margin-left:15px;
        padding: 15px 0 10px 0;}
.list-title img{
        margin-right:5px;}
.list-title h1{
        float: left;
        margin: 0px;
        padding: 3px 0 0 5px;
        font-size:14px;
        font-weight:bold;
}
.list-content {
        clear: both;
        margin: 0 5px 0 15px;
        color: #000000;}
.list-content a{
        color:#000000;
        text-decoration:none;}
.list-content a:hover{
        color:#f5651f;
```

```
}
.mm-list-content{
    text-align:center;}
.list-content hr {
    margin: 5px 0px;
    height: 1px;
    border-top: 1px solid #97ACB6;
    clear:both;
}
.list-content ul {
    padding: 0;
    margin: 0;
    width: 100%;}
.list-content li {
    list-style: none;
}
.collect{
    float:left;
    width:50px;
    margin:0 5px 5px 0;}
.collect img{
    width:48px;
    height:48px;
    border:1px solid #cccccc;}
.collect span{
    display:block;
    width:48px;
    height:20px;
    cursor:hand;
}
```

上述结构代码和样式代码编写完毕后，最终效果如图 20-9 所示。

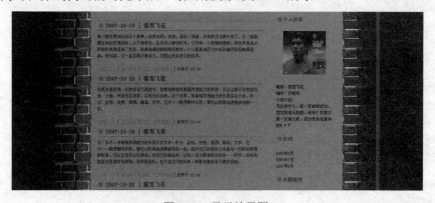

图 20-9　显示效果图

20.3.4　制作底部版权部分

从预期显示效果中可以看出，页面底部的版权部分由背景图片、页面标志和文本信息构成。其中文本包括联系信息和版权信息两种。根据上述功能需求，总结出底部版权部分的设计流程如图 20-10

所示。

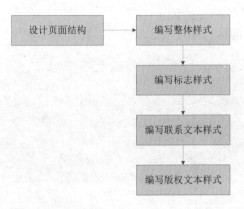

图 20-10　底部版权部分设计流程图

下面将对上述流程的实现进行详细介绍。

1．设计页面结构

页面底部内容分为如下 4 部分。

- ☑　背景图片部分：设置图片 footer.jpg 为背景。
- ☑　标志部分：设置图片 logo.jpg 为页面标志。
- ☑　联系、欢迎文本：显示系统的联系信息和欢迎信息。
- ☑　版权文本：显示系统的版权信息。

实现上述功能的页面结构代码如下所示。

```
<div id="footer">
<div id="mmfooter">
<div class="logo"><img src="images/logo.jpg" alt="logo" /></div>
<div class="contact">本人邮箱：<a href="#">guanxijing@126.com</a>
<div class="velcome">心灵的终结，心灵的重新开始，欢迎大家到我的网上家园来坐坐！</div>
</div>
<div id="copyright">本网站由本站站长设计制作 版权所有 鲁 ICP 备******号</div>
</div>
</div>
```

2．编写整体样式

整体样式的功能是定义底部各元素的整体显示样式。其具体实现代码如下所示。

```
#footer{
    margin:0 auto;
    width:993px;
    background:url(../images/footer.jpg) no-repeat left top;
    height:191px;
}
#mmfooter{
    padding-top:120px;
    height:71px;
}
```

3. 编写标志样式

标志样式的功能是定义页面标志图片的显示样式。其具体实现代码如下所示。

```
.logo{
    float:left;
     width:360px;
     height:40px;}
.logo img{
    float:right;
     margin-top:4px;
}
```

4. 编写联系文本样式

联系文本样式的功能是定义联系信息和欢迎信息的文本显示样式。其具体实现代码如下所示。

```
.contact{
    float:left;
     color:#e7ebef;
     height:40px;
     padding-left:20px;}
.contact a{
    color:#e7ebef;
     font-size:14px;
     font-family:Arial, Helvetica, sans-serif;}
.contact a:hover{
    color:#f5651f;
     font-size:14px;
}
```

5. 编写版权文本样式

版权文本样式的功能是定义页面版权信息的文本显示样式。其具体实现代码如下所示。

```
#copyright{
    clear:left;
     margin:0 auto;
     width:890px;
     color:#e7ebef;
     text-align:center;
}
```

上述各结构代码和样式代码编写完毕后，最终效果如图 20-11 所示。

图 20-11　显示效果图

上述各部分代码的编写工作完成后，整个页面的设计处理完毕。将上面各部分代码统一整理，页面结构代码保存在文件 index.html 中，样式代码保存在文件 main.css 中。整理后的代码在此将不作介绍，读者可以参阅本书光盘中的对应文件。

20.4 制作日志页面

日志页面 rizhi.html 的功能是以列表形式将站点内的日志信息显示出来。本节将向读者详细介绍日志页面的具体实现流程。

20.4.1 实现流程分析

系统日志是由文件 rizhi.html、rizhi.css 和 main.css 实现的。其中文件 rizhi.html 是页面的结构文件，文件 rizhi.css 和 main.css 是样式修饰文件。从预期显示效果可以看出，整个日志页面是在系统首页的基础上制作出来的，只是中间的内容部分存在不同。

日志页面中间内容部分的具体实现流程如图 20-12 所示。

20.4.2 日志内容实现

1．设计页面结构

从预期显示效果中可以看出，日志页面的中间内容可以分为如下两部分。

图 20-12 日志列表实现流程图

☑ 日志标题列表。

☑ 分页文本。

实现上述功能的具体结构代码如下所示。

```
<div class="diaryListcontent">
  <div class="diarylist">
    <ul>
    <li><img src="images/spacer.gif" alt="" class="arrow-up" /> <a href="huifu.html">我就是那雪中的飞花，永远飘缈！</a>　发表于　15:44 </li>
    ………………………………………………
  <div class="page">第一页 首页 下页 末一页</div>
</div>
```

2．编写修饰样式

因为日志页面是以站点首页为基础的，所以可以直接调用首页样式文件 main.css。另外，通过文件 rizhi.css 设置中间内容的修饰样式。其具体实现代码如下所示。

```
.diarylist li{
    padding:5px 0 5px;
```

```
    border-bottom:1px dashed #333333;
}
.page{
    padding-top:30px;
    text-align:center;
}
```

3．样式调用

在日志页面文件 rizhi.html 中编写如下代码实现对修饰样式的调用。

```
<link type="text/css" href="style/main.css" rel="stylesheet" />
<link type="text/css" href="style/rizhi.css" rel="stylesheet" />
```

上述各结构代码和样式代码编写完毕后，最终效果如图 20-13 所示。

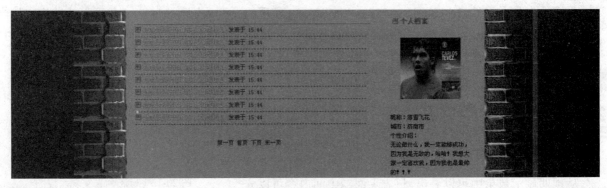

图 20-13　显示效果图

上述各部分代码的编写工作完成后，整个页面的设计处理完毕。将上面各部分代码统一整理，页面结构代码保存在文件 rizhi.html 中，样式代码保存在文件 rizhi.css 中。整理后的代码在此将不作介绍，读者可以参阅本书光盘中的对应文件。

20.5　制作日志详情页面

日志详情页面的功能是将站点内某条日志的详情信息显示出来，并提供回复表单供用户发表评论。本节将向读者详细介绍日志详情页面的具体实现流程。

20.5.1　实现流程分析

系统日志详情页面是由文件 huifu.html、huifu.css 和 main.css 实现的。其中文件 huifu.html 是页面的结构文件，文件 huifu.css 和 main.css 是样式修饰文件。从预期显示效果中可以看出，整个日志页面是在系统首页的基础上制作出来的，只是中间的内容部分存在不同。

日志详情页面中间内容部分的具体实现流程如图 20-14 所示。

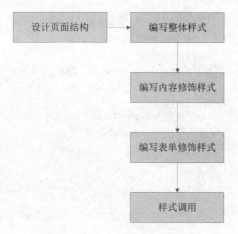

图 20-14　日志详情实现流程图

20.5.2　页面具体实现

1．设计页面结构

从预期显示效果中可以看出，日志详情页面的中间内容可以分为如下两部分。

☑　日志内容部分。

☑　日志回复表单部分。

实现上述功能的具体结构代码如下所示。

```
<div id="main">
<div id="lookdiary">
  <div id="lookdiaryconent">
<div class="diary_list">
<div class="diarytitle"> 2005-10-20 | 落雪飞花</div>
    <div class="diarycontent">我一直在尝试忘记这个故事，但我发现，很难。是的，很难，所有的方法都失效了。
它一直隐藏在我的灵魂深处，从不肯离去。在夜深人静的时候，它仿佛一个狡猾的蟑螂，悄无声息地从阴暗的角
落里溜了出来，
..................................................
</div><div class="diaryabout"><a href="@">评论 (0)</a>　| <a href="@">固定链接</a>|　<a href="@">类别
(闲时随笔) </a>|　发表于 15:44 </div>
    </div>
<div id="commentlist">
<div class="comment_top">
<h3>评论</h3>
</div>
</div>
<div>
<form name="commentForm" method="post" action="#">
<div class="help">您还未登录，只能匿名发表评论。或者您可以 <a href="#">登录</a> 后发表。</div>
<div id="name">称　　呼:
<input type="text" name="name" id="id1" class="text" value="" size="30" />
<span title="此项必须填写">*</span>
</div>
<div id="email">邮　　箱:
```

```
<input type="text" name="email" id="id2" class="text" value="" size="30" />
</div>
<div id="link">网站链接:
<input type="text" name="link" id="id3" class="text" value="" size="30" />
</div>
....................................
<input type="submit" name="m" value="发表" class="button-submit" />
<h4>*欢迎您来到我的家园来, 也非常感谢您的回复&gt;&gt;</h4>
</div>
  </form>
</div>
  </div>
 </div>
```

2. 编写整体样式

因为日志页面是以站点首页为基础的, 所以可以直接调用首页样式文件 main.css。另外, 通过文件 huifu.css 设置中间内容的修饰样式。

文件 huifu.css 中整体样式的功能是设置详情部分的整体修饰样式。其具体的实现代码如下所示。

```
#main {
    background-image: url(../images/main_bg.jpg);
}
#menu {
    background-image: url(../images/menu.jpg);
}
#footer {
    background-image: url(../images/footer.jpg);
}
```

3. 编写内容修饰样式

内容修饰样式的功能是对某条日志的详情内容进行修饰, 主要包括标题修饰、内容修饰和操作链接修饰等。上述功能的具体实现代码如下所示。

```
#lookdiary{
    width:700px;
    margin:0 auto;
}
.diarytitle{
    width: 100%;
    color:#821428;
    font-size:16px;
    font-weight:bold;
    padding: 5px;
    border-bottom: 1px dashed #821428;
}
.diarycontent{
    width: 100%;
    color:#333333;
```

```
    padding:8px 0 15px 0;
}
.diaryabout{
    width: 100%;
    color:#821428;
    padding: 5px;
}
h3{
    font-size:14px;
    font-weight:bold;
    color:#f5651f;
}
h4{
    display:inline;
    font-size:12px;
    font-weight:normal;
    color:#f5651f;
}
```

4．编写表单修饰样式

表单修饰样式的功能是对日志详情下方的修饰表单进行修饰。页面内的表单元素有多个，例如称呼、邮箱和评论内容等。上述功能的具体实现代码如下所示。

```
.text{
    height:18px;
    width:200px;
    border:#9ba4a8 1px solid;
}
.textarea{
    width:600px;
    border:#9ba4a8 1px solid;
}
.button-submit{
    width:40px;
    height:18px;
    margin-right:10px;
    border:1px solid #999999;
    background:#9ba4a8;
    font-size:12px;
    color:#ffffff;
}
.help,#name,#email,#link,#remember,.commentcontent{
    margin-bottom:5px;
}
#remember{
    margin-left:56px;
}
#remember span{
    padding-bottom:20px;
}
```

```
.commentcontent span{
    display:block;
    float:left;
}
```

5. 样式调用

在日志详情页面文件 huifu.html 中编写如下代码实现对修饰样式的调用。

```
<link type="text/css" href="style/main.css" rel="stylesheet" />
<link type="text/css" href="style/huifu.css" rel="stylesheet" />
```

上述各结构代码和样式代码编写完毕后，最终效果如图 20-15 所示。

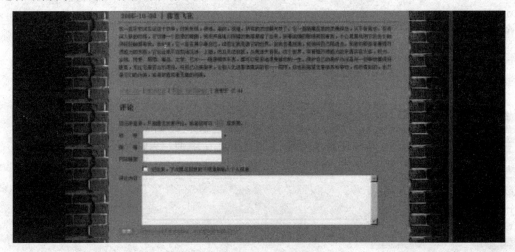

图 20-15　显示效果图

上述各部分代码的编写工作完成后，整个站点页面的设计处理完毕。将上面各部分代码统一整理后保存在光盘中，具体信息读者可以参阅本书光盘中的对应文件。

第21章　一个企业模板

经过本书前面内容的学习，了解了使用 Dreamweaver CS6 设计网页的基本知识。本章将通过一个典型的企业模板实例，向读者介绍实现一个综合企业类网站的方法，并对整个站点的实现流程进行详细介绍。

21.1　网　站　规　划

网站规划是制作网站的第一步，规划阶段的任务主要有如下几点。
- ☑　站点需求分析。
- ☑　预期效果分析。
- ☑　网页布局分析。

下面将对上述任务的实现进行简要介绍。

21.1.1　站点需求分析

作为一个企业网站，通常来说，必须具备如下所示的功能模块。

（1）企业介绍模块

向客户详实、准确地介绍企业的当前概况和发展状况，充分展现企业的实力和优势，向客户展现自己最好的一面。

（2）产品展示模块

利用互联网这个平台，设计精美的页面来展示企业的产品和服务，并结合具体情况对产品进行详细介绍。

（3）企业资讯模块

在网站上发布企业当前最新的动态信息，让客户及时了解企业的发展状况；发布同行业的发展资讯，吸引浏览者的眼球，从而让更多的意向客户成为直接客户。

（4）联系方式模块

在网站上显示企业的各种联系方式，主要包括 QQ、邮箱和电话等。便于客户发现感兴趣的商品后，能够及时地和企业取得联系。必要时，可以设立在线交流平台，实现和客户的即时交互。

其中，通常在首页中将上述各模块信息进行综合显示，而上述各个模块的实现将在二级页面中完成。

21.1.2　预期效果分析

对于一个 Web 站点来说，最为重要的是首页的制作效果。作为站点的门户，首页不但要美观大方，而且要符合企业的经营理念和整体目标。

本章实例网站首页的预期效果如图 21-1 所示。

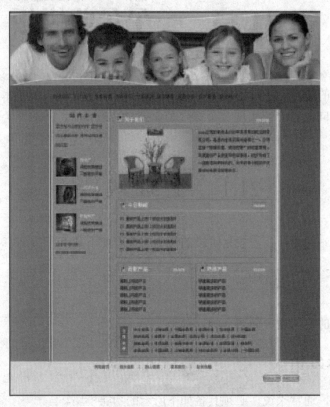

图 21-1　首页预期效果图

现实中的多数网站都采用三级目录格式，在二级页面上将展示站点的基本信息。实例二级页面的预期效果如图 21-2 所示。

图 21-2　二级页面预期效果图

21.1.3　网页布局分析

从图 21-1 所示的预期效果中可以看出，整个首页分为头部部分、中间内容部分和底部部分。其中头部又分为 logo 部分和导航部分；中间内容部分又分为左侧公告信息，右上侧关于我们，右中新闻列表和产品列表，右下相关链接部分。

从图 21-2 所示的预期效果中可以看出，整个二级页面和首页基本相同，唯一的区别是中间内容的右侧只有关于我们。

经过上面的分析，整个站点的实现由如下 4 个部分构成。

- ☑ 文件 index.html：系统首页文件。
- ☑ 文件 fen.html：系统二级页面文件。
- ☑ 文件夹 images：保存系统所需要的素材图片。
- ☑ 文件夹 style：保存系统的样式文件 main.css。

21.2　切　图　分　析

在切图操作时，首先要区分出页面的内容部分和修饰部分，然后决定哪些修饰部分可以通过 CSS 实现，哪些部分可以通过背景图片实现。根据首页预期效果，需要用作背景图片的有头部背景、主体背景、底部背景和分类图标。二级页面的切图实现和首页基本类似，在此将不作介绍。

根据上述分析，系统切片处理后的修饰图片如图 21-3 所示。

图 21-3　系统修饰图片

21.3　首　页　实　现

经过前期的整体分析和切图处理后，下一步就要进行具体页面的实现操作。本节将向读者详细介绍站点首页的实现。

21.3.1　实现流程分析

系统首页的实现流程如下：（1）制作页面头部；（2）制作页面主体部分；（3）制作页面底部部分；（4）解决兼容性问题。

上述流程的具体实现如图 21-4 所示。

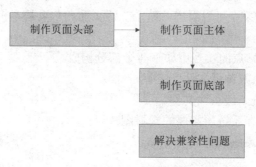

图 21-4　首页实现流程图

21.3.2　制作页面头部

制作页面头部的基本流程如下：（1）编写调用文件，实现对样式文件的调用；（2）设置页面的整体属性；（3）编写 logo 和 banner 的样式；（4）制作父、子导航列表。

上述流程的具体实现如图 21-5 所示。

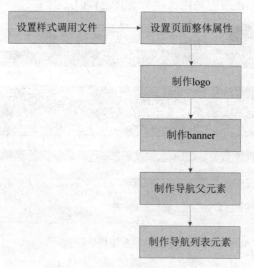

图 21-5　页面头部实现流程图

下面将对上述流程的具体实现进行详细介绍。

1．设置外部样式调用文件

通过样式调用文件，可以将页面和 CSS 文件关联起来。具体实现方法是在<head></head>标记内加入如下代码：

```
<link href="style/mian.css" rel="stylesheet" type="text/css" />
```

2．设置页面整体属性

本流程的功能是指定页面的整体显示效果。其包括如下 3 部分。

（1）设置 body 元素内的字体属性，并指定背景颜色和边界。

（2）设置页面超级链接的整体样式，并且定义链接各种状态下的样式。

（3）设置页面的头部元素信息。

上述功能的具体实现代码如下所示。

```css
body,td,th {
    font-family: 宋体;
    font-size: 12px;
    color: #0000FF;
}
body {
    background-color:#9966FF;;
    margin-left: 0px;
    margin-top: 0px;
    margin-right: 0px;
    margin-bottom: 0px;
}
a {
    color: #9900FF;
    font-size: 14px;
}
a:link {
    text-decoration: none;
}
a:visited {
    text-decoration: none;
}
a:hover {
    text-decoration: none;
    color: #FFFF66;
}
a:active {
    text-decoration: none;
    color: #000099;
}
```

页面头部信息的实现代码如下所示。

```html
<!DOCTYPE HTML>
<META charset="gb2312">
<head>
<title>css 实例 2</title>
<link href="style/mian.css" rel="stylesheet" type="text/css" />
</head>
```

3. 制作 logo

从首页的预期效果图中可以看出，页面头部分为两个部分。其中，导航列表以上的部分可以用背景图片实现，因为下面的导航菜单使用了一个大的背景，所以只能通过控制导航列表的显示位置来实现。

在具体操作实现上，因为 logo 作为顶部的一部分，所以应该首先设置顶部整体的样式，对整体的元素大小和边界进行设置，然后设置 logo 的背景图片及其定位方式。上述功能的具体实现代码如下所示。

```css
.header {
    height: auto;
    width: 998px;
    margin-top: 0px;
    margin-right: auto;
    margin-bottom: 0px;
    margin-left: auto;
}
.logo {
    background-image: url(../images/index2_01.jpg);
    background-repeat: no-repeat;
    background-position: left top;
    height: 105px;
}
```

4. 制作 banner

本流程的功能是指定 banner 元素的显示效果。其包括如下两部分。

（1）确定元素的大小。

（2）对元素进行定位处理。

上述功能的具体实现代码如下所示。

```css
.banner {
    background-image: url(../images/index2_02.jpg);
    background-repeat: no-repeat;
    background-position: left top;
    height: 122px;
}
```

5. 制作导航父元素

顶部的导航列表由两部分组成，分别用来显示背景父元素和导航的内容。其中父元素的功能是设置父元素的背景图片和大小。上述功能的具体实现代码如下所示。

```css
.menu {
    background-repeat: no-repeat;
    background-position: left top;
```

```
        height: 77px;
}
```

6. 制作导航列表元素

本步骤的功能是设置导航列表元素的修饰样式。首先设置列表的整体样式，然后设置列表菜单的显示样式。上述功能的具体实现代码如下所示。

```css
.header .menu ul {
        margin: 0px;
        list-style-type: none;
        padding-top: 0px;
        padding-right: 0px;
        padding-bottom: 0px;
        padding-left: 140px;
}
.header .menu li {
        float: left;
        padding-top: 30px;
        padding-right: 11px;
        padding-bottom: 20px;
        font-size: 13px;
        font-weight: bold;
}
```

经过上述流程操作后，整个顶部页面样式设计完毕。将上述样式保存在文件 main.css 后，在首页中将上述样式调用即可实现指定的效果。文件 index.html 中首页顶部的具体实现代码如下所示。

```html
<div class="header">
  <div class="logo"></div>
  <div class="banner"></div>
  <div class="menu">
    <ul>
      <li><a href="#">网站首页</a></li>
      <li><a href="#">关于我们</a></li>
      <li><a href="#">品牌价值</a></li><li><a href="fen.html">新闻中心</a></li>
      <li><a href="#">产品展示</a></li>
      <li><a href="#">资质荣誉</a></li>
      <li><a href="#">会员中心</a></li>
      <li><a href="#">客户留言</a></li>
      <li><a href="#">联系我们</a></li>
    </ul>
  </div>
</div>
```

执行后的效果如图 21-6 所示。

图 21-6　执行效果

21.3.3　制作页面主体

从预期效果图中可以看出，整个页面主体可以分为如下 8 个部分：左侧公告部分、左侧热点推荐部分、左侧业务咨询部分、右侧关于我们部分、右侧今日新闻部分、右侧最新产品部分、右侧热销产品部分和右侧底部合作伙伴部分。实现上述页面主体的基本流程如下所示。

（1）设置主体部分父元素样式。

（2）设置左侧整体样式。

（3）设置公告部分样式。

（4）设置热点推荐部分样式。

（5）设置业务咨询部分样式。

（6）设置右侧整体样式。

（7）设置关于我们部分样式。

（8）设置今日新闻部分样式。

（9）设置最新产品部分样式。

（10）设置热销产品部分样式。

（11）设置合作伙伴部分样式。

上述流程的具体实现如图 21-7 所示。

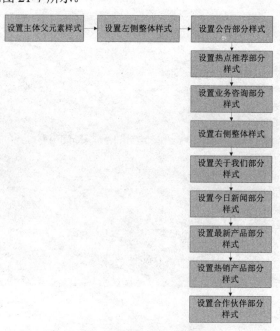

图 21-7　页面主体实现流程图

下面将对上述流程的具体实现进行详细介绍。

1．设置主体父元素样式

主体父元素样式的功能是设置页面主体的整体显示效果。其包括如下两部分。

（1）设置主体大小和背景图片。

（2）设置各侧的具体边界属性。

上述功能的具体实现代码如下所示。

```
.main {
    background-image: url(../images/index2_28.jpg);
    background-repeat: repeat-y;
    background-position: left top;
    width: 998px;
    margin-top: 0px;
    margin-right: auto;
    margin-bottom: 0px;
    margin-left: auto;
}
```

2．设置左侧整体样式

左侧整体样式的功能是设置主体左侧元素的整体显示效果。其包括如下 3 部分。

（1）设置元素的浮动属性。

（2）设置元素的大小和补白属性。

（3）设置左侧图片元素的显示样式。

上述功能的具体实现代码如下所示。

```
.left {
    float: left;
    width: 180px;
    padding-left: 140px;
}
.main .left .hot img {
    border: 1px solid #dddddd;
    float: left;
    margin-right: 10px;
    height: 60px;
    width: 65px;
}
```

3．设置公告部分样式

公告部分样式的功能是设置主体左侧上方公告元素的显示效果。其包括如下两部分。

（1）设置公告标题的样式。

（2）设置公告内容的显示样式。

上述功能的具体实现代码如下所示。

```
.notice_title {
    font-family: "黑体";
    font-size: 16px;
    font-weight: normal;
    padding-top: 10px;
    padding-left: 16px;
}
.notice_content {
    color: #9900FF;
    line-height: 30px;
    padding: 10px;
}
```

4. 设置热点推荐部分样式

热点推荐部分样式的功能是设置主体左侧热点推荐元素的显示效果。其具体实现代码如下所示。

```
.hot {
    padding: 10px;
    line-height: 22px;
}
```

5. 设置业务咨询部分样式

业务咨询部分样式的功能是设置主体左侧业务咨询元素的显示效果。其具体实现代码如下所示。

```
.contact {
    line-height: 26px;
    padding: 10px;
    color: #9900FF;
}
```

经过上述流程操作后，整个主体左侧部分样式设计完毕。将上述样式保存在文件 main.css 后，在首页中将上述样式调用即可实现指定的效果。文件 index.html 中主体左侧部分的具体实现代码如下。

```
<div class="left">
    <div class="notice_title">
      <div align="center">站　内　公　告</div>
    </div>
 <div class="notice_content">显示站内公告的内容显示站内公告
的内容显示站内公告的内容</div>
 <div class="hot">
<img src="images/sjzz01.jpg" alt="hotpic" />
<a href="#">房地产</a><br />
调控政策接连不断房价严峻</div>
<div class="hot"><img src="images/sjzz12.jpg" alt="hotpic" />
<a href="#">股　票</a><br />
   调控政策接连不断房价严峻</div>
<div class="hot"><img src="images/sjzz13.jpg" alt="hotpic" />
<a href="#">我的地盘</a><br />
   调控政策接连不断房价严峻</div>
<div class="contact">
```

372

```
业务咨询热线：<br />86-8888-88888888
</div>
  </div>
```

执行后的效果如图 21-8 所示。

图 21-8　执行效果

6．设置右侧整体样式

右侧整体样式的功能是设置主体右侧元素的整体显示效果。其包括如下两部分。

（1）设置元素的浮动属性。

（2）设置元素的大小和补白属性。

上述功能的具体实现代码如下所示。

```
.right {
    float: right;
    width: 517px;
    padding-top: 10px;
    padding-right: 146px;
}
```

7．设置关于我们部分样式

关于我们部分样式的功能是设置主体右侧关于我们元素的显示效果。其包括如下 3 部分。

（1）设置元素的整体显示样式。

（2）设置页面清除浮动元素样式。

（3）设置图片元素的显示样式。

上述功能的具体实现代码如下所示。

```
.aboutus {
    padding: 10px;
    line-height: 24px;
}
.clear {
```

```
        line-height: 1px;
        clear: both;
}
.main .right .aboutus img {
        float: left;
        border: 2px solid #CCCCCC;
        margin-right: 20px;
        margin-bottom: 10px;
        margin-left: 5px;
}
```

经过上述流程操作后，整个关于我们部分样式设计完毕。将上述样式保存在文件 main.css 后，在首页中将上述样式调用即可实现指定的效果。文件 index.html 中关于我们部分的具体实现代码如下。

```
<div class="aboutus">
 <div class="content_title"><div class="title">关于我们</div>
<div class="more"><a href="#">more</a></div>
<div class="clear"></div></div>
<img src="images/show.jpg" alt="showpic" />
  xxxx 公司的前身是 2000 年某月某日成立的某某公司。是国内首批家具制造商之一。公司坚持"稳健经营、规范管理"的经营原则，高度重视产品质量和售后服务，初步形成了一套具有自身特色的、合乎证券业规范运作要求的制度化管理体系。
  <div class="clear"></div>
</div>
```

执行后的效果如图 21-9 所示。

图 21-9　执行效果

8．设置今日新闻部分样式

今日新闻部分样式的功能是设置主体右侧今日新闻元素的显示效果。其包括如下 3 部分。

（1）设置新闻元素的整体显示样式。

（2）设置新闻标题元素和标题链接的样式。

（3）设置 more 标记和新闻列表的显示样式。

上述功能的具体实现代码如下所示。

```
.news {
        margin: 10px;
        padding: 10px;
        border: 1px solid #798FAB;
}
```

```
.content_title a {
    font-family: Arial, Helvetica, sans-serif;
    font-size: 16px;
    font-weight: bold;
    color: #FFFF99;
}
.title{
    float:left;
}
.more{
    float:right;
    margin-right: 10px;
}
.newsnav {
    margin: 0px;
    padding: 0px;
    list-style-type: none;
}
.newsnav li {
    background-image: url(../images/icon_01.gif);
    background-repeat: no-repeat;
    background-position: left top;
    padding-bottom: 8px;
    padding-top:2px;
    padding-left: 19px;
    line-height:normal;
}
```

经过上述流程操作后，整个今日新闻部分样式设计完毕。将上述样式保存在文件 main.css 后，在首页中将上述样式调用即可实现指定的效果。文件 index.html 中今日新闻部分的具体实现代码如下。

```
<div class="news"><div class="content_title"><div class="title">今日新闻</div>
<div class="more"><a href="#">more</a></div><div class="clear"></div>
</div>
<ul class="newsnav">
    <li>最新产品上市：欢迎大家选购！</li><li>最新产品上市：欢迎大家选购！</li><li>最新产品上市：欢迎大家选购！</li><li>最新产品上市：欢迎大家选购！</li><li>最新产品上市：欢迎大家选购！</li>    </ul>
</div>
```

执行后的效果如图 21-10 所示。

图 21-10　执行效果

9．设置最新产品部分样式

最新产品部分样式的功能是设置主体右侧最新产品元素的显示效果。其包括如下 3 部分。

（1）设置最新产品元素的整体显示样式。

（2）设置最新产品的标题显示样式。

（3）设置最新产品列表的显示样式。

上述功能的具体实现代码如下所示。

```
.urged {
    padding: 10px;
    width: 220px;
    float:left;
    border: 1px solid #798FAB;
    margin: 5px;
}
.main .right ul {
    margin: 0px;
    padding: 0px;
    list-style-type: none;
}
.main .right li {
    padding-bottom: 8px;
}
.content_title {
    font-family: "黑体";
    font-size: 16px;
    color: #FFFFFF;
    background-image: url(../images/index2_06.jpg);
    background-repeat: no-repeat;
    background-position: left top;
    padding-left: 25px;
    border-bottom-width: 1px;
    border-bottom-style: solid;
    border-bottom-color: #CCCCCC;
    margin-bottom: 15px;
    height:24px;
}
```

10. 设置热销产品部分样式

热销产品部分样式的功能是设置主体右侧最新产品元素的显示效果。其包括如下两部分。

（1）设置热销产品元素的整体显示样式。

（2）设置热销产品的标题显示样式。

上述功能的具体实现代码如下所示。

```
.comment {
    padding: 10px;
    margin:5px;
    float: right;
    border: 1px solid #798FAB;
    width: 220px;
}
```

```
.content_title {
    font-family: "黑体";
    font-size: 16px;
    color: #FFFFFF;
    background-image: url(../images/index2_06.jpg);
    background-repeat: no-repeat;
    background-position: left top;
    padding-left: 25px;
    border-bottom-width: 1px;
    border-bottom-style: solid;
    border-bottom-color: #CCCCCC;
    margin-bottom: 15px;
    height:24px;
}
```

经过上述流程操作后，整个产品展示部分样式设计完毕。将上述样式保存在文件 main.css 后，在首页中将上述样式调用即可实现指定的效果。文件 index.html 中产品展示部分的具体实现代码如下。

```
<div class="urged"><div class="content_title">
  <div class="title">最新产品</div><div class="more"><a href="#">more</a></div>
<div class="clear"></div></div>
<ul>
    <li>最新上市的产品</li>
    <li>最新上市的产品</li><li>最新上市的产品</li><li>最新上市的产品</li><li>最新上市的产品</li>
  </ul>
</div>
<div class="comment"><div class="content_title">
  <div class="title">热销产品</div><div class="more"><a href="#">more</a></div>
<div class="clear"></div></div>
<ul>
    <li>销量最多的产品</li><li>销量最多的产品</li><li>销量最多的产品</li><li>销量最多的产品</li><li>销量
最多的产品</li>
  </ul>
</div>
```

执行后的效果如图 21-11 所示。

图 21-11　执行效果

11．设置合作伙伴部分样式

合作伙伴部分样式的功能是设置主体右侧底部合作伙伴元素的显示效果，其包括如下 3 部分。

（1）设置合作伙伴标题的显示样式。

（2）设置文本的显示样式。

（3）设置合作伙伴素材图片的样式。

上述功能的具体实现代码如下所示。

```
.partnership {
    margin: 10px;
    padding: 10px;
    line-height:22px;
    border: 1px solid #798FAB;
}
.partnership_head {
    color: #660099;
}
.main .right .partnership img {
    float: left;
    margin-right: 20px;
}
```

经过上述流程操作后，整个底部合作伙伴部分样式设计完毕。将上述样式保存在文件 main.css 后，在首页中将上述样式调用即可实现指定的效果。文件 index.html 中主体合作伙伴部分的具体实现代码如下。

```
<div class="partnership"><img src="images/index2_34.gif" alt="pic" />
<span class="partnership_head">东方家具 | 上海家具 | 中国家具网 | 家具时报 | 北京家具 | 中国家具<br />
新浪家具 | 家具街| 全景家具 | 家具公司 | 顶点家具 | 顶尖财经<br />搜狐家具 | 和讯家具 | 家具大参考 | 家
具咨询 | 家具导报 | 新华网 <br />家具家具 | 中国家具 | 上海家具所 | 深圳家具所 | 家具市场 | 中国财经
</span>
</div>
```

执行后的效果如图 21-12 所示。

图 21-12　执行效果

21.3.4　制作页面底部

从预期效果图中可以看出，整个页面的底部信息比较少，只需通过背景图片即可实现。在样式文件 index.html 中，实现上述功能的显示代码如下所示。

```
<div class="footer"></div>
```

执行后的效果如图 21-13 所示。

图 21-13　执行效果

在样式文件 main.css 中，实现上述功能样式的具体实现代码如下所示。

```
.footer {
    background-image: url(../images/index_03.jpg);
    background-repeat: no-repeat;
    background-position: left top;
    height: 45px;
    width: 998px;
    margin-top: 0px;
    margin-right: auto;
    margin-bottom: 0px;
    margin-left: auto;
    text-align: center;
    padding-top: 60px;
    color: #FFFFFF;
}
```

21.3.5　解决兼容性问题

把前面设计的首页文件在 Firefox 中执行后，页面主体的最新产品和热销产品部分将会出现兼容性问题，具体效果如图 21-14 所示。

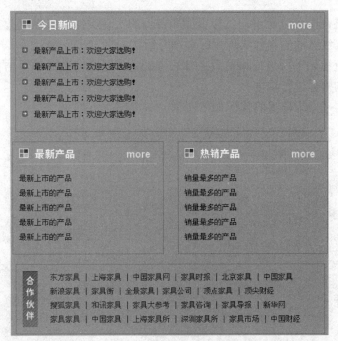

图 21-14　显示效果图

从上述显示效果图中可以看出，最新产品和热销产品元素的宽度和今日新闻、合作伙伴的不一致。造成上述兼容性问题的原因是，在 IE 6 中将显示浮动元素的双边界。解决上述问题的方法有两个，一是更改元素的间隔属性，使用父元素的 padding 属性代替子元素的 margin 属性；另一个是使用!important 来声明优先级。例如，可以通过如下代码对最新产品和热销产品部分的样式进行优先级声明。

```css
.urged {
    padding: 10px;
    width: 220px;
    float:left;
    border: 1px solid #798FAB;
    margin-left:10px !important;
    margin: 5px;
}
.comment {
    padding: 10px;
    margin-right:10px !important;
    margin:5px;
    float: right;
    border: 1px solid #798FAB;
    width: 220px;
}
```

经过上述修改后，即可解决两浏览器的兼容性问题。

21.4　二级页面实现

从预期的显示效果图中可以看出，二级页面和首页的实现类似，只需更改其主体部分的右侧内容即可。本节将对实例二级页面的具体实现进行详细介绍。

二级页面的实现流程如下：（1）将首页主体右侧的内容删除，然后编写结构实现代码；（2）编写新闻列表样式，对结构内容进行修饰。

文件 main.css 中实现修饰样式的代码如下所示。

```css
.newsnav li {
    background-image: url(../images/icon_01.gif);
    background-repeat: no-repeat;
    background-position: left top;
    padding-bottom: 8px;
    padding-top:2px;
    padding-left: 19px;
    line-height:normal;
}
.page {
    text-align: center;
    padding: 10px;
}
.select {
    width: 40px;
}
```

文件 fen.html 中实现主体新闻列表的代码如下所示。

```html
<ul class="newsnav">
    <li>我们最新的产品上市了：没有最好，只有更好！</li>
```

```
<li>我们最新的产品上市了：没有最好，只有更好！</li>
...........................................
    </ul>
<div class="page">共 2734 条　首页 上一页 下一页 尾页 页次：1/92 页　30 条/页 转到:
<select name="" class="select">
        </select>
</div>
</div>
```

执行后的效果如图 21-15 所示。

图 21-15　执行效果

至此，整个实例的具体实现流程介绍完毕。至于其他二级页面的实现方法和文件 fen.html 的实现
类似。读者可以参阅本书光盘中对应的实现代码进行修改，查看具体的实现效果。

"网站开发非常之旅" 系列全新推荐书目

　　网站建设作为一项综合性的技能，对许多计算机技术及其各项技术之间的关联都有着很高的要求，而诸多方面的知识也往往会使得许多初学者感到十分困惑，为此，我们推出了"网站开发非常之旅"系列，自出版以来，因具有系统、专业、实用性强等特点而深受广大读者的喜爱。本系列为广大读者学习网站开发技术提供了一个完整的解决方案，集技术和应用于一体，将网络编程技术难度与热点一网打尽，可全面提升您的网络应用开发水平。以下是本系列最新书目，欢迎选购！

ISBN	书　名	著译者	定价	条码
9787302345725	ASP.NET 项目开发详解	朱元波	58.80 元	
9787302345732	CSS+DIV 网页布局技术详解	邢太北 许瑞建	58.80 元	
9787302344865	Linux 服务器配置与管理	张敬东	66.80 元	
9787302344858	iOS 移动网站开发详解	朱桂英	69.80 元	
9787302344308	Android 移动网站开发详解	怀志和	66.80 元	
9787302344339	Dreamweaver CS6 网页设计与制作详解	张明星	52.80 元	
9787302344100	Java Web 开发技术详解	王石磊	62.80 元	
9787302343202	HTML+CSS 网页设计详解	任昱衡	53.80 元	
9787302343189	PHP 网络编程技术详解	葛丽萍	69.80 元	
9787302342540	ASP.NET 网络编程技术详解	闫继涛	66.80 元	

·　·　·　·　·　更多品种即将陆续出版，欢迎订购·　·　·　·　·　·

出版社网址：www.tup.com.cn
技术支持：zhuyingbiao@126.com